EDA 精品智汇馆

信号、电源完整性仿真设计与高速产品应用实例

毛忠宇　杨晶晶　刘志瑞　李　生　编著

U0280693

电子工业出版社·

Publishing House of Electronics Industry

北京·BEIJING

内 容 简 介

目前市面上信号与电源完整性仿真书籍的内容普遍偏于理论知识或分散的仿真样例，给读者的感觉往往是"只见树木不见森林"。针对这种情况，本书基于一个已成功开发的高速数据加速卡产品，从产品的高度介绍所有的接口及关键信号在开发过程中信号、电源完整性仿真的详细过程，对涉及的信号与电源完整性仿真方面的理论将会以图文结合的方式展现，方便读者理解。为了使读者能系统地了解信号与电源完整性仿真知识，书中还加入了 PCB 制造、电容 S 参数测试夹具设计等方面的内容，并免费赠送作者开发的高效软件工具。

本书编写人员都具有 10 年以上的 PCB 设计、高速仿真经验，他们根据多年的工程经验把产品开发与仿真紧密结合在一起，使本书具有更强的实用性。本书适合 PCB 设计工程师、硬件工程师、在校学生、其他想从事信号与电源完整性仿真的电子人员阅读，是提高自身价值及竞争力的不可多得的参考材料。

图书在版编目（CIP）数据

信号、电源完整性仿真设计与高速产品应用实例 / 毛忠宇等编著. —北京：电子工业出版社，2018.1
（EDA 精品智汇馆）
ISBN 978-7-121-33122-0
Ⅰ．①信… Ⅱ．①毛… Ⅲ．①电子电路—计算机辅助设计—教材 Ⅳ．①TN702.2
中国版本图书馆 CIP 数据核字（2017）第 293115 号

策划编辑：张　剑（zhang@phei.com.cn）
责任编辑：刘真平
印　　刷：北京天宇星印刷厂
装　　订：北京天宇星印刷厂
出版发行：电子工业出版社
　　　　　北京市海淀区万寿路 173 信箱　邮编　100036
开　　本：787×1 092　1/16　印张：24.5　字数：627.2 千字
版　　次：2018 年 1 月第 1 版
印　　次：2025 年 2 月第 18 次印刷
定　　价：88.00 元

凡所购买电子工业出版社图书有缺损问题，请向购买书店调换。若书店售缺，请与本社发行部联系，联系及邮购电话：（010）88254888，88258888。

质量投诉请发邮件至 zlts@phei.com.cn，盗版侵权举报请发邮件至 dbqq@phei.com.cn。

本书咨询联系方式：zhang@phei.com.cn。

序　言 1

认识"小广东"阿毛——毛忠宇这位同门小师弟有 20 多年了，他记忆力超强，几十年前的芝麻旧事都能翻出来；说话风趣（就是普通话还不够标准），爱好广泛，从流行的红木家私到各种茗茶饮品，样样都能点评几句；而且爱钻研，在日常工作中总会编点应用小程序来"偷偷懒"，业务能力挺强，因软硬件皆有涉及，从板级设计到封装芯片协同设计都有深厚的积累，并常常提出些独到的想法和见解。

记得去年冬天阿毛与我谈过出版 SI 方面书籍的想法，提到市面上关于高速设计方面的书很多，但是缺乏基于具体实际产品开发应用方面的书籍，如能借助目前团队众多的实际产品实例，从产品开发角度来介绍高速设计理念，则既不需要涉及太多太深的理论，又能让开发工程师方便应用这些知识快速解决手中的实际问题，将是对业界 SI 知识的一个很好的补充。当时我深有同感，想不到大半年时间已经成册。纵观手稿，前面几个章节介绍了关于 PCB 设计制作的一些重要内容，这是他们的强项，不懂 PCB 的制造及设计 SI 又如何能落地！后面的章节针对高速数据加速卡实际产品案例展开，详细介绍了如何有效解决目前工程师面临的绝大部分各种接口的高速总线信号完整性问题，当然也少不了高速设计中最麻烦的孔处理；最后介绍了如何有效解决热门的电源完整性问题，并且推荐了阿毛自我感觉良好的几个小程序。笔者曾有幸参观过他们公司设备齐全的高速实验室，对书中如何有效利用测试方法处理电容模型寄予厚望。

希望本书能带给大家一个不同角度的视野，使得产品开发时使用 SI 仿真方法更接地气；也希望他们能根据书中内容再通过网络平台安排一些线下的培训课程，设计相应的测试对比实验，效果会更佳。

陈兰兵

2017 年秋于上海

序 言 2

本书作者在写第一本《IC 封装基础与工程设计实例》的时候，就找我作序，当时被我拒绝了。原因很简单，市面上牛人牛作品太多，多得让人无从分辨，真要写好书，就要耐得住寂寞，没有"板凳一坐十年冷"的精神是不行的，不能走"畅销"路线。

随着互联网的普及，我们真正进入了一个信息爆炸的时代。按理说学习这事应该很容易才对，因为信息资源随手可得，但人们慢慢发现，学习并非易事，很多所谓的"学习"往往让人"听了兴奋，过了无痕"。这时，对工程师们来说，找到靠谱的向导和货真价实的参考书尤为重要。作者在完成第一部作品之后，所在的团队陆陆续续出版了 10 多部作品，都是基于一线的工程实践案例编写的，其对电子工程技术的专注与无私分享精神让人钦佩。

我认为，一部优秀的工程技术作品首先要有扑面而来的干货。如果通篇皆是理论而没有工程实践，就不能算是合格的作品，理论和实践必须"知行合一"。在浏览本书目录之后，疑虑即被打消，FPGA、DDR4、PCIe、USB、QSFP+等都是主流高速应用，甚至对 PCB 板材、高速过孔、电容模型、电源等都有介绍，作者用一个功能完整的高速大数据加速卡项目作为主线贯穿了全书内容，以实际量产的工程作品作为案例而不是 DEMO 应用，这很难得。工程师们最需要的就是能手把手照着做、有参考意义的书，本书毫无疑问是满足了这个需求的。其次，作者的"售后服务"也很有特色，在 EDA365 网站开辟的答疑版块和公众号让人很容易联系到作者本人进行答疑交流，而不是卖完书就撒手不管，体现了对读者负责的态度。

好书是用来读的，而不是用来收藏的。每逢世界读书日，朋友圈里都会有很多关于阅读问题的探讨，我们的人均阅读量比起欧美等发达国家来说要少很多，我们真的不爱学习吗？问题在哪里？我想，除了我们缺乏良好的阅读习惯之外，书本身的吸引力也是影响因素之一。我们很多人不是不愿意学习和读书，而是缺乏好书，缺乏货真价实能理论联系实际的优秀作品。为何优秀的作品不容易见到？其实不仅书籍作品如此，生活中很多东西都是这样的，甚至连马桶盖都要去日本买，真的是因为国人崇洋媚外吗？我想，根源还是在于我们缺乏足够优秀的产品。要想有优秀的产品，就必须具备工匠精神。什么是工匠精神？我想就是能经得住各种短期利益诱惑，能专心致志，板凳一坐十年冷，把一件产品做到极致的那种精神。电子科技产品要靠实实在在的技术研发和大量的工程实践积累才有可能做到极致，而在这些技术研发工作中，高速互连技术又是基础支撑，基础支撑平台扎实了，上层建筑才更加稳固。

在很多 500 强大公司里，往往信号完整性仿真工作就有几十号人的团队，其他如电磁兼容性、PCB Layout、可制造性工艺、高速板材与连接器选型验证、测试等分工通常一应俱全，有了完善的底层基础技术支撑，上层建筑才能水到渠成。可惜的是，限于资金、规模等很多原因，很多中小型企业往往并不具备这样专业分工的资源，随着信号速率越来越快，底层的基础技术研究常常成为很多中小企业的困扰。例如在单片机时代，PCB 上一条导线随便绕板两圈布线，只要能连通，系统就能跑起来。但在 DDR、PCIe 等高速信号大量应用的场景下，两根线差 1cm 可能就无法正常工作，硬件研发工程师们不得不严肃地对待信号完整性、电源完整性等问题。市面上关于信号完整性仿真类的书已经有不少，但大多偏向软件使用或理论教学，真正以成功量产的真实产品为案例的不多，本书的出版无疑为电子工程师们多提供了一种选择。

这些年我们国家的科技实力取得了长足的进步，FAST 天眼、量子通信、大飞机、航母等让人目不暇接，在这些大型工程的背后，是无数前仆后继的工程师们的汗水与智慧，相信总有一天我们的电子科技水平会赶上甚至超过西方发达国家。在有些领域，比如手机产品，华为、小米、oppo/vivo 等已经走出国门并取得了不错的成绩，只要工匠精神不息，相信其他领域也会一一突破，总有一天国人不再去日本买马桶盖。

蒋学东
2017 年 10 月于深圳

前　言

　　1995 年刚走出校门，当时所接触电子产品的信号速率不是太高，PCB 设计大多只需按 Design Rule 或凭自己的经验处理即可，信号完整性问题不是很突出，甚至还没有信号完整性的概念。随着时间的推移，各类高速芯片相继出现，从产品设计到产品交付的时间越来越短，这种仅凭经验设计及调试硬件的方式已不能满足产品开发的需求，针对新出现的问题，国内一些公司开始在产品开发过程中引入信号及电源完整性仿真手段。

　　当时国内在信号与电源完整性方面的研究还处于空白阶段，加上互联网交流也刚开始，很难找到信号与电源完整性方面的实用参考材料。作者在国内接触的第一本 SI 方面的书籍为 Howard Johnson 英文版的 *High-Speed Digital Design*，这本原著由陈兰兵在一次去国外出差时买回，当时在公司内被集体研究并广为传播，可以说这本书对国内 PCB 设计时使用信号与电源完整性方法的发展起到了革命性的作用。现在信号与电源完整性的研究在国内已非常普及，出现了许多关于信号与电源完整性应用方面的参考书籍。关于国内信号与电源完整性的发展历程可以参考笔者的《华为研发 14 载：那些一起奋斗过的互连岁月》一书，其中相关章节内容基本上是国内信号与电源完整性仿真发展的一个缩影。

　　虽然现在市面上有着种类繁多的关于信号与电源完整性仿真的书籍，但在通过 EDA365 平台与广大网友交流时总会听到这样的声音：

　　（1）缺少信号与电源完整性仿真在实际产品中的全过程实例；

　　（2）市面上信号与电源完整性仿真这类书籍总体上原理偏多，即使有例子也不够系统；

　　（3）内容重复较多，原创内容较少等。

　　针对这种状况，为了方便初学者更快地掌握信号与电源完整性仿真的方法及工具使用，并在此基础上快速上手进行项目仿真，本书的编写以一个成功开发的高速数据加速卡产品为信号与电源完整性仿真对象，全书自始至终介绍了此高速产品在开发过程中各类信号接口的仿真过程，对于涉及的信号与电源完整性仿真方面的理论则以较为简单的图文结合的方式展开，以方便读者更好地理解。除此之外，为增加读者的系统性知识，还加入了 PCB 制造及电容 S 参数模型夹具设计方面的内容，并在最后免费提供两个作者自己开发的用于提高 PI 仿真效率的软件工具。因而本书除了内容系统、完整外，更偏于实用性，即使是一个完全没有信号与电源完整性仿真概念的电子工程师，也可以在极短的时间内掌握常见信号的信号与电源完整性仿真流程及方法，并对项目进行初步仿真设计。

　　本书内容共分为 14 章，系统地介绍了一个实际产品开发过程中所用的全部接口信号的 SI 与 PI 仿真详细过程。其中，第 1、12、13、14 章由毛忠宇编写，第 4、9、11 章（PI 原理部分）由杨晶晶编写，第 2、5、10、11 章（PI 仿真操作部分）由刘志瑞编写，第 3、6、7、8 章由李生编写，全书由毛忠宇统筹规划并最终定稿。

各章内容主要包括：

第 1 章　产品简介
第 2 章　PCB 材料
第 3 章　PCB 设计与制造
第 4 章　信号完整性仿真基础
第 5 章　过孔仿真与设计
第 6 章　Sigrity 仿真文件导入与通用设置
第 7 章　QSFP+信号仿真
第 8 章　SATA 信号仿真
第 9 章　DDRx 仿真
第 10 章　PCIe 信号仿真
第 11 章　电源完整性仿真
第 12 章　电容概要
第 13 章　电容建模与测试
第 14 章　PI 仿真平台电容模型高效处理

本书编写人员均具有 10 年以上 PCB 设计、高速仿真经验，通过将产品开发与仿真设计紧密结合，使本书具更高的实用性，是一本非常接地气的信号与电源完整性仿真的入门实践教材。

本书从构思到初稿完成虽较仓促，我们还是尽了最大的努力使内容尽可能详尽及更具系统性，但受到时间、知识与能力等方面的限制，书中难免会有错误及考虑不周的地方，恳请广大读者给予指正。如在阅读本书过程中有疑问，可以通过邮箱 76235148@qq.com 或微信公众号 amo_eda365 与作者联系。

毛忠宇

2017 年 8 月
于深圳

微信公众号：amo_eda365

目　　录

第**1**章 产 品 简 介

1.1 产品实物图

本书的信号与电源完整性仿真实例都是围绕着此加速卡产品的各接口的信号进行的，图 1-1、图 1-2 所示为产品的正反面实物图，具体的仿真过程将在后面的章节中展开。

图 1-1 产品正面图 图 1-2 产品反面图

1.2 产品背景

随着计算技术的飞速发展，很多场合如金融、军事等领域等都需要对大量的数据进行快速处理，如果使用传统的 CPU 方案，会占用大量的 CPU 处理时间，而 CPU 对某类特定的数据处理也达不到最大的效率。基于 FPGA（Field Programmable Gate Array，现场可编程门阵列）的数据加速卡可以利用 FPGA 的可编程等优势，更加适合处理这类问题。

FPGA 具有高集成度、高速、高可靠性等各类优点，可以通过使用硬件描述语言完成适用于各种特殊应用场景的算法设计，通过控制 FPGA 从而在一块芯片上实现系统要求的所有功能，使用 FPGA 为主要器件的数据处理加速卡是 FPGA 应用的一个典型场景。

本书所用案例是基于数据加速卡的一个成功高速产品，详细介绍此加速卡产品设计过程中各类高速接口的信号与电源完整性仿真过程。本书的仿真过程都基于实际成功的项目，对想从事 SI 的电子工程师是一本非常好的理论联系实际的教材。

1.3 产品性能与应用场景

本数据加速卡产品为半长、全高的 PCIe x8 板卡，主要芯片为 Altera 公司高带宽、低功耗的 Stratix V GX/GS FPGA；应用于高端应用环境：金融、网络交换、安全管理场合等，它提供高集成性和高灵活性的处理能力；数据卡集成了 16GB 以上的板载内存 DDR3 和 QDRII/II+，前面板有两组 QSFP+接口支持各组 40GigE 接口（或 8 个万兆以太网）；产品有两组 SerDes SATA 接口，可使外部存储设备提供板对板的直接通信；PCIe x8 接口为底板与 FPGA 之间提供了最高 8GB 的高带宽数据连接。

该产品还具有底板硬件管理控制模块（CPLD+USB），极大地简化了上层软件的平台管理。USB2.0、RS-232 和 JTAG 为单板提供了丰富的调试接口。

拥有上述的性能与接口特性，本产品可用于创建和部署高性能、高效率的 FPGA 计算系统解决方案，尤其适用于突发性、出现频率高、数据量大的场合。

1.4　产品主要参数

产品主要特点及参数如下：

- 核心器件 Altera Stratix V GX FPGA；
- PCIe x8 接口支持 PCIe 1.0、PCIe 2.0、PCIe 3.0；
- 双路 QSFP+接口支持 40GigE 或 10GigE 光接口；
- 最高支持双通道 128 位、16GB DDR3 内存（颗粒）；
- 最高支持 72MB QDRII/II+；
- 双路 SATA 接口；
- 电压、电流监控；
- 温度监控；
- 通用接口：USB2.0、RS-232、JTAG。

1.5　主要器件参数

1. FPGA

- Altera Stratix V GX/GS FPGA；
- 36 组全双工、高性能 SerDes 收发器；
- 最高速率达到 14.1 Gbps；
- 多达 952000 逻辑单元（LE）提供；
- 高达 62MB 的嵌入式存储器；
- 1.4 Gbps 的 LVDS 接口；
- 最多 3926 个 18×18 精度可调乘法器；
- 嵌入式 HardCopy 模块。

2. 内存

- 双通道 128 位最高支持 16GB 内存颗粒；
- 4 组 18 位 QDRII/II+颗粒，最高支持 72MB。

3. 128MB NOR Flash PCIe 接口

- 采用 PCIe x8 接口，支持 PCIe 1.0、2.0、3.0，能与 FPGA 内核直接通信。

4. QSFP+接口

- 前面板上有两路 QSFP+ Cage；
- 直接通过 8 路 SerDes 与 FPGA 直连（无须外接 PHY）；
- 每个支持 40 千兆以太网或 4 个 10 千兆以太网接口；
- 可以选择性适于用作 SFP+。

5. Serial ATA 接口

- 双路 SATA 接口，与 FPGA 直连。

6. USB2.0 接口

- 上层软件通过 USB2.0 接口，与单板上的 CPLD、FPGA、Flash 进行通信；
- 控制管理各个模块运行；
- 直接读取 IIC、SPI 等接口传送入芯片的数据，监控各个模块电压、电流、功耗、温度等信息。

7. RS-232、JTAG 接口

- 辅助调试接口。

1.6 产品功能框图

产品总体功能及信号流向如图 1-3 所示。FPGA 与各种模块间的信号流向如图中箭头所示。FPGA 与各接口间的数据信号通信质量通过进行信号与电源完整性仿真得到质量保证。

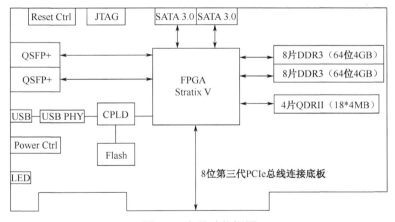

图 1-3 产品功能框图

1.7 电源模块

单板由主板 PCIe 接口输入 12V 电压供电，最大支持功耗 60W，设计上不支持外部接口供电。电源转换时提供的最大电流如图 1-4 所示，这些是产品电源完整性仿真时的重要参考。

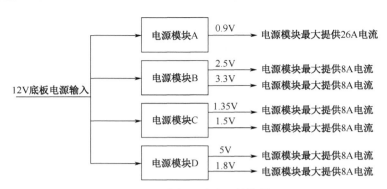

图 1-4 总电源种类及转换图

- 电源模块 A 提供 0.9V 电压，为 FPGA 的核心电压；
- 电源模块 B 提供 3.3V 和 2.5V 电压，分别给 FPGA、CPLD、时钟芯片及接口芯片使用；
- 电源模块 C 提供 1.35V 和 1.5V 电压，分别给 FPGA、DDR3 芯片使用；
- 电源模块 D 提供 5V 和 1.8V 电压，分别给 FPGA、QDR 芯片、单板风扇使用。

1.8　时钟部分

FPGA 时钟由 PCB 上的两片时钟芯片 SI5338 提供，时钟分布如图 1-5 所示。

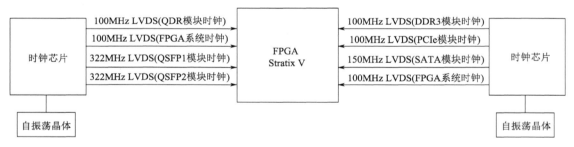

图 1-5　单板时钟分布图

时钟芯片由各自的 25MHz 振荡器提供时钟源，通过内部锁相环生成 FPGA 各个模块所需要的时钟，如表 1-1 所示。

表 1-1　时钟分布详细列表

时钟功用	时钟频率	时钟信号名	对应引脚	所属 Bank
FPGA 系统时钟	100MHz	Clock8	AL7/AM7	4A
FPGA 系统时钟	100 MHz	Clock12	G7/G8	7A
DDR3 模块时钟	100 MHz	DDR3_Clock	AE17/AE16	4D
QDR 模块时钟	100 MHz	QDR_Clock	J23/J24	8D
PCIe 模块时钟	100 MHz	PCIE_Clock	AD33/AD34	GXB_L0
SATA 模块时钟	150 MHz	SATA_Clock	T33/T34	GXB_L2

时钟功用	时钟频率	时钟信号名	对应引脚	所属 Bank
QSFP1 模块时钟	322 MHz	QSFP1_Clock	AF6/AF5	GXB_R0
QSFP2 模块时钟	322 MHz	QSFP2_Clock	AB6/AB5	GXB_R1

1.9 DDR3 模块

加速卡 FPGA 一共外接 16 片 DDR3 芯片，直接与 FPGA 相连，每 8 片组成 64 位 DDR 模组，一共为两组，位宽为 128 位，两组存储容量为 8GB，传输速率为 1600Mbps。DDR3 的信号描述如表 1-2 所示。

表 1-2 DDR3 信号详细列表

信 号	引 脚	信 号	引 脚	电 平	外部匹配
DDR0_A0	AM16	DDR1_A0	AN18	SSTL	VTT 上拉 40Ω 电阻
DDR0_A1	AU16	DDR1_A1	AP16	SSTL	VTT 上拉 40Ω 电阻
DDR0_A2	AG16	DDR1_A2	AE19	SSTL	VTT 上拉 40Ω 电阻
DDR0_A3	AN16	DDR1_A3	AW16	SSTL	VTT 上拉 40Ω 电阻
DDR0_A4	AH19	DDR1_A4	AJ18	SSTL	VTT 上拉 40Ω 电阻
DDR0_A5	AH18	DDR1_A5	AF19	SSTL	VTT 上拉 40Ω 电阻
DDR0_A6	AN17	DDR1_A6	AR18	SSTL	VTT 上拉 40Ω 电阻
DDR0_A7	AF16	DDR1_A7	AL17	SSTL	VTT 上拉 40Ω 电阻
DDR0_A8	AF17	DDR1_A8	AV16	SSTL	VTT 上拉 40Ω 电阻
DDR0_A9	AJ19	DDR1_A9	AP18	SSTL	VTT 上拉 40Ω 电阻
DDR0_A10	AV19	DDR1_A10	AN19	SSTL	VTT 上拉 40Ω 电阻
DDR0_A11	AU17	DDR1_A11	AM17	SSTL	VTT 上拉 40Ω 电阻
DDR0_A12	AG19	DDR1_A12	AE18	SSTL	VTT 上拉 40Ω 电阻
DDR0_A13	AR19	DDR1_A13	AT18	SSTL	VTT 上拉 40Ω 电阻
DDR0_A14	AU18	DDR1_A14	AP19	SSTL	VTT 上拉 40Ω 电阻
DDR0_A15	AD23	DDR1_A15	AB13	SSTL	VTT 上拉 40Ω 电阻
DDR0_BA0	AJ17	DDR1_BA0	AR17	SSTL	VTT 上拉 40Ω 电阻
DDR0_BA1	AK17	DDR1_BA1	AL18	SSTL	VTT 上拉 40Ω 电阻
DDR0_BA2	AT17	DDR1_BA2	AH16	SSTL	VTT 上拉 40Ω 电阻
DDR0_CAS_B	AM19	DDR1_CAS_B	AG18	SSTL	VTT 上拉 40Ω 电阻
DDR0_CK_N	AW17	DDR1_CK_N	AD17	SSTL	75Ω 串阻
DDR0_CK_P	AV17	DDR1_CK_P	AD18	SSTL	
DDR0_CKE	AV23	DDR1_CKE	AL13	SSTL	
DDR0_DM0	AV26	DDR1_DM0	AC15	SSTL	

信 号	引 脚	信 号	引 脚	电 平	外部匹配
DDR0_DM1	AB25	DDR1_DM1	AK14	SSTL	
DDR0_DM2	AU24	DDR1_DM2	AC14	SSTL	
DDR0_DM3	AE25	DDR1_DM3	AN12	SSTL	
DDR0_DM4	AV22	DDR1_DM4	AD12	SSTL	
DDR0_DM5	AF23	DDR1_DM5	AR11	SSTL	
DDR0_DM6	AT21	DDR1_DM6	AB10	SSTL	
DDR0_DM7	AH21	DDR1_DM7	AN10	SSTL	
DDR0_DQS0_N	AR27	DDR1_DQS0_N	AE15	SSTL	
DDR0_DQS0_P	AP27	DDR1_DQS0_P	AD15	SSTL	
DDR0_DQS1_N	AK26	DDR1_DQS1_N	AP15	SSTL	
DDR0_DQS1_P	AJ26	DDR1_DQS1_P	AN15	SSTL	
DDR0_DQS2_N	AR25	DDR1_DQS2_N	AF14	SSTL	
DDR0_DQS2_P	AP25	DDR1_DQS2_P	AE14	SSTL	
DDR0_DQS3_N	AG24	DDR1_DQS3_N	AU14	SSTL	
DDR0_DQS3_P	AH24	DDR1_DQS3_P	AT14	SSTL	
DDR0_DQS4_N	AR22	DDR1_DQS4_N	AJ12	SSTL	
DDR0_DQS4_P	AP22	DDR1_DQS4_P	AH12	SSTL	
DDR0_DQS5_N	AJ22	DDR1_DQS5_N	AU12	SSTL	
DDR0_DQS5_P	AH22	DDR1_DQS5_P	AT12	SSTL	
DDR0_DQS6_N	AR21	DDR1_DQS6_N	AG10	SSTL	
DDR0_DQS6_P	AR20	DDR1_DQS6_P	AF10	SSTL	
DDR0_DQS7_N	AL22	DDR1_DQS7_N	AW10	SSTL	
DDR0_DQS7_P	AK21	DDR1_DQS7_P	AV10	SSTL	
DDR0_ODT	AD20	DDR1_ODT	AB16	SSTL	
DDR0_RAS_B	AL16	DDR1_RAS_B	AK18	SSTL	VTT 上拉 40Ω 电阻
DDR0_RESET_B	AV25	DDR1_RESET_B	AB9	SSTL	外部上拉处理
DDR0_S0_B	AV20	DDR1_S0_B	AK15	SSTL	VTT 上拉 40Ω 电阻
DDR0_WE_B	AG17	DDR1_WE_B	AW19	SSTL	VTT 上拉 40Ω 电阻
DDR0_DQ0	AU27	DDR1_DQ0	AD16	SSTL	
DDR0_DQ1	AN26	DDR1_DQ1	AG15	SSTL	
DDR0_DQ2	AU26	DDR1_DQ2	AA14	SSTL	
DDR0_DQ3	AN27	DDR1_DQ3	AG14	SSTL	
DDR0_DQ4	AT26	DDR1_DQ4	AH15	SSTL	
DDR0_DQ5	AL26	DDR1_DQ5	AB15	SSTL	

续表

信 号	引 脚	信 号	引 脚	电 平	外部匹配
DDR0_DQ6	AW26	DDR1_DQ6	AA15	SSTL	
DDR0_DQ7	AM26	DDR1_DQ7	AJ15	SSTL	
DDR0_DQ8	AG25	DDR1_DQ8	AN14	SSTL	
DDR0_DQ9	AC25	DDR1_DQ9	AR15	SSTL	
DDR0_DQ10	AH25	DDR1_DQ10	AM14	SSTL	
DDR0_DQ11	AC26	DDR1_DQ11	AL15	SSTL	
DDR0_DQ12	AF26	DDR1_DQ12	AR14	SSTL	
DDR0_DQ13	AA25	DDR1_DQ13	AT15	SSTL	
DDR0_DQ14	AG26	DDR1_DQ14	AL14	SSTL	
DDR0_DQ15	AE26	DDR1_DQ15	AU15	SSTL	
DDR0_DQ16	AP24	DDR1_DQ16	AD14	SSTL	
DDR0_DQ17	AU25	DDR1_DQ17	AF13	SSTL	
DDR0_DQ18	AN25	DDR1_DQ18	AA13	SSTL	
DDR0_DQ19	AW25	DDR1_DQ19	AG13	SSTL	
DDR0_DQ20	AM25	DDR1_DQ20	AC13	SSTL	
DDR0_DQ21	AT24	DDR1_DQ21	AJ13	SSTL	
DDR0_DQ22	AN24	DDR1_DQ22	AA12	SSTL	
DDR0_DQ23	AR24	DDR1_DQ23	AH13	SSTL	
DDR0_DQ24	AE24	DDR1_DQ24	AW14	SSTL	
DDR0_DQ25	AJ24	DDR1_DQ25	AP13	SSTL	
DDR0_DQ26	AC24	DDR1_DQ26	AV14	SSTL	
DDR0_DQ27	AK24	DDR1_DQ27	AM13	SSTL	
DDR0_DQ28	AF25	DDR1_DQ28	AV13	SSTL	
DDR0_DQ29	AL25	DDR1_DQ29	AN13	SSTL	
DDR0_DQ30	AD24	DDR1_DQ30	AW13	SSTL	
DDR0_DQ31	AL24	DDR1_DQ31	AP12	SSTL	
DDR0_DQ32	AT23	DDR1_DQ32	AF11	SSTL	
DDR0_DQ33	AW23	DDR1_DQ33	AG12	SSTL	
DDR0_DQ34	AN23	DDR1_DQ34	AE10	SSTL	
DDR0_DQ35	AW22	DDR1_DQ35	AK12	SSTL	
DDR0_DQ36	AU23	DDR1_DQ36	AC12	SSTL	
DDR0_DQ37	AM23	DDR1_DQ37	AL12	SSTL	
DDR0_DQ38	AN22	DDR1_DQ38	AE11	SSTL	
DDR0_DQ39	AM22	DDR1_DQ39	AE12	SSTL	
DDR0_DQ40	AF22	DDR1_DQ40	AV11	SSTL	
DDR0_DQ41	AK23	DDR1_DQ41	AN11	SSTL	

续表

信　号	引　脚	信　号	引　脚	电　平	外部匹配
DDR0_DQ42	AD22	DDR1_DQ42	AW11	SSTL	
DDR0_DQ43	AE23	DDR1_DQ43	AM11	SSTL	
DDR0_DQ44	AE22	DDR1_DQ44	AT11	SSTL	
DDR0_DQ45	AL23	DDR1_DQ45	AL11	SSTL	
DDR0_DQ46	AG22	DDR1_DQ46	AU11	SSTL	
DDR0_DQ47	AG23	DDR1_DQ47	AR12	SSTL	
DDR0_DQ48	AP21	DDR1_DQ48	AC10	SSTL	
DDR0_DQ49	AT20	DDR1_DQ49	AG9	SSTL	
DDR0_DQ50	AN21	DDR1_DQ50	AD9	SSTL	
DDR0_DQ51	AU21	DDR1_DQ51	AH10	SSTL	
DDR0_DQ52	AN20	DDR1_DQ52	AE9	SSTL	
DDR0_DQ53	AW20	DDR1_DQ53	AJ10	SSTL	
DDR0_DQ54	AM20	DDR1_DQ54	AC9	SSTL	
DDR0_DQ55	AU20	DDR1_DQ55	AH9	SSTL	
DDR0_DQ56	AJ21	DDR1_DQ56	AU10	SSTL	
DDR0_DQ57	AE20	DDR1_DQ57	AP9	SSTL	
DDR0_DQ58	AL21	DDR1_DQ58	AP10	SSTL	
DDR0_DQ59	AJ20	DDR1_DQ59	AN9	SSTL	
DDR0_DQ60	AG21	DDR1_DQ60	AU9	SSTL	
DDR0_DQ61	AD21	DDR1_DQ61	AR9	SSTL	
DDR0_DQ62	AL20	DDR1_DQ62	AM10	SSTL	
DDR0_DQ63	AE21	DDR1_DQ63	AT9	SSTL	

1.10　散热设计

由于产品应用于标准机箱，对电脑内部结构影响非常大，热设计具有很大的挑战，通过系统仿真及精心设计，最终的热设计满足需求，热设计的仿真效果如图 1-6 所示。

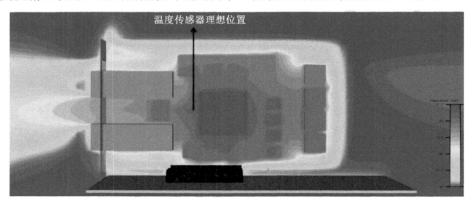

图 1-6　产品热设计仿真效果

1.11 产品结构图

产品结构设计与热设计互相迭代并受机箱内的限制，最终的设置如图 1-7 所示。

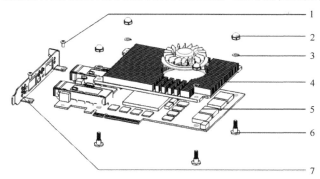

1—面板螺钉；2—固定螺帽；3—垫片；
4—散热器组件；5—PCBA；6—固定螺钉；7—面板

图 1-7 产品结构图

1.12 产品其他参数

产品的环境参数大体如下：

- 形态：标准 PCIe x8 全高、半长卡；
- 工作温度：0 ～ +40°C；
- 存储温度：−20 ～ +70°C；
- 相对湿度：10% ～ 90%RH；
- 散热：风冷散热；
- 功耗：<60W。

第2章 PCB 材料

2.1 PCB 的主要部件及分类

2.1.1 PCB 的主要部件

（1）PCB（Printed Circuit Board）：印制电路板。在绝缘基材上，按预定设计形成印制元件或印制线路以及二者结合的导电图形的印制板。除了固定各种小零件外，PCB 的主要功能是提供各种零件的电气连接，典型的 PCB 如图 2-1 所示。

（2）PWB（Printed Wiring Board）：标准印制板，即裸板（板上没有零件）。

（3）铜箔（Copper）：在 PCB 表面可以看到的细的线路或大面积的平面导体材料即是铜箔。本来铜箔是覆盖在整个板子上的，而在制造过程中部分被蚀刻处理掉，留下来的部分就是线路。这些线路被称作导线（conductor pattern）或布线，用来提供 PCB 上零件的电路连接。

图 2-1 PCB 电路板示意图

（4）基材（Base Material）：可以在其上面形成导电图形的绝缘材料（基材可以是刚性或挠性的，可以是非导电板材或加绝缘层的金属板材）。

（5）覆铜箔层压板（Copper-Clad Laminate，CCL）：在一面或两面覆铜箔的层压板，用于制作印制电路板，简称覆铜箔材料。它是基板材料中的一大类重要形态的产品，是目前使用减成法制成 PCB 的重要基板材料，当用于多层板时，也称为芯板（Core Material）。

（6）半固化片（Prepreg）：又称黏结片，是由树脂和增强材料构成的一种预浸材料，用于多层板内层板间的黏结、调节板厚。在一定温度与压力作用下，树脂会流动并发生固化。

（7）阻焊（Solder Resist）：一种耐热绝缘涂料，可以涂在 PCB 表面，在焊接时阻止焊锡覆盖在相应的位置，也用于保护铜线。

（8）字符油墨：永久性、无营养性聚合物油墨，耐高温、耐助焊剂、耐清洗剂、耐焊接过程。一般在阻焊层上会印刷文字与符号，以标示出各零件的外形和位号等，多采用丝网印刷（screen printing）。在 PCB 设计时此层一般称作 silkscreen，以白色居多。

（9）介电常数 Dk（Dielectric Constant）：又叫介质常数，它是表示绝缘能力特性的一个系数，以字母 ε 表示。在工程应用中，介电常数常以相对介电常数的形式表达，用 ε_r 表示。它是规定电极之间填充电介质获得的电容量与相同电极间为真空时的（或者介质为空气时）电容量之比。不同厂家生产的同种材料由于其树脂含量不同导致介电常数不同。介电常数是随着频率的增加而减小的，所以在实际应用中应根据工作频率确定材料的介电常数，一般选用平均值即可满足要求。信号在介质材料中传输速率会随着介电常数的增加而减小。因此要获得高的信号传输速率必须降低材料的介电常数。

（10）介电损耗因数 Df（Dielectric Dissipation Factor）：对电介质施加正弦波电压时，通过介质的电流向量超前与电压向量间的相角的余角称为损耗角，该损耗角的正切值称为损耗因数。

（11）玻璃态转换温度 Tg（Glass Transition Temperature）：指的是基材树脂因环境温度的升高而发生状态变化，在被加热的情况下，由玻璃态转变为高弹态（橡胶态）所对应的转变温度。

一般层数多、较厚和面积尺寸大的高性能板件比起常规 PCB 应具有更好的耐热性或更高的 Tg 温度；表 2-1 所示为采用不同基板类型时的耐热性能比较。

表 2-1　不同基板类型的 Tg 值比较

基板材料类型	Tg（℃）	耐热性能
PI/玻纤布基	220～260	好
BT/玻纤布基	220～225	
PPE/玻纤布基	180～240	
耐热环氧/玻纤布基	170	
环氧/玻纤布基	130～140	
PTFE/玻纤布基	250	差

（12）热分解温度 Td（Thermal Decomposition Temperature）：是指由于热作用而产生的热分解反应的温度。

通常可选择下面两种方式组合的基材以获取更好的耐热性、可靠性：

● 低 Tg 和高 Td 树脂组成的基材（LGHD）；
● 高 Tg 和高 Td 树脂组成的基材（HGHD）。

表 2-2 所示为采用不同基板类型时 Td 值的比较。

表 2-2　不同基板类型的 Td 值比较

基板材料类型	Td（℃）
环氧树脂/玻纤布基（FR-4）	310
聚酰亚胺树脂/玻纤布基	380
改性聚酰亚胺树脂/玻纤布基	330
聚四氟乙烯树脂/玻纤布基	500
聚苯醚树脂（PPE）/玻纤布基	400
聚苯醚树脂（PPE）/玻纤布基	370

（13）热膨胀系数 CTE（Coefficient of Thermal Expansion）：是指基材材料在受热后，引起的基板材料尺寸的线性变化。表 2-3 所示为不同基板类型的 CTE 比较。

一般情况下，采用高 Tg 树脂的基板材料具有低的热膨胀系数。采用低热膨胀系数的板材会带来如下好处：

● 对焊接可靠性的影响，减小在焊接点处形成一个剪切内应力；
● 对层间对位度的影响，提高层间对准度；
● 对导通孔可靠性的影响，避免引起孔壁断裂。

表 2-3 不同基板类型的 CTE 值比较

序　号	名　称	CTE 值（ppm/℃）
1	树脂（高 Tg）	40～100
2	树脂（普通）	超过 200
3	玻纤布	5～7
4	树脂/玻纤布	13～17
5	元器件	5～7
6	PTH 同层	17

（14）离子迁移 CAF：是指在电场作用下，跨越非金属基材介质而迁移的导电性金属盐类的电化学迁移行为。CAF 的产生是在有金属盐类和潮湿并存条件下于电场驱动而沿着玻璃纤维与树脂界面上迁移而发生的。导线与导线、导线与孔、孔与孔之间都会形成 CAF，这种导电通道的形成是通过金属或金属盐在介质材料的传输中产生的。随着线路密度的增加，图形之间的间距在减小，意味着图形之间的电气通道变短，所以 CAF 的形成也就成为一个与可靠性相关的比较重要的因素。

（15）导热系数：又称热传导系数、热传导率、热导率，它是表示物质热传导性能的物理量，是当等温面垂直距离为 1m，其温度差为 1℃时，由于热传导而在 1s 内穿过 $1m^2$ 面积的热量（千卡）。表 2-4 所示为不同材料的导热系数。

表 2-4 不同材料的导热系数

序　号	材料品种	导热系数（W/m·K）
1	氧化铝陶瓷（部分 IC 封装基板采用）	18
2	金属铝	236
3	金属铜	403
4	立方体型氮化硼（填充材料）	1300
5	三氧化二铝（填充材料）	25～40
6	E 型玻璃布纤维	1.0
7	双酚 A 环氧树脂一般固化物	0.133
8	FR-4 环氧-玻璃纤维布基覆铜板	0.5

2.1.2　PCB 分类

可以按照 PCB 的层数、硬度、功能、表面处理、阻燃性能等级、材料等进行分类。

1）PCB 按照层次分类

（1）单面板（Single-sided Printed Boards）：零件集中在其中一面，导线则集中在另一面。有元件的一面叫元件面，统称 A 面（A Side 或 Primary Side、TOP 面），焊接的一面叫焊接面，统称 B 面（B Side 或 Secondary Side、BOTTOM 面）。

（2）双面板（Double-sided Printed Boards）：两面都有布线，要让两面的线路导通必须要有过孔（via）。双面板两面可能都有元件，一般安装有数量较多或较复杂器件的封装互连结构面称为元件面（A 面），另一面就是焊接面（B 面）。

（3）多层板（Multilayer Boards）：多层板使用数片双面板，并在双面板间放进一层半固化片后压合。

2）PCB 按照覆铜板的机械刚性分类

（1）刚性印制板（Rigid Printed Board）：通常使用纸制基材或玻璃布基板覆铜板制成，装配和使用过程不可弯曲，如图 2-2 所示。特点是可靠性高，成本较低，但是应用的灵活性差。刚性覆铜板在性能上的不同，主要表现在它所使用的纤维增强材料和树脂的差异。

（2）挠性印制板（Flexible Printed Board）：是使用可挠性基材制成的电路板，成品可以立体组装甚至动态应用，如图 2-3 所示。挠性板加工工序

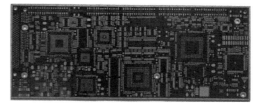

图 2-2　刚性印制板示意图

复杂，周期较长，挠性板的优势在于应用的灵活，但是其布线密度仍然无法和刚性板相比，其主要成本取决于材料成本。

（3）刚挠结合印制板（Flex-rigid Printed Board）：利用挠性基材并在不同区域与刚性基材结合而制成的印制板，如图 2-4 所示。在刚挠结合区，挠性基材与刚性基材上的导电图形通常都要进行互连。作为一种特殊的互连技术，能够减少电子产品的组装尺寸、重量，实现不同装配条件下的三维组装，以及具有轻、薄、短、小的特点。但是刚挠结合印制板工艺复杂，制作成本高，较难更改和修复。

图 2-3　挠性印制板示意图　　　　图 2-4　刚挠结合印制板示意图

3）按照阻燃等级分类　按照 UL 标准（UL94、UL746 等），将刚性 CCL 划分为四类不同的阻燃等级：UL-94 V0 级（阻燃特性最佳）、UL-94 V1 级、UL-94 V2 级和 UL-94 HB 级（非阻燃类板）。

4）按照 PCB 的功能分类　分为民用印制板（电视机、电子玩具等）、工业用印制板（计算机、仪器仪表灯）和军事用印制板。

5）按表面处理工艺分类

● 热风整平（表面喷锡）：将锡铅熔融，再经过热风平整锡面，使得锡覆盖于铜面上。

● 有机层涂覆：利用有机保护膜类在铜面上形成一层有机薄膜，主要目的是避免铜

面氧化。

- 浸镍金：通过置换式的方法将铜面镀上金镍层，该方法制作的板件具有良好的抗腐蚀、抗氧化和良好的导电性能，并提供较好的焊接盘，但板件的成本费用极高。

6）**按钻孔工艺分类** 分为通孔板、埋孔板、盲孔板和盲埋孔结合板。

7）**按基材分类** 当使用基材材质进行分类时，可以分为三大类：刚性覆铜板、复合材料覆铜板、特殊基板，每大类可以按照板材材质进行细分，具体如表2-5所示。

表2-5 印制板按基材分类

分 类	材 质	名 称	代 码	特 征
刚性覆铜薄板	纸基板	酚醛树脂覆铜箔板	FR-1	经济性，阻燃
			FR-2	高电性，阻燃（冷冲）
			XXXPC	高电性（冷冲）
			XPC 经济性	经济性（冷冲）
		环氧树脂覆铜箔板	FR-3	高电性，阻燃
		聚酯树脂覆铜箔板		
	玻璃布基板	玻璃布-环氧树脂覆铜箔板	FR-4	
		耐热玻璃布-环氧树脂覆铜箔板	FR-5	G11
		玻璃布-聚酰亚胺树脂覆铜箔板	PI	
		玻璃布-聚四氟乙烯树脂覆铜箔板	PTFE	
复合材料基板	环氧树脂类	纸（芯）-玻璃布（面）-环氧树脂覆铜箔板	CEM-1、CEM-2	（CEM-1 阻燃），（CEM-2 非阻燃）
		玻璃毡（芯）-玻璃布（面）-环氧树脂覆铜箔板	CEM-3	阻燃
	聚酯树脂类	玻璃毡（芯）-玻璃布（面）-聚酯树脂覆铜箔板		
		玻璃纤维（芯）-玻璃布（面）-聚酯树脂覆铜板		
特殊基板	金属类基板	金属芯型		
		金属芯型		
		包覆金属型		
	陶瓷类基板	氧化铝基板		
		氮化铝基板	AIN	
		碳化硅基板	SIC	
		低温烧制基板		
	耐热热塑性基板	聚砜类树脂		
		聚醚酮树脂		
	挠性覆铜箔板	聚酯树脂覆铜箔板		
		聚酰亚胺覆铜箔板		

2.2 基材介绍

印制板是搭载电子元件的载体，而基板即覆铜板是组成 PCB 的基本材料。如图 2-5 所示为一个比较常见的 4 层板的层叠基本结构，它主要由铜箔、半固化片及覆铜板组成。覆铜板的原材料由铜箔、树脂、增强材料及玻纤布构成，它们的种类的变化决定基板的等级。当前应用最广泛的是环氧树脂、玻璃纤维布和铜箔。

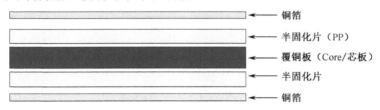

图 2-5 印制板示意图

1. 铜箔基板

铜箔基板（Copper Clad Laminate，CCL）是目前各种电子、电机设备制品零件、线路装配均必需的基本材料。

铜箔基板又称为覆铜板、铜箔积层板，顾名思义，它是指由一层层胶片（Prepreg）叠合在一起，上下两面或单面贴上铜箔（Copper Foil），经热压机加热加压而形成的组织均匀的复合材料，如图 2-6 所示。

图 2-6 铜箔基板示意图

可以使用不同规格的 Core 与不同规格的 Copper Foil 组成不同规格的覆铜板，常见的铜箔及 PP 片型号如表 2-6 所示，IPC-4101 规定的层压板的厚度及公差可参考表 2-7。

表 2-6 不同类型的铜箔及 PP 片

铜 箔 类	1/4oz、1/3oz、1/2oz、1oz、2oz、3oz
PP 片类型	106、2116、1080、7628、2113 等

表 2-7 IPC-4101 规定的层压板的厚度及公差　　　　　　　　　（mm）

层压板标称厚度	A/K 级	B/L 级	C/M 级	D 级
0.025～0.119	±0.018	±0.018	±0.013	-0.013+0.025
0.120～0.164	±0.038	±0.025	±0.018	-0.018+0.030
0.165～0.299	±0.050	±0.038	±0.025	-0.025+0.038
0.300～0.499	±0.064	±0.050	±0.038	-0.038+0.050
0.500～0.785	±0.075	±0.064	±0.050	-0.050+0.064

续表

层压板标称厚度	A/K 级	B/L 级	C/M 级	D 级
0.786～1.039	±0.165	±0.10	±0.075	不适用
1.040～1.674	±0.190	±0.13	±0.075	不适用
1.675～2.564	±0.23	±0.23	±0.10	不适用
2.565～3.579	±0.30	±0.23	±0.14	不适用
3.580～6.35	±0.56	±0.30	±0.15	不适用

①—带铜箔（标称厚度）；②—不带
铜箔（非标称厚度）

图 2-7　层压板的结构示意图

说明：A、B、C、D 级不带铜箔，而 K、L、M 级带铜箔，层压板的结构如图 2-7 所示。

2. 铜箔

铜箔是覆铜板的基础材料，它的作用是形成表面线路，为信号的传输提供导电媒介。

1）铜箔分类　铜箔是印制板的主要导电材料，铜纯度在 99.8% 以上。根据铜箔生产方式的不同，分为电解铜箔和压延铜箔两大类。

（1）电解铜箔（Wrought Foil）：用硫酸铜溶液，通过专用电解机（电镀机）在图形阴极滚筒上连续生产出毛箔，再经过粗化层处理、耐热层处理而制得。生产出的铜箔一面光滑，称为光面（Drum Side），另一面是粗糙的结晶面，称为毛面（Matte Side），双面粗糙度不同，较粗的毛面处理后可以和树脂产生较强的结合力。电解铜箔主要用于刚性印制板上，如图 2-8 所示。

图 2-8　电解铜箔示意图

（2）压延铜箔（Ed Foil）：通过对铜板的多次重复辊轧而制成生箔（又称原箔），然后根据不同要求进行粗化、耐热层、防氧化等处理而制得。由于工艺的限制，其幅宽有限，难以满足刚性覆铜板的生产，主要用于挠性覆铜板的生产。压延铜箔的延展性、柔韧性优于电解铜箔，但是由于两面都是光滑的，对基材的附着力较差。

电解铜箔和压延铜箔的优缺点对比如表 2-8 所示。

表 2-8　电解铜箔和压延铜箔的优缺点对比

名　称	优　点	缺　点
电解铜箔	价格便宜；可有各种尺寸与厚度	延展性差；应力极高，无法挠曲又很容易折断
压延铜箔	延展性高，对 FPC 使用于动态环境下，信赖度极佳；低的表面棱线（Low-profile Surface），对于一些 Microwave 电子应用非常有利	对基材的附着力不好；成本较高；因技术问题，宽度受限

铜箔可以按性能进行划分，具体分类如表 2-9 所示。

表 2-9　铜箔按性能分类

铜箔类别	铜箔名称	英文名称
HTE	高温延伸性铜箔	High temperature elongation electrodeposited
RTF	反面处理铜箔	Reverse treated copper foil
DST	双面处理铜箔	Double-side treatment copper foil
VLP	超低轮廓铜箔	Very low profile copper foil
UTF	超薄铜箔	Ultra thin copper foil

以下为不同性能铜箔的具体特点描述。

① 高温延伸性铜箔（HTE）：多层印制电路板在压合时的热量会使铜箔发生再结晶现象，故需铜箔在高温（180℃）下仍保持常温时的稳定性。其特点主要表现在尺寸稳定性、高柔韧性，多用于 FR-4 材质的多层板中。

② 反面处理铜箔（RTF）：该类铜箔的光面朝内，而毛面朝外。其意义主要有：改善了良品率，由于其黏着表面棱线非常低，蚀刻时不会有残铜发生；减少断路，由于干膜可以黏着得相当强固，所以断路的缺陷可以降至最低；缩短制程实践，蚀刻速度较快，棕黑化处理较迅速；提高线路可靠性，线间及层间具有较好的绝缘功能；具有高的蚀刻因子。

③ 双面处理铜箔（DST）：双面处理指的是光面及毛面均做粗化处理。它是美国一家 Polyclad 铜箔基板公司发展出来的一种处理方式。此法的应用已有 20 年的历史，但如今为降低多层板的费用而使用者渐多。

④ 超低轮廓铜箔（VLP）：主要用于挠性电路板、高频线路板和超微细电路板，它的表面近乎于平滑，粗糙度通常在 2μm 以下。一般电解铜箔的微结晶表面比较粗糙，具有明显的晶体取向，呈粗大的柱状结晶，其切片横断层的棱线起伏较大。而 VLP 铜箔的结晶很细腻，为等轴晶粒，不含柱状的晶体，呈片层状结晶，且棱线平坦。

⑤ 超薄铜箔（UTF）：一般所说的薄铜箔是指厚度在 0.5 oz（17.5 micron）以下的铜箔，3/8oz、1/4oz、1/8oz 这三种厚度则称超薄铜箔，厚度在 3/8oz 以下则因其本身太薄很不容易操作，故需要另加载体（Carrier）才能做各种操作（称复合式 Copper Foil），否则很容易造成损伤。所用的载体有两类，一类以传统的 ED 铜箔为载体，厚约 2.1mil；另一类载体是铝箔，厚约 3mil。两者使用之前需要将载体撕离。超薄铜箔最不易克服的问题就是 "针孔" 或 "疏孔"（Porosity），因厚度太薄，电镀时无法将疏孔完全填满。补救之道是降低电流密度，让结晶变细。细线路，尤其是 5mil 以下更需要超薄铜箔，以减少蚀刻时的过蚀不侧蚀。

2）铜厚单位定义　1oz 铜厚定义为质量为 28.35g 的铜箔均匀平铺在 1ft² 面积的厚度，标准为 34.3μm，实际应用以 35μm 为准，如图 2-9 所示。

印制电路板的层数是以铜箔的层数为依据进行计算的，图 2-10 所示是包含 6 层铜箔的 6 层印制板。

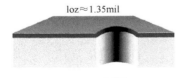

图 2-9　1oz 铜厚

图 2-10　6 层印制板

常见的铜箔规格如表 2-10 所示，不同规格的铜箔厚度会影响导电体的载流能力，在选型时需要根据产品情况进行选择。

表 2-10　铜箔规格一览

铜箔规格	单位面积质量（g/m²）	标称厚度（μm）	公　差
1/4oz（9μm）	75.9	8.5	±10%
1/3oz（12μm）	106.8	12.0	±10%
3/7oz（15μm）	125.0	15.0	±10%
1/2oz（18μm）	152.5	17.1	±10%
1oz（35μm）	305.0	34.3	±10%
2oz（70μm）	610.0	68.6	±10%
3oz（105μm）	915.0	102.0	±10%
4oz（140μm）	1220.0	137.2	±10%
5oz（175μm）	1525.0	171.5	±10%
6oz（210μm）	1830.0	205.8	±10%
7oz（245μm）	2440.0	240.1	±10%

3．树脂

树脂的功能及特性如下：

- 功能：作为铜箔与玻璃纤维布之间的黏合剂。
- 特性：抗电气性、耐热性、耐化学性、抗水性。

以下为常用树脂类型的特点介绍，如表 2-11 所示。

表 2-11　常用树脂类型一览

主体树脂	代表材料	树脂特点	加工工艺相关
EP（环氧）	IT180A	普通	传统 FR-4 工艺
Modify EP（改性环氧）	TU872SLK	耐热性、高频介电性能、机械性能、电气性能、耐化学性和尺寸稳定性	层压高温时间长，钻头易磨损，需 PLASMA
PI（聚酰亚胺）	33N	耐热性、高频介电性能、机械性能、电气性能、耐化学性和尺寸稳定性	层压温度高，金属化孔较难，其他兼容 FR-4
PPE（聚苯醚）	M4	较高机械强度和耐热性，质轻，尺寸稳定性好，吸湿率低，高介电性能	钻头易磨损，易吸湿，加工 N+N、HDI 有限制
PPE/PPO（聚苯醚）	M6	较高机械强度和耐热性，质轻，尺寸稳定性好，吸湿率低，高介电性能	加工性好，但不适合 ENIG，有色差问题
CE（氰酸酯树脂）	N4000-13	较高 Tg，高频介电性能，低膨胀率	易吸湿
BT（双马来酰亚胺三嗪）	N5000	高 Tg，高频介电性能，尺寸稳定性好	钻头易磨损
PTFE（聚四氟乙烯）	RO3003	优异的介电性能，刚性差，成本高，PLASMA	可加工性差

如表 2-12 所示，不同板材厂商的各种板材型号有不一样的 Tg、Df 值，树脂类型的差异决定着印制板的性能表现。

表 2-12　常用生产厂商的树脂类型

材料类型	生产厂商	型　号	Tg（℃）	Df（10GHz）	树脂类型
Middle TG	EMC	EM825	150	0.016（1GHz）	多官能基环氧
	SYE	S1000H	150	0.018（1GHz）	多官能基环氧
	ITEQ	IT-158	150	0.016（1GHz）	多官能基环氧
High TG	EMC	EM827	175	0.019（1GHz）	环氧
	SYE	S1000-2M	175	0.018（1GHz）	多官能基环氧
	ITEQ	IT-180A	175	0.015（1GHz）	多官能基环氧
Middle loss	EMC	EM370D	175	0.015	多官能基环氧
	TUC	TU-862HF	165（TMA）	0.015	多官能基环氧
	Panasonic	R-1577（M2）	170	0.013	多官能基环氧
	EMC	EM828	170	0.012	多官能基环氧
	Nelco	N5000	185	0.01	BT 树脂
Low loss	ISOLA	FR408HR	200	0.0095	多官能基环氧
	TUC	TU-872SLK	200	0.009	多官能基环氧+氰酸酯树脂
	ITEQ	IT-170GRA	175	0.009	多官能基环氧
	Hitachi	MCL-HE-679G（S）	180～190（TMA）	0.008	多官能基环氧
	TUC	TU-872 SLK SP	200	0.008	多官能基环氧+氰酸酯树脂
	ITEQ	IT-200LK	195	0.008	苯乙烯和顺丁烯二酸酐共聚物
	Panasonic	R-5725（M4）	176	0.007	聚苯醚树脂+环氧
Low loss	Nelco	N4000-13EP SI	210	0.0065	多官能基环氧+氰酸酯树脂
	Nelco	N4800-20S1	200	0.007	多官能基环氧+氰酸酯树脂
	Nelco	N4350-13RF	210	0.007	改性环氧+氰酸酯树脂
	SYE	S7439	195（TMA）	0.0055	改性环氧+氰酸酯树脂
	Hitachi	FX-2	180	0.005	聚烯烃（聚乙烯、聚丙烯）
Low loss	ITEQ	IT-150DA	180	0.005	苯乙烯和顺丁烯二酸酐共聚物
Very loss	Panasonic	R-5775（K）	185	0.004	聚苯醚树脂
	Nelco	Meteorwave200	215（TMA）	0.004	多官能基环氧
Ultra low loss	Rogers	Rogers4350B	>280	0.0037	碳氢化合物陶瓷
	Rogers	Rogers4003C	>280	0.0027	碳氢化合物陶瓷
PTFE	Rogers	Rogers3003		0.0013	聚四氟乙烯

4．玻璃纤维布

　　玻璃纤维布是一种经过高温融合后冷却成一种非结晶态的坚硬的无机物，然后由经纱（warp）、维纱（waft）纵横交织作为基板结构中的补强材料（类似于人体的骨骼结构）。可以作为补强材料的有纤维素纸、E-玻璃纤维布、S-纤维布。

　　玻璃纤维布有多种型号，每种型号的经纬向编织数量也不太一样，下面是常见的几种玻璃纤维布规格，微观放大如图 2-11 所示。

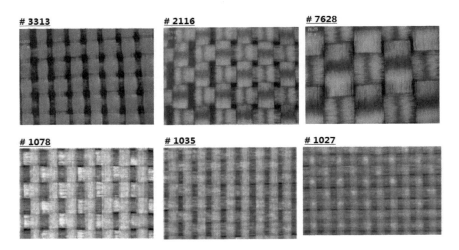

图 2-11　不同型号的玻璃纤维布

玻璃纤维布的特点如下：

- 高强度：与其他类型的纤维相比具有极高的强度；
- 抗热/防火：玻璃属于无机物，不会燃烧；
- 耐化学性：玻璃可抗大部分的化学品，也不会被细菌、昆虫攻击；
- 防潮：玻璃并不吸水，在高湿度下仍然保持机械强度；
- 热稳定性：玻璃熔点非常高，具有很低的膨胀系数及很高的传热系数；
- 电性：绝缘性能极佳。

目前使用的玻璃纤维布有 E-glass 和 NE-glass，其中 E-glass 为电子行业通用的玻璃纤维布，大部分电子产品选用的是 E-glass，最主要的是其具有优秀的抗水性，在非常恶劣的环境下仍能维持良好的电性；NE-glass 为日本日东纺（Nittobo）针对高速材料开发的玻璃纤维布，而它的使用也越来越普遍。两种玻璃纤维布的对比如表 2-13 及表 2-14 所示。

表 2-13　E-glass 和 NE-glass 性能对比

性能对比		E-glass	NE-glass
Dk	1MHz	6.6	4.6
	10GHz	6.6	4.7
Df	1MHz	0.0012	0.0006
	10GHz	0.0066	0.0035
电阻（Ω）		>10^{15}	>10^{15}
表面电阻（Ω）		>10^{15}	>10^{15}
表面平滑性		一般	好
应用		FR-4 大量使用	高速材料使用

表 2-14 E-glass 和 NE-glass 成分对比

成分对比	E-glass	NE-glass
SiO_2（wt%）	52～56	52～56
CaO（wt%）	16～25	0～10
Al_2O_3（wt%）	12～16	10～15
B_2O_3（wt%）	5～10	15～20
MgO（wt%）	0～5	0～5
Na_2O、K_2O（wt%）	0～1	0～1
TiO_2（wt%）	0	0.5～5

5. 半固化片

PREPREG 简称 PP，是树脂与载体合成的一种片状黏结材料，也叫黏结片。它是由树脂和增强材料构成的一种预浸材料，在高温和压力的作用下，具有流动性并能很快地固化和完成黏结过程。它与增强材料一起构成绝缘层，是多层印制板中不可或缺的层压材料，其特性指标如表 2-15 所示。

表 2-15 半固化片的特性指标

特性指标	意　义	作　用
树脂含量（RC）	指胶片中除了玻璃纤维布以外,树脂成分占的重量百分比	直接影响树脂填充导线间空谷的能力，同时决定压板后的介电层厚度
RF（Resin Flow）	指压板后流出板外的树脂占原来半固化片总重的百分比	反映树脂流动性的指标，它也决定压板后的介电层厚度
凝胶时间（GT）	B 一阶半固化片受高温后软化黏度降低，然后流动，经过一段时间因吸收热量而发生聚合反应，黏度逐渐增大，逐渐固化成 C 一阶的一段树脂可以流动的时间	反映树脂在不同温度时的固化速度，直接影响压板后的品质
挥发物含量 VC（Volatile Content）	指半固化片经过干燥后，失去的挥发成分的重量占原来重量的百分比	直接影响压板后的品质

常见的半固化片型号有 106、1080、3313、2116、7628，如表 2-16 所示。

表 2-16 半固化片分类

规　格	理论厚度（mm）	RC（%）	经　纱	纬　纱
7628	0.1951	46	44	31
2116	0.1185	54	60	58
3313	0.1034	57	60	62
1080	0.0773	66	60	47
106	0.0513	72.5	56	56

选择半固化片时，应优先满足流胶问题，然后考虑其生产成本。含胶量从大到小分别为 106、1080、3313、2116、7628，而成本从高到低分别为 106、3313、2116、7628、1080。为

防止层压滑板，一般每两层之间的半固化片不大于 3 张。

2.3 高速板材选择

随着信号速度越来越高，边沿越来越陡，使用通用的 PCB 板材将不能达到高速信号要求，PCB 的选材将会决定产品的性能。高速高频化的 PCB 特性主要体现在以下三个方面：

（1）小传输损耗、低传输延时。

（2）优秀的介电特性，而且这种特性（主要指 Dk、Df）在频率、湿度、温度的环境变化下仍然保持稳定。

（3）具有特性阻抗的高精度控制，目前成为高速 PCB 的一种重要特性要求。

选择 PCB 板材必须在满足设计需求、可量产性及成本中间取得平衡点。简而言之，设计需求包含电气和结构可靠性两部分。通常在设计非常高速的 PCB（大于 GHz 的频率）时板材问题会比较重要。例如，现在常用的 FR-4 材质，在几个 GHz 的频率时介质损耗 Df 会对信号衰减有很大的影响，可能就不适用，需要通过仿真决定。

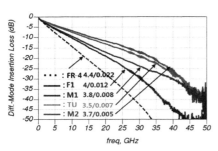

图 2-12 12in 线长不同材料的损耗曲线

高速 PCB 板材选型主要受到 Dk、Df、温度、铜箔粗糙度等因素的影响。

1）Dk 和 Df 的影响 不同的板材材料，有着不同 Dk 和 Df 值，损耗越小的材料，Dk 和 Df 越小，如图 2-12 所示。图中有五种材料，每种材料设计的传输线线长为 12in。其中型号为 M2 的板材表现最好，它有着比其他板材更低的 Dk 和 Df 值，在同一频点进行比较，它的插入损耗值最小。

此外，温度对材料特性会产生影响，在温度逐渐升高的情况下，Dk 和 Df 处于增大趋势，如图 2-13 所示。

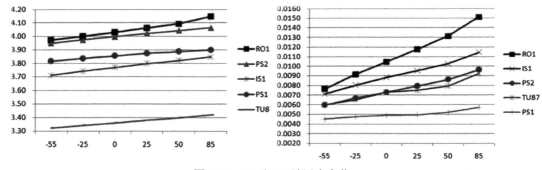

图 2-13 Dk 和 Df 随温度变化

当产品高速信号为不同的速率时该采用什么样的板材呢？图 2-14 所示为不同板材厂家的板材产品在 10GHz 的测试频率下的损耗等级排名，供参考使用。

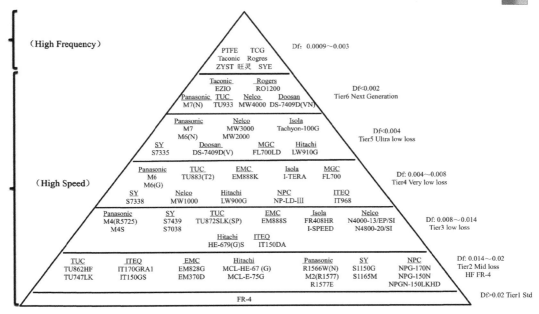

图 2-14　不同材料的等级划分

2）铜箔表面粗糙度的影响　铜箔表面粗糙度（surface roughness）是指铜箔表面具有的较小间距和微小峰谷的不平度，如图 2-15 所示。铜箔表面粗糙度越小，则表面越光滑。表面粗糙度与耐磨性、疲劳强度、接触刚度、振动和噪声等有密切的关系。表面粗糙度起因于材料的加工过程。频率越大，信号波长越短，当信号在铜箔导体传送时，将只集中在导体的表面，即所谓的"趋肤效应"，铜箔表面粗糙度加大，将会加剧信号的能量损耗，即产生导体损耗。

覆铜板即芯板来料时上下表层有完整的铜箔，工厂将铜箔按照设计文件蚀刻后即为 PCB 的走线，所以铜箔的高速性能和 PCB 走线的性能密切相关。铜箔的选择主要考虑以下两个方面：

● 铜箔的粗糙度类型，对信号损耗有直接的影响；

● 铜箔的厚度，对 PCB 的层叠结构设计有影响。

铜箔按照不同的粗糙度程度主要划分为 HTE 铜箔、RTF 铜箔、VLP 铜箔、HVLP 铜箔等，图 2-16 所示为使用不同铜箔时的粗糙度示意图，表 2-17 所示为不同铜箔类型粗糙度比对。

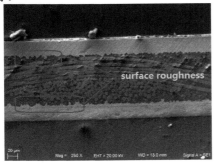

图 2-15　铜箔表面粗糙度的示意图

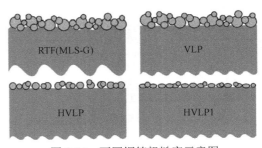

图 2-16　不同铜箔粗糙度示意图

表 2-17　常见铜箔粗糙度一览

名称　　类别	HTE	RTF	VLP	HVLP	铜　厚
	标准铜箔	反转铜箔	低轮廓铜箔	超低轮廓铜箔	
粗糙度（μm）	3.0～7.0	2.5～5.1	2.0～4.0	1.5～3.0	1/3oz
	3.0～7.0	2.5～5.1	2.0～4.0	1.5～3.0	3/7oz
	3.0～7.0	2.5～5.1	2.0～4.0	1.5～3.0	1/2oz
	4.0～8.0	2.5～5.1	2.0～4.0	1.5～3.0	1oz
	6.0～12.0	2.5～5.1	NA	NA	2oz
	7.0～13.0	2.5～5.1	NA	NA	3oz
	7.0～15.0	NA	NA	NA	4～7oz

图 2-17 所示为四种不同粗糙度的铜箔在不同频率时的损耗表现，可以看出随着粗糙度的减小，损耗也会相应减小。

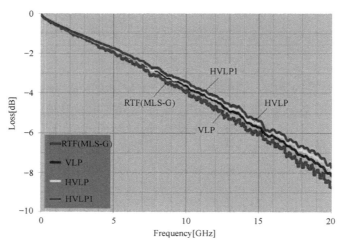

图 2-17　铜箔粗糙度的损耗比对

3）**玻璃纤维布的影响**　玻璃纤维布填充在树脂内部，主要作用是增加 PCB 的 *X-Y* 方向上的机械强度，它的选择主要考虑以下因素：

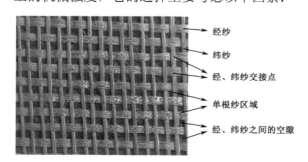

图 2-18　1080 型玻璃纤维布示意图

● 玻璃纤维布的编织数量及类型；

● 是否为低损耗的玻璃纤维布。

常规的 E-glass 是由玻纤纱织造而成的，即采用经纱和纬纱织成"网状"布，这种类型的玻纤布存在高密度玻璃纤维区、低密度玻璃纤维区和无玻纤区，如图 2-18 所示。由图中可以看出，经、纬纱交接点为高密度玻纤区，单根纱（经纱或纬纱）区域为低密度玻纤区，经、纬纱之间的空隙即为无玻纤区。由于 E-glass 具有良好的电气绝缘性和机械性能，且价格较为低廉，目前在基板材料中应用最多。

对于玻璃纤维布编织数量较少的规格来说，两两之间玻璃束的间隙会较大，因为间隙处会有树脂填充，这里的 Dk 会比其他地方要低，如图 2-19 所示。如果一对差分线一根走线在玻璃纤维束上，一根走线在玻璃纤维束的间隙上，那么这两根走线就会存在传输延时偏差，导致差共模转化增大，这就是"玻纤效应"。

图 2-19　PCB 走线在间隙上的 Dk 值波动

由于目前多数布线策略是将系统总线中的传输线与基板边缘成 0° 或 90° 角布线，这样会导致传输线方向与玻纤束的经、纬向相平行，如图 2-20 所示。此时可能会出现以下几种极限情况：

- 传输线在经向玻纤束正上方；
- 传输线在纬向玻纤束正上方；
- 传输线在两根经向玻纤束中间；
- 传输线在两根纬向玻纤束中间。

为了解决"玻纤效应"，业界通常采用角度走线或制板时旋转材料来减小差分对的传输延时差异，如图 2-21 所示。但是这两种方法有各自的问题，角度走线设计可能会给 PCB 设计带来难度；而旋转板材则会造成材料浪费，增加制板成本。

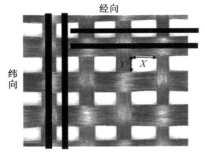
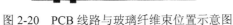

图 2-20　PCB 线路与玻璃纤维束位置示意图

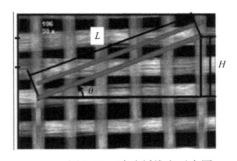

图 2-21　玻璃纤维布示意图

除了上述方法外，还可以通过玻璃纤维布规格选择来减轻玻纤效应带来的影响。除了选择编织较密的规格外，对于间隙较大的玻璃纤维布规格通常供应商会有与之对应的扁平玻璃纤维布，这种扁平化玻璃纤维布通过开纤技术减小两玻璃纤维束的间隙，玻纤布扁平化处理如图 2-22 所示。

开纤技术主要是指在生产过程中，对电子玻纤布进行扁平化处理，提高其表面积。玻纤经过开纤或扁平化处理后，使原来常规的 E-玻纤布的经纱和纬纱的玻璃纤维束散开并更均匀地分散。经过开纤或扁平化处理后，玻纤的表面积增大，其与树脂的接触面积增大，有助于提升玻纤与树脂的浸透速度，增强结合力。同时，玻纤布经过开纤或扁平化处理后，经、纬纱之间的空隙变窄，单股纱的宽度增加，且交接点更加平滑。相对于开纤 E-玻纤布来说，扁平 E-玻纤布经、纬纱之间的间隙更小，玻纤更加平整，如图 2-23 所示。因此扁平 E-玻纤布具有更均匀的玻璃纤维分布。

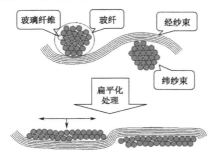

图 2-22　玻纤布扁平化处理前后示意图　　图 2-23　常规玻纤布、开纤和扁平玻纤布

很多高速板材的玻璃纤维布有普通损耗和低损耗这两种规格配置。目前这类低损耗的玻璃纤维布主要由日东纺（Nittobo）提供，NE-玻纤布是日本日东纺织株式会社（Nitto Boseki Co. Ltd）为印制电路板研发的低介电常数和低介质损耗角正切的玻璃纤维，与 E-玻纤布相比，NE-玻纤布具有更低的介电常数和介质损耗（如表 2-18 所示）、更低的热膨胀系数、优异的尺寸稳定性和较高的硬度，其介电常数可达 4.4（1MHz 条件下）。同时，与 E-玻纤布相比，NE-玻纤布也具有更加均匀的玻璃纤维分布。因此，NE-玻纤布常用于制作高性能信号传输产品。

表 2-18　E-glass 与 NE-glass 性能参数

性　能	E-glass	NE-glass
热膨胀系数（CTE）（ppm/℃）	5.5	3.4
介电常数@1MHz	6.6	4.4
损耗因子@1MHz	0.0012	0.0006

4）板材选择总则

（1）可制造性（比如多次压合性能如何）、温度性能、耐 CAF/耐热性及机械韧（黏）性（可靠性好）、防火等级。

（2）与产品匹配的各种性能（电气、性能稳定性等）：低损耗、稳定的 Dk/Df 参数、随频率及环境变化系数小、低色散、材料厚度及胶含量公差小（阻抗控制好）；如果走线较长，考虑低粗糙度铜箔。

（3）材料的可及时获得性，很多高频板材采购周期非常长，甚至长达 2～3 个月；除常规高频板材 RO4350 有库存外，很多高频板都需要客户提供。因此，需要和厂家提前沟通好，尽早备料。

（4）成本因素（Cost），看产品的价格敏感程度，以及是消费类产品还是通信类、工业、军工的应用。

（5）法律法规的适用性等，要与不同国家环保法规相融合，满足 RoHS 及无卤素等要求。

第3章 PCB 设计与制造

3.1 PCB 设计要求

PCB（Printed Circuit Board）是印制电路板的简称，是在绝缘基板上，把实现电气连接的过孔、导线、焊盘通过蚀刻、电镀等工艺加工成可以焊接元件并可以实现预期设计功能的线路板。PCB 的主要功能是提供各个元器件间的电气连接，使其满足预期的设计要求。

PCB 设计需要考虑的问题较多，如板材选择、信号阻抗控制、焊盘和过孔等，还与其焊接工艺有关。常规 PCB 组装工艺有 SMD（贴装）与 THC（插装）两种，在 PCB 上可正反两面布局，不同的组装方式对应不同的工艺流程，表 3-1 给出了组装及焊接方式的特点。

表 3-1 PCB 组装工艺

组装方式	焊接方式	示意图	特 征
单面表面贴装	单面回流焊	A B	工艺简单，适用于小型、简单电路
双面表面贴装	双面回流焊	A B	高密度组装，薄型化
A 面 SMD 和 THC	先 A 面回流焊，后 B 面波峰焊	A B	一般先贴装后插装，工艺简单
A 面 THC B 面 SMD	B 面波峰焊	A B	先贴装后插装，工艺简单； 如果先插装后贴装，则工艺复杂
A 面 SMD 和 THC B 面 SMD	先 A 面回流焊，后 B 面波峰焊	A B	适合高密度组装
A 面 SMD 和 THC B 面 SMD 和 THC	先 A 面回流焊，后 B 面波峰焊， B 面插件后手工焊	A B	工艺复杂，很少使用

1. 封装设计

PCB 封装就是指与元件的实物外形轮廓、引脚间距、通孔直径等相符合的参数用图形方式表现出来。电子元件的 PCB 封装从装配方式上可以分为 THT（Through Hole Technology）封装和 SMT（Surface Mounted Technology）封装，也即插入式 PCB 封装技术和表面粘贴式 PCB 封装技术。如图 3-1 所示为两种不同封装元件。

图 3-1 THT 元件和 SMT 元件

在结构方面，器件的封装形式从最早期的晶体管封装发展到双列直插式封装，以后逐渐派生出 SOJ（J 型引脚小外形封装）、TSOP（薄小外形封装）、SOT（小外形晶体管）等。

（1）SOT（Small Outline Transistor）小外形晶体管，指采用小外形封装结构的表面组装晶体管，如图 3-2 所示。

（2）DIP（Double In-line Package）双列直插式封装，插装型封装之一，如图 3-3 所示，引脚从封装两侧引出，封装材料有塑料和陶瓷两种。

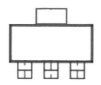

图 3-2　SOT 晶体管封装　　　　　　　　图 3-3　DIP 元件封装

（3）SOP（Small Outline Package）小外形封装，指两侧具有翼形或 J 形引线的一种表面组装元器件的封装形式。在 IPC 标准中细分为 SOIC、SSOIC、SOPIC、TSOP 和 SOJ，引脚中心距有 0.3mm、0.4mm、0.5mm、0.63mm、0.8mm、1.27mm 几种，如图 3-4 所示。

（4）PLCC（Plastic Leaded Chip Carriers）封装有引线芯片载体，指四边具有 J 形引线，采用塑料封装的表面组装集成电路。外形有正方形和矩形两种形式，典型引脚中心距为 1.27mm，如图 3-5 所示。

图 3-4　SOP 元件封装　　　　　　　　　图 3-5　PLCC 元件封装

（5）QFP（Quad Flat Package）四边扁平封装器件，指四边具有翼形短引线，采用塑料封装的薄形表面组装集成电路。在 IPC 标准中细分为 PQFP、SQFP、CQFP，引脚中心距有 0.3mm、0.4mm、0.5mm、0.63mm、0.8mm、1.27mm 几种，如图 3-6 所示。

（6）BGA（Ball Grid Array）球栅阵列封装器件，指在元件底部以矩阵方式布置的焊锡球为引脚的面阵式封装集成电路。目前有塑封 BGA（P-BGA）和陶瓷封装 BGA（C-BGA）两种。焊锡球中心距有 0.4mm、0.5mm、0.65mm、0.8mm、1.0mm、1.27mm、1.5mm 几种，如图 3-7 所示。

图 3-6　QFP 元件封装　　　　　　　　　图 3-7　BGA 元件封装

（7）Chip 片式元件，主要指的是片式电阻器、片式电容器（不包括立式贴片电解电容器）、片式电感器等两引脚的表面组装元器件，如常见的 0402 封装阻容器件，如图 3-8

所示。

（8）MELF（Metal Electrode Leadless Face）金属电极无引线表面器件，指为了使电容器、电阻器和二极管两端金属化而使用的一种圆柱形 SMT 封装形式，如图 3-9 所示。

图 3-8　0402 片式电阻封装　　　　　　图 3-9　MELF 封装电阻器

2. PCB 叠层设计

PCB 叠层是影响 PCB 电磁兼容（EMC）性能的一个重要因素，也是抑制电磁干扰的一个重要手段。在设计多层 PCB 电路板之前，需要根据电路的规模、电路板的尺寸和 EMC 的要求来确定所采用的电路板结构，确定层数之后，再确定电源、地的层数及信号层数。

确定多层 PCB 的叠层结构需要考虑较多的因素。从布线方面来说，层数越多越利于布线，但是制板成本和加工难度也会随之增加。对于生产厂家来说，叠层结构对称与否是 PCB 制造时需要关注的焦点，所以层数的选择需要考虑各方面的需求，兼顾层压结构对称，以达到最佳的平衡。结合其他 EDA 工具分析电路板的布线密度；再综合有特殊布线要求的信号线，如差分线、敏感信号线等的数量和种类来确定信号层的层数；然后根据电源的种类、隔离和抗干扰的要求来确定内电层的数目。这样，整个电路板的层数就确定了。

PCB 的叠层设计不是层的简单堆叠，其中地层的安排是关键，它与信号的布线有密切的关系。多层板的设计和普通的 PCB 相比，除了添加必要的信号走线层之外，最重要的就是定义了独立的电源层和地层。

叠层设计一般需要满足以下四个基本要求：

● 满足信号的特征阻抗要求；
● 满足信号回路电感最小化原则；
● 满足最小化 PCB 内的信号干扰要求；
● 满足叠层对称原则。

通常用 P 表示参考平面电源层，G 表示参考平面地层，S 表示信号层，T 表示顶层，B 表示底层。

一般元件面下面（第二层）定义为地平面，提供器件屏蔽层及为顶层布线提供参考平面。缩短电源和地层的距离，有利于电源的稳定和减小 EMI。应尽量避免将信号层夹在电源层与地层之间。电源平面与地平面的紧密相邻好比形成一个平板电容，两平面靠得越近，则该电容值就越大。该电容的主要作用是为高频噪声提供一个低阻抗回流路径，从而使接收器件的电源输入拥有更小的纹波，增强接收器件本身的性能。

所有信号层尽可能与地平面相邻（即信号层和邻近地层之间的介质厚度要尽可能小），尽量避免两信号层直接相邻，如图 3-10 所示。

相邻的信号层之间容易引入串扰，在高速的情况下，可以加入多个地层来隔离信号层，但尽量不要多加电源层来隔离，这样可能造成不必要的噪声干扰。

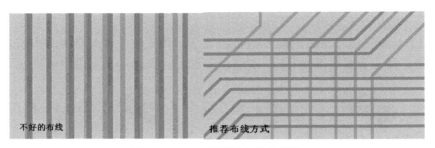

不好的布线　　　　　　　　　　推荐布线方式

图 3-10　PCB 相邻层布线示意图

设计信号层时要优先考虑高速信号、时钟信号的传输线效应，为这些信号设计一个完整的参考平面，按信号要求控制特性阻抗，并且保证信号回流路径的完整性，尽量避免跨平面分割区。一个信号层应该和一个平面层相邻，信号层和平面层要间隔放置，最好每个信号层都能和至少一个平面层紧邻。

通常我们所说的多层板是由芯板和半固化片互相层叠压合而成的，芯板是一种硬质的、有特定厚度的、两面包铜的板材，是构成印制板的基础材料；而半固化片构成所谓的浸润层，起到黏合芯板的作用。在常规 PCB 设计中，最外层是阻焊层，就是我们常说的"绿油"；布线层和平面层一般分别设置为正片和负片，通过特定的工艺形成预期设计的电气连接的线路。常用的 PCB 叠层结构如表 3-2 所示，实际运用时可根据不同的布线情况选择合适的叠层。

表 3-2　常用的 PCB 叠层结构

Layer	Power	Ground	Signal	1	2	3	4	5	6	7	8	9	10	11	12
4	1	1	2	S1	G1	P1	S2								
6	1	2	3	S1	G1	S2	P1	G2	S3						
8	1	3	4	S1	G1	S2	G2	P1	S3	G3	S4				
8	2	2	4	S1	G1	S2	P1	G2	S3	P2	S4				
10	1	3	6	S1	G1	S2	S3	P1	G2	S4	S5	G3	S6		
10	2	3	5	S1	G1	P1	S2	S3	G2	S4	P2	G3	S5		
12	1	5	6	S1	G1	S2	G2	S3	G3	P1	S4	G4	S5	G5	S6
12	2	4	6	S1	G1	S2	G2	S3	P1	G3	S4	G4	S5	P2	S6

3. 正片

简单地说，所谓正片，就是所见即所得，在底片上看到什么就有什么。

正片的一般工艺为：正片使用的药液为碱性蚀刻，需要保留的线路或铜面是黑色或棕色的，而不要的部分则为透明的。经过线路制程曝光后，透明部分因干膜阻剂受光照而起化学作用硬化。显影制程会把没有硬化的干膜冲掉，接着是镀锡铅的制程，把锡铅镀在前一制程干膜冲掉的铜面上，然后去除因光照而硬化的干膜，而在下一制程蚀刻中，用碱性药水蚀刻掉没有锡铅保护的铜箔，剩下的就是我们所要的线路。

在 Allegro 设计中，一般走线层多用正片。正片有比较完善的规则设置，各种线宽、线距和铜皮间距、过孔等，都可以通过规则驱动设计来控制。如图 3-11 所示为表层正片布线层。

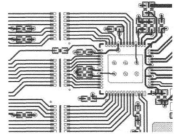

图 3-11　表层正片布线层

4. 负片

与正片正好相反，负片就是在底片上看到的就是没有的，看不到的就是有的。

负片的一般工艺为：负片使用的药液为酸性蚀刻，底片制作出来后，需要保留的线路或铜面是透明的，而不要的部分则为黑色或棕色的。经过线路制程曝光后，透明部分因干膜阻剂受光照而起化学作用硬化，接下来的显影制程会把没有硬化的干膜冲掉，于是在蚀刻制程中仅蚀刻干膜冲掉部分的铜箔，而保留干膜未被冲掉的线路，去膜以后就留下了我们所需要的线路。在这种制程中膜对孔要掩盖，其曝光的要求和对膜的要求稍高一些，但其制造的流程快捷。

在 PCB 设计中，为了减小文件尺寸和减少计算量，一般平面层多用负片。负片就是有铜的地方不显示，没铜的地方显示。这个在地层电源层能显著减少数据量和降低计算机显示负担。在运用负片时，软件会自动调用 Flash 焊盘链接，或者用 Anti-Pad 焊盘与平面层隔离开来，如图 3-12 所示。

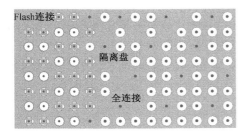

图 3-12　负片平面层

由于负片用 Anti-Pad 隔离，在内平面层没有完整的规则控制，如果封装做得不规范，容易造成线路开路或短路问题。无论是正片还是负片，在 PCB 设计中都需要确保设计的正确性。

5. PP 片

PP 片就是半固化片（PREPREG，简称 PP），是树脂与载体合成的一种片状黏结材料，是多层板生产中的主要材料之一。PP 片主要由树脂和增强材料组成，增强材料又分为玻纤布、纸基、复合材料等几种类型，而制作多层印制板所使用的半固化片（黏结片）大多采用玻纤布做增强材料，如图 3-13 所示。

图 3-13　玻纤布

经过处理的玻纤布浸渍上树脂胶液，再经热处理预烘制成的薄片材料称为半固化片，其在加热加压下会软化，冷却后会反应固化。PP 片主要规格有：106、1080、2116、1506、7628 等，依据含胶不同又有低胶、中胶、高胶之分。

在 PCB 设计过程中，如果是多层板的设计，就必须用到半固化片。同一个浸润层最多可以使用 3 个半固化片，而且 3 个半固化片的厚度不能都相同；最少可以只用一个半固化片，但也有的要求必须至少使用两个半固化片。如果半固化片的厚度不够，可以把芯板两面的铜箔蚀刻掉，再在两面用半固化片粘连，这样可以实现较厚的浸润层。例如，假 8 层就是蚀刻掉一个芯板的两面铜箔后而压合的 6 层叠层。

6. CORE

CORE 是覆铜板，也是基材，常规叫法是芯板。芯板是一种硬质的、有特定厚度的、两面包铜的板材，是构成印制板的基础材料，如图 3-14 所示。如果做多层板，基材一般在内层，首先是一张 CORE，然后再分别叠加 PP 片，在 PP 片上再叠加铜箔。

图 3-14　芯板

7. 阻抗控制传输线

传输线有两个非常重要的特征：特性阻抗和时延。特性阻抗描述了信号沿传输线传播时所受到的瞬态阻抗，这是影响传输线电路中信号完整性的一个主要因素，如果没有特殊说明，一般用特性阻抗来统称传输线阻抗。

经常用到的双绞线、同轴电缆都是传输线，对于 PCB 来说，常有微带线和带状线两种。微带线通常指 PCB 外层的走线，并且只有一个参考平面；带状线是指介于两个参考平面之间的内层走线。设计一个预定的特性阻抗，需要不断调整线宽、介质厚度和介电常数。如果知道传输线宽度和材料的介电常数，就可以计算出特性阻抗及其他参数。

除特别说明外，一般按照单端布线 50Ω、差分布线 100Ω 进行阻抗设计。单端阻抗线和差分阻抗线的线宽一般不一样，而且阻抗线的线宽需要有调整的余地，尽量避免极限值设计，便于板厂生产时可根据实际工艺调整。

8. 基板材料选择

基板材料种类繁多，可分为刚性板材和挠性板材；按 Tg 值可分为高 Tg 板材和常规 Tg 板材；按材料特性可分为 FR-4、CEM、高频材料等。

不同的板材有不同的特性，主要表现为 CTE（Coefficient of Thermal Expansion，热膨胀系数）的不同、Tg（玻璃化温度）值的不同，以及介电常数（Dk）和损耗因数（Df）的不同。

PCB 是树脂–增强材料–铜箔的复合物，若印制板材料的 CTE 相差很大，则产生的应力不能及时排除，热胀冷缩会使得金属化孔裂开等，从而影响线路的电气连接性能。

一般 PCB 常用的材料多数为 FR-4，如表 3-3 所示。

表 3-3　常用的 FR-4 材料

厂家	类别	型号	厂家	类别	型号	厂家	类别	型号
生益	普通 Tg	S1141	ISOLA	高 Tg170	FR406	台耀	高 Tg180	TU-752
	中 Tg150	S1000		高 Tg180	FR408		中 Tg155	TU-742
	高 Tg170	S1141 170		高 Tg175	FCL-370HR	腾辉	高 Tg180	VT-47
	高 Tg170	S1170		高 Tg175	IS410	日立	普通 Tg	MCL-BE-67G（H）
	高 Tg170	S1000-2					高 Tg170	MCL-E-679（W）
	普通 Tg 无卤素	S1155	GETEK	高 Tg180	ML200		高 Tg170	MCL-R-679F（J）

厂　家	类　别	型　号	厂　家	类　别	型　号	厂　家	类　别	型　号
生益	高 Tg170 无卤素	S1165	GETEK	高 Tg180	RG200	南亚	普通 Tg	FR-4-86
	RCC（Tg150）	S6018	NELCO	高 Tg175	N4000-6		高 Tg170	NP-170
联茂科技	中 Tg150	IT158		高 Tg175	N4000-11		高 Tg180	NP-180
	高 Tg180	IT180		高 Tg190	N4000-12	宏仁	高 Tg170	GA-170
	普通 Tg 无卤素	IT140G		高 Tg210	N4000-13	台光	中 Tg150	EM-825
	高 Tg170 无卤素	IT170G		高 Tg210	N4000-13SI		高 Tg170	EM-827

9. 铜箔设计

铜箔（Copper Foil）是覆铜板（CCL）及印制电路板（PCB）制造的重要材料。铜箔具有低表面氧化特性，可以附着于各种不同基材，如金属、绝缘材料等，拥有较宽的温度范围。它主要应用于电磁屏蔽及抗静电，将导电铜箔置于衬底面，结合金属基材，具有优良的导通性，并能提供电磁屏蔽效果。

板材的铜箔主要有三种，一种是压延铜箔（RA），采用压力压碾而成，铜粒呈轴状结构，挠曲性能好，并具有较好的延展性等特性，是早期软板制程所用的铜箔；另一种是电解铜箔（ED），采用电镀方式形成，其铜微粒结晶状态为垂直针状，易在蚀刻时形成垂直的线条边缘，有利于精细线路的制作，具有制造成本低的优势；最后一种是铍铜，是以铍为主要合金元素的铜合金，又称为铍青铜，是目前挠曲性能最好的铜箔。

PCB 铜箔厚度一般指成品厚度，其选择主要取决于所用载体的载流量和环境工作温度，常规下，电流要求越大，设计的线宽越宽，铜厚也越厚。

在 PCB 设计中，铜箔的设计一般指的是确定线宽、线距、载流等，受到工艺能力、板厚及叠层阻抗控制等因素的影响。铜箔与最小线宽/线距设计如表 3-4 所示。

表 3-4　铜箔与最小线宽/线距设计

基铜厚度		8 层及以下最小线宽/线距（mil）				8 层以上最小线宽/线距（mil）			
		内层		外层		内层		外层	
oz/ft^2	公制（μm）	推荐值	最小值	推荐值	最小值	推荐值	最小值	推荐值	最小值
0.5	18	4.5/4.5	4/4	4.5/5	4/4	3.5/3.5	3/3	4.5/4.5	4/4
1	35	4.5/5	4/4.5	5/5.7	4/5.7	4/4.5	3/4	5/6	4.5/5
2	70	6/6	5/5.5	5/8.5	4/8.5	5/6	4/5	7/9	6/8
3	105	7/9.5	6/8.5	8/12	7/11	6.5/8.5	5/7	9.5/13.5	8/12
4	140	9/14.5	8/13.5	8/20	7/19	9/13	7/11	11/17	9/15
注：设计文件的最小线宽和线距在条件允许的情况下应尽量大于推荐值									

3.2 制板工艺要求

PCB 设计的目的是为了实现电气性能设计要求，设计的图形文件必须可生产、可装配，并具有可靠性、可测试性、方便维修等特点。因而 PCB 设计需要满足一定的生产工艺要求。

常规的 PCB 加工说明主要包含 PCB 板厚、叠层设计、阻抗设计、表面处理工艺、阻焊设计、丝印设计、翘曲度、检验标准等要求。

1. PCB 板厚

板厚包含了各种材质和铜箔的厚度，指的是成品厚度。PCB 板厚的选取应该依据结构、PCB 尺寸大小和所安装元器件的重量来选取。一般贴装机允许的板厚为 0.5～3mm，也有的板厂能力能达到 4.5mm。

常规 PCB 的设计板厚一般是 1mm、1.6mm、1.8mm、2mm、2.2mm 等。单板多采用层压的方式生产，板厚还要满足一定的生产公差要求，如下所示。

- 板厚≤1mm：±0.1mm；
- 板厚>1mm：±10%；
- 其他特殊公差要求。

2. 阻抗、叠层设计

阻抗和叠层主要依据板厚、层数、阻抗值要求、载流大小、信号要求等因素确定，叠层设计必须以满足信号的基本阻抗要求为前提，兼顾制板工艺要求。图 3-15 所示为一个典型的 4 层叠层结构。

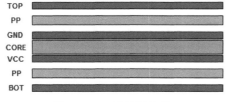

图 3-15　4 层叠层结构

阻抗设计的常规值要求是单端布线 50Ω、差分线 100Ω，特殊走线要求 85Ω 和 90Ω 等，一般的设计误差为 10%。阻抗设计需要保证其连续性，差分布线建议采用紧耦合，差分间距小于等于 2 倍线宽。

叠层设计的一般要求如下：

- 需要具有对称性，避免 PCB 翘曲。
- 元件下面最好为地平面，保证信号靠近参考层，避免跨分割布线。
- 相邻层间要拉大距离，如果信号层夹在电源层和地层之间，则信号尽量靠近地层。
- 设计叠层时，控制线宽最好调整在 4～6mil 范围，避免极限设计。
- 层压半固化片≤3 张，并且次外层至少有一张 7628、2116 或 3313。
- 半固化片使用顺序为 7628→2116→3313→1080→106。

3. 阻焊设计

阻焊层的主要目的是防止氧化、防止焊接时桥连现象的产生，并起绝缘的作用，阻焊膜的设计主要是确定开窗方式和焊盘余隙。

阻焊设计主要包含焊盘阻焊、过孔阻焊设计，其一般设计原则如下：

- 阻焊开窗一般比焊盘大 5mil 以上（单边 2.5mil）。
- 相邻焊点间若要保留阻焊桥，最小阻焊桥宽度为 4mil。
- 阻焊开窗边缘到附近的导体应保留 5mil 以上的间隔。
- 当 SMT 元器件焊盘间隙 ≥7mil 时，采用单焊盘式窗口设计；间隙<7mil 时，采用开整窗处理方式。
- 散热用途的铺铜可以阻焊开窗。
- 金手指的阻焊开窗应开整窗，上面和金手指的上端平齐，下端要超出金手指下面的板边，金手指顶部开窗与附近焊盘距离需要 ≥20mil。
- 一般信号过孔为塞孔不开窗，测试孔需要按常规比焊盘大 5mil 开窗处理。
- BGA 过孔一般进行塞孔处理，如果需要做测试孔，可在元件面开小窗，背面测试焊盘 32mil，阻焊开窗 37mil。
- 注意阻焊油墨的厚度和阻焊桥的宽度，基铜厚度 ≤1oz 时，至少 4mil 间隙；基铜厚度为 2~4oz 时，可按 6mil 间隙处理。

4. 丝印设计

PCB 丝印指的是标识符号，包括元器件丝印、板名版本号、条码丝印、安装孔丝印、防静电标识、无铅标识等其他要求丝印。如图 3-16 所示为防静电丝印标识。

丝印字符油墨颜色一般为白色、黄色、黑色。对全板喷锡板，建议采用黄色永久性绝缘油墨，以便看清字符；在无阻焊情况下，不建议丝印字符。丝印字符分为字符阳字和字符阴字两种，类似正片和负片。阳字为实体字符，阴字指镂空字符，如图 3-17 所示。

图 3-16　防静电丝印标识　　　　　图 3-17　丝印字符

如果设计为字符阴字，则线宽 ≥8mil，最小字符油墨宽度 ≥5mil；如果设计为字符阳字，则推荐字高与字符线宽之比 ≥6∶1。常规设计要求如表 3-5 所示。

表 3-5　丝印线宽与高度

基铜厚度	推荐线宽/高度（mil）	备　注
1/3oz 或 1/2oz	4/25	丝印不推荐使用在高密度 PCB 设计中，可只保留器件框
1oz	5/30	
2oz	6/45	

5. 翘曲度

翘曲是弓曲和扭曲的统称，弓曲是指板以圆柱形或球面曲线形状偏离平面，即如果板是长方形的，则它只有四个角在同一平面上，其余则偏离平面不同程度地弯曲；扭曲是指平行于长方形对角线的板材变形，即一个角与其他三个角不在同一平面上，如图 3-18 所示。

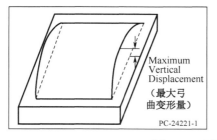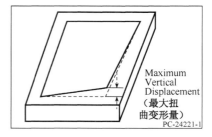

图 3-18 平面翘曲示意图

IPC 标准中对 PCB 印制板翘曲度有明确的要求，具体如表 3-6 所示。

表 3-6 翘曲度要求

类 别	制板要求	备 注
贴片	IPC 标准≤0.75%，板厚<1.6mm，最大翘曲度为 0.7%； 板厚≥1.6mm，最大翘曲度为 0.5%，同时最大弓曲变形量≤1.5mm	翘曲度极限能力为 0.1%，常规推荐在 0.3%以上
插件	IPC 标准≤1.5%，最大翘曲度为 0.7%	
背板	最大翘曲度为 1%，同时最大变形量≤4mm	

6. 检验标准

印制板依据产品特性、使用环境等，通常有如下三种 PCB 刚性板检验标准，即 IPCII 级、IPCIII 级和 GJB 362A—2009。

常规 PCB 设计一般分为民品和军品两大类，分别对应相应的 IPC 标准及国军标标准。

7. 表面处理工艺

表面处理工艺也是制板工艺要求的一部分，表面处理最基本的目的是保证良好的可焊性或电性能。由于自然界的铜在空气中倾向于以氧化物的形式存在，不大可能长期保持为原铜，因此需要对铜进行处理。随着人们对环保要求的不断提高，目前 PCB 生产过程中涉及环保的问题日益突出，有关铅和镍的话题是最热门的，无铅化和无卤化将在很多方面影响着 PCB 的发展。

常见的表面处理工艺包括热风整平、有机涂覆、沉金、沉锡和沉银等。

1）热风整平 又名热风焊料整平，它是在 PCB 表面涂覆熔融锡铅焊料并用加热压缩空气整（吹）平的工艺，使其形成一层既抗铜氧化，又可提供良好的可焊性的涂覆层。热风整平时焊料和铜在结合处形成铜锡金属间化合物。PCB 进行热风整平时要浸在熔融的焊料中；风刀在焊料凝固之前吹平液态的焊料；风刀能够将铜面上焊料的弯月状最小化和阻止焊料桥接。热风整平分为垂直式和水平式两种，一般认为水平式较好，主要是水平式热风整平镀层比较均匀，可实现自动化生产。

2）有机涂覆工艺（OSP） OSP 是防氧化及可焊性保护剂，用于保证裸铜在存储和组装过程中保持表面的可焊性。不同于其他表面处理工艺，它是在铜和空气间充当阻隔层；OSP 工艺简单、成本低廉，这使得它能够在业界广泛使用。在后续的焊接过程中，如果铜面上只有一层有机涂覆层是不行的，必须有很多层，这就是化学槽中通常需要添加铜液的原因。在涂覆第一层之后，涂覆层吸附铜，接着第二层的有机涂覆分子与铜结合，直至二十甚至上百次的有机涂覆分子集结在铜面，这样可以保证进行多次回流焊。试验表明，最新的有机涂覆工艺能够在多次无铅焊接过程中保持良好的性能。

3）**全板镀镍金**　全板镀镍金是在 PCB 表面导体先镀上一层镍后再镀上一层金，镀镍主要是为了防止金和铜间的扩散。另外，它也具有其他表面处理工艺所不具备的对环境的忍耐性，这可以长期保护 PCB。

现在的电镀镍金有两类：镀软金（纯金，金表面看起来不亮）和镀硬金（表面平滑和硬、耐磨，含有钴等其他元素，金表面看起来较光亮）。软金主要用于芯片封装时打金线，硬金主要用在非焊接处的电性互连。

4）**沉金**　沉金是在铜面上包裹一层厚厚的、电性良好的镍金合金，这可以长期保护 PCB；另外，它也具有其他表面处理工艺所不具备的对环境的忍耐性。镀镍的原因是由于金和铜间会相互扩散，而镍层能够阻止金和铜间的扩散；如果没有镍层，金将会在数小时内扩散到铜中去。沉金的另一个好处是镍的强度，仅仅 5μm 厚度的镍就可以限制高温下 Z 方向的膨胀。此外，沉金也可以阻止铜的溶解，这将有益于无铅组装。

5）**电镀硬金**　为了提高产品的耐磨性能、增加插拔次数而电镀硬金。电镀硬金常用于金手指插头和接触性焊盘开关，不能用于常规器件焊接（可焊性不好）。设计板厚范围为 0.2～7.0mm。

6）**沉锡**　由于目前所有的焊料都是以锡为基础的，所以锡层能与任何类型的焊料相匹配。从这一点来看，沉锡工艺极具发展前景。但是以前的 PCB 经浸锡工艺后出现锡须，在焊接过程中锡须和锡迁徙会带来可靠性问题，因此浸锡工艺的采用受到限制。后来在浸锡溶液中加入了有机添加剂，可使得锡层呈颗粒状结构，克服了以前的问题，而且还具有好的热稳定性和可焊性。

沉锡工艺可以形成平坦的铜锡金属间化合物，这个特性使得沉锡具有和热风整平一样的好的可焊性，而没有热风整平令人头痛的平坦性问题；沉锡也没有沉金金属间的扩散问题——铜锡金属间化合物能够稳固地结合在一起。沉锡板不可存储太久，组装时必须根据沉锡的先后顺序 进行。

7）**沉银**　介于有机涂覆和沉金之间，工艺比较简单、快速；不像沉金那样复杂，也不是给 PCB 穿上一层厚厚的盔甲，但是它仍然能够提供好的电性能。银是金的"小兄弟"，即使暴露在热、湿和污染的环境中，银仍然能够保持良好的可焊性，但会失去光泽。沉银不具备沉金所具有的好的物理强度，因为银层下面没有镍。另外，沉银有好的储存性，沉银后放几年组装也不会有大的问题。

沉银是置换反应，它几乎是亚微米级的纯银涂覆。有时沉银过程中还包含一些有机物，主要是防止银腐蚀和消除银迁移问题；一般很难测量出来这一薄层有机物，分析表明有机体的重量小于 1%。

3.3　常用 PCB 光绘格式

Gerber 格式是线路板行业软件描述线路板（线路层、阻焊层、字符层等）图像及钻、铣数据的文档格式集合，它是线路板行业图像转换的标准格式。Gerber 文档通常是由线路板设计人员使用专业的电子设计自动化（EDA）或 CAD 软件生成的。

Gerber 文件是图形文件，一般可以使用 Genesis 2000 或 CAM350 打开。

1. Gerber 6x00

Gerber 6x00 是属于 Vector-based（向量式绘图机）的绘图格式，Vector-based Artwork 是较旧式的绘图方式。这种绘图机有一个转盘，装上各种镜头，光束透过镜头将图形画到下面的感光底片上，它使用的资料格式被称为 Gerber RS-274D。

目前 Allegro 转 Gerber 格式有 Gerber RS-274D（包含 Gerber 4x00、Gerber 6x00）、Gerber RS-274X，其中以 Gerber 6x00、Gerber RS-274X 较为常用，Gerber 6x00 在进行资料输出时需要多附加一个镜头叙述文件 art_aper.txt。

2. Gerber RS-274X

RS-274X（又称扩展的 Gerber 格式或 X-Gerber 格式）是二维矢量图像描述格式，也是线路板行业图像描述的标准格式。RS-274X 是一种可读的 ASCII 格式，包含了一系列控制码和坐标信息，组成图像的元素是在特定位置画好外形。

RS-274X 文档包含了线路板各层图像的完整描述，具有线路板图形成像需要的所有元素，不需要扩展文件。Aperture 可以定义正性物件和负性物件。RS-274X 是对线路板各层的完整、强大、清晰的标准描述，能被自动导入及处理，这使得它能被用于快速安全的数据转换及可信和自动化的工作流程。RS-274X 格式的 Aperture 是整合在 Gerber 文件中的，因此不需要 Aperture 文件（即内含 D 码）。Gerber 格式的数据特点如表 3-7 所示。

表 3-7　Gerber 格式的数据特点

数　据　码	ASCII、EBCDIC、EIA、ISO 码，常用 ASCII 码
数据单位	英制、公制，常用英制
坐标形式	相对坐标、绝对坐标，常用绝对坐标
数据形式	省前零、定长、省后零，常用定长

3. ODB++

ODB++文件是由 VALOR（IPC 会员单位）提出的一种 ASCII 码，可双向传输数据。文件集成了所有 PCB 和线路板装配功能性描述，单个文件即可包含图形、钻孔信息、布线、元件、网表、规格、绘图、工程处理定义、报表功能、ECO 和 DFM 结果等。操作人员可以改进和改正 DFM 来更新其原始的 CAD 数据库，并设法在设计达到装配阶段之前识别出所有的布线问题。它的提出主要用来代替 Gerber 文件的不足，包含有更多的制造、装配信息。

ODB++是一种可双向格式，允许数据上行和下传。ODB++数据库类似于大多数 CAD 系统的数据库，一旦数据以 ASCII 形式到达线路板车间，制作者就可实施增值的流程操作，如蚀刻补偿、面板成像及输出钻孔、布线和照相等。

3.4　拼板设计

在 PCB 设计中，拼板设计是指对一些不规则畸形板进行拼合，以减少对 PCB 板材的浪费。结合 PCB 工厂各制程设备的加工能力，参考板材的尺寸规格，能够设计出符合板厂要求的板件质量最优化、生产成本最低、生产效率最高、板材利用率最高的拼板尺寸。

拼板的主要目的是：满足设备生产能力，提高生产效率。

常见的拼板方式有：V-CUT、桥连、桥连+V-CUT。

1. PCB 尺寸

PCB 尺寸是由产品自身结构尺寸和 SMT 生产线设备加工范围决定的。在设计 PCB 时，需要考虑贴装机 X、Y 方向最大和最小的贴装尺寸，以及最大和最小的 PCB 厚度。

印制板的外形应尽量简单，一般为矩形，长宽比为 3：2 或 4：3，其尺寸应尽量去靠标准系列尺寸。当 PCB 尺寸小于最小贴装尺寸时，必须采用拼板方式，可以提高生产效率。双面全表面组装时，可采用双数拼板、正反面各半、两面图形完全相同的设计。这种设计可以采用同一块模板，节省生产准备时间，提高生产效率和设备利用率。常用 PCB 尺寸如表 3-8 和图 3-19 所示。

表 3-8　常用 PCB 尺寸　　　　　　　　　　　　　　　（mm）

A1	80×60	B1	170×60	C1	260×60	D1	350×60
A2	80×120	B2	170×120	C2	260×120	D2	350×120
A3	80×180	B3	170×180	C3	260×180	D3	350×180
A4	80×240	B4	170×240	C4	260×240	D4	350×240

2. V-CUT 设计

V-CUT 即是 V 形槽，通常是在拼板（两个线路板之间）的边界开的一条槽，如图 3-20 所示。为了批量生产一般线路板都会拼板，而为了方便分开两块拼板，在边界处进行开 V 形槽或邮票孔等处理。

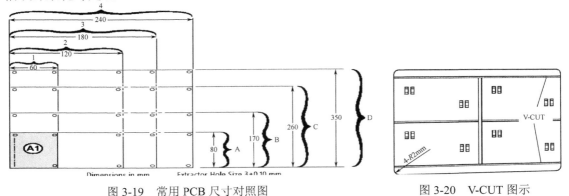

图 3-19　常用 PCB 尺寸对照图　　　　　　　图 3-20　V-CUT 图示

V-CUT 设计一般指 PCB 拼板时板边的 V 形切割方式，一刀下去并不把板子切透，在板子背面同样的位置再切一刀也不切透，要切割的地方从截面来看是上下两个 V 形的，只有中间连着。双面 V-CUT 的效果就是只要轻轻一掰，PCB 就会断开，一般用来做拼板或加工工艺边，贴完芯片后在出厂时掰断。

PCB 设计 V-CUT 需要保持板子的刚性和可分离性，板子分离后还需要保证单元板的完整性。常规的 V-CUT 参数如表 3-9 所示。

表 3-9　V-CUT 参数

项目名称	设备能力	备　注
V-CUT 最大、最小尺寸	V-CUT 线垂直边不超过 18in	
V-CUT 板厚范围	0.4～3.2mm（0.6mm 以下单 V-CUT）	
V-CUT 对称度公差	±4mm	
V-CUT 线到 PIN 钉距离	≥3mm	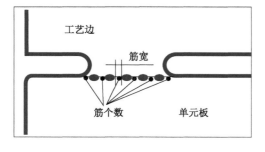
V-CUT 定位精度	±10μm	
V-CUT 角度规格	20°、30°、45°、60°	
V-CUT 角度公差	±5°	
V-CUT 筋厚精度	±0.1mm	
X/Y 方向 V-CUT 线数量	≤100	
单条 V-CUT 线跳刀次数	≤7	

3. 桥连设计

PCB 拼板桥连时有两种方式，一种有邮票孔，另一种无邮票孔。

1）**有邮票孔**　在 PCB 拼板时，多个印制板间需要用筋连接，为了便于切割，筋上面会开一些小孔，类似于邮票边缘的那种孔，这就是邮票孔。

在采用邮票孔时，注意搭边应均匀分布在每块拼板的四周，以避免焊接时由于 PCB 受力不均匀而导致变形。邮票孔的位置应靠近 PCB 内侧，防止拼板分离后邮票孔处残留的毛刺影响整机的装配，如图 3-21 所示。

邮票孔大小：φ0.6～1mm。

邮票孔间距：0.25mm≤邮票孔孔壁间距≤0.4mm，常规按 0.25mm 设计。

邮票孔个数：建议至少 5 个，并保留 6 个筋。

桥连间距离：每隔 3～4in 需要有一个桥连。

邮票孔位置：采用凹陷型设计，即将邮票孔孔径的 2/3 位于成品板内。

2）**无邮票孔**　常规按照宽度 1.6mm 进行制作，对于≥3in 的外形边，应每隔 3in 设计一个桥连；薄板（板厚≤0.8mm）且单板尺寸短边≥100mm 时，遵循板越薄桥连宽度越大的原则，防止断板，桥连宽度一般为 1.6～2.0mm；厚板（板厚>2.0mm）桥连宽度为 0.8～1.0mm。

图 3-21　邮票孔桥连

4. 桥连+V-CUT

当用桥连+V-CUT 方式拼板时,不要出现邮票孔 +V-CUT , 可 以 用 无 邮 票 孔 桥 连 +V-CUT,桥连宽度在 3mm 以上,如图 3-22 所示。

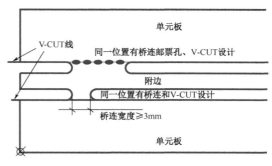

图 3-22　桥连+V-CUT

5. 工艺边设计

PCB 工艺边也叫辅助工作边,是为了生产插件走板、过波峰焊接时在 PCB 两边或四边增加的部分,主要是为了辅助生产,留出轨道传输位置,放置拼板光学定位点而设置的长条形空白板边。工艺边不属于 PCB 的一部分,生产完成后需去除。

工艺边的宽度通常需要在 5mm 左右,但是当 PCB 外形是规整的矩形,便于轨道传输,而且离板边最近的贴片元件的外形距离板边 5mm 以上时,可以取消工艺边。

为了受力均匀,工艺边一般加在长边上,最新工艺可以做到 3mm 工艺边。工艺边不需要成对添加,只在器件离板边间距不满足工艺要求的那一侧添加即可,也即可以单边加工艺边,也可以双边加,或者先拼板后再加工艺边也是可行的,如图 3-23 所示。

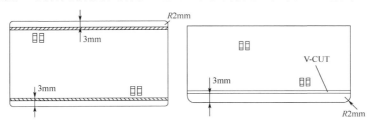

图 3-23　工艺边示例

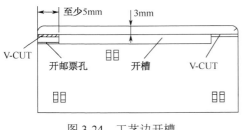

图 3-24　工艺边开槽

如果 PCB 外形不规则,当长边不在同一条直线上时,需要添加工艺边,并且要开槽,需开槽的工艺边为 5mm(一般开槽≥2mm),如图 3-24 所示。

此外,工艺边应倒圆角,圆角半径推荐为 2mm。对于要求铣边的 PCB 则不允许加工艺边或进行拼板。

3.5　基准点设计

基准点标记(Fiducial Marks)为装配工艺中的所有步骤提供共同的可测量点,这会让装配使用的每个设备能够精确地定位电路图案。

1. 基准点类型

基准点主要分为局部基准点(Local Fiducial)和全局基准点(Global Fiducial)。

局部基准点是指用于定位单个元件的基准点标记，全局基准点是指用于在单板上定位所有电路特征位置的基准点标记。当一个多重图形电路以组合板（panel）的形式处理时，全局基准点也叫组合板基准点（Panel Fiducial），如图 3-25 所示。

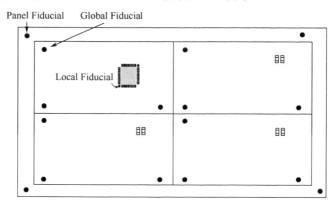

图 3-25   局部/全局/组合板基准点

在 PCB 设计中，要求至少用两个全局基准点标记来纠正平移偏移（X 与 Y 位置）和旋转偏移。这些标记点在电路板或组合板上应该位于对角线的相对位置。如果空间有限，则至少用一个基准点来纠正平移偏移，单个基准点应该位于焊盘图案的范围内，作为中心参考点。所有基准点都应该有一个足够大的阻焊开口，以保持光学目标绝对不受阻焊的干扰。

对于所有的小间距元件（pitch≤0.65mm 的 BGA 和 pitch≤0.5mm 的 QFP、QFN、SOP、排插等器件），在该元件焊盘图案内都应该有两个局部基准点，以保证元件每次在板上贴装、取下或者更换时有足够的基准点（局部基准点可以共用），如图 3-26 所示。

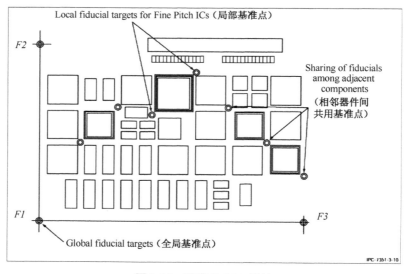

图 3-26   基准点 PCB 设计

2. 基准点规格

在 PCB 设计中，基准点的设计已经标准化，最佳的基准点标记是实心圆。基准点标记的最小直径为 1mm，最大直径为 3mm，基准点标记在同一块 PCB 上尺寸变化不应该超过 1mil。在基准点标记周围，应该有一块没有其他电路特征或标记的空旷区域，其尺寸要等于标记的半径，标记周围首选的空旷区域等于标记的直径，如图 3-27 所示。

在常规 PCB 中，基准点通常是开阻焊裸铜设计，距离 PCB 板边至少 5mm。全局基准点应该位于含有表面贴装及通孔元件的所有印制板的 TOP 层和 BOTTOM 层，因为通过装配系统也开始利用视觉对准系统。所有基准点的内层背景必须相同，如果实心铜板在基准点下面表层以下的层面上，所有基准点都必须也是这样；如果基准点下方区域没有铜，则所有基准点下都要求没有铜。在实际运用中，为减少电镀或者蚀刻不均匀对 Mark 点造成的影响，推荐在 Mark 点周围增加保护环，其封装设计如图 3-28 所示。

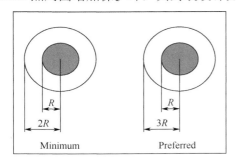

图 3-27　基准点空旷度要求

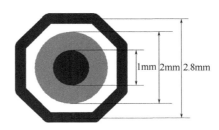

图 3-28　Mark 点推荐设计

3.6　PCB 加工流程简介

PCB 是一块在覆铜板上经过特别工艺而产生的具有特定电路逻辑关系的底板，可以在它上面焊接、安装电子元器件来达到预期设计所要求的功能。PCB 按照电路层数和分布复杂程度可分为单面板、双面板和多层板。

以多层印制电路板为例，PCB 的加工工艺流程如图 3-29 所示。

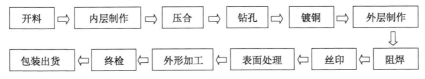

图 3-29　PCB 的加工工艺流程

1. 开料

开料（cutting）指根据工艺要求及尺寸规格用切割机将整齐的印张裁切成所需要幅面规格的过程。根据工程资料 MI 的要求，在符合要求的大张板材上，裁切出小块生产板件，通俗来说，就是把大规格的原材料切割成符合 PCB 设计尺寸要求的小块板料。如果单板或拼板的尺寸不合适，则在 PCB 生产过程中，就会产生很多的原料废边；如果板子大小设计得好，单板或拼板的尺寸是原材料的 n 等份，则原材料的利用率就最高，PCB 板厂也好开料，以一样的原材料尺寸做出最多的板子，单板价格相应下降。

开料的方法有正开、偏开和变开三种。

（1）正开：一种将大幅面印张对裁后（即相对裁开）再对裁，依次对裁成所需幅面页张的开料方法。

（2）偏开：指不对裁或间接不对裁的开料方法。

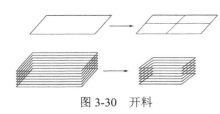

图 3-30　开料

（3）变开：变开也称异开，指在一全开印张上裁切出不同形状、规格、开数页张的开料方法。这种开料方法无规律，常用于不同规格尺寸的图表、画面等的裁切。

开料的一般流程为：大板料→按 MI 要求切板→铜板→啤圆角/磨边→出板。图 3-30 所示为正开方式开料示意图。

2. 内层制作

内层贴干膜或印油、曝光、冲影、蚀刻、褪膜、内层蚀检就是一个图形转移的过程，如图 3-31 所示。通过使用菲林底片，油墨/干膜等介质在紫外强光的照射下，将 PCB 设计的线路图形制作在内层基板上，再将不需要的铜箔蚀刻掉，最终做成内层的导电线路。

3. 压板工艺

压板过程（Pressing Process）是指在高温高压条件下用半固化片将内层与内层，以及内层与铜箔黏结在一起，制成多层线路板的制作工序。

压板工序是多层线路板制造工艺流程中不可缺少的重要工序，采用压制的方法，完成多层板的外层与内层之间的连接。

压板工序必须具备的条件如下：

● 物质条件：制作好导线图形的内层板、铜箔、半固化片；

● 工艺条件：高温、高压。

PCB 层压方式主要有两种，分别为 Mass-Laminate 和 Pin-Laminate，如图 3-32 所示。

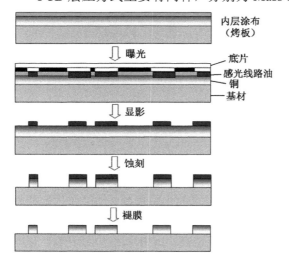

图 3-31　内层湿膜工艺流程

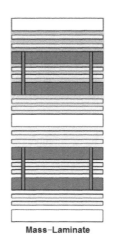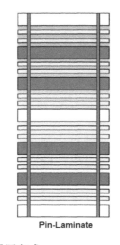

图 3-32　层压方式

- Mass-Lamination——无销钉定位的大量层压方法；
- Pin-Laminate——针层压板。

层压工艺主要流程如图 3-33 所示。

图 3-33　层压工艺主要流程

4. 钻孔

PCB 单面板或双面板的制作都是在下料之后直接进行非导通孔或导通孔的钻孔，多层板则是在完成压板之后才去钻孔。过孔的主要作用是提供电气连接，以及用于器件的固定或定位。

常见钻孔可分为以下几类：

（1）PTH（电镀通孔）——通过在孔壁上镀覆金属，用来连接内层与外层的导电线路图的孔。

（2）NPTH（非金属化孔）——孔壁不镀覆铜，通常用于机械安装或固定组件的孔。

（3）VIA（导通孔）——一般指线路连接孔，用于 PCB 中不同层间线路实现电气连接的孔。

（4）Blind hole（盲孔）、Buried hole（埋孔）——盲孔和埋孔也属于 VIA 的一种，盲孔是仅延伸到印制板的一个表面的导通孔，而埋孔是未延伸到印制板表面的导通孔。

一般激光钻可以钻孔径在 0.15mm 以下的孔，机钻的极限为钻孔径 0.15mm 的孔。鉴于生产成本和工艺难度，PCB 设计时尽量避免孔径在 0.1mm、0.2mm 的孔，因为不仅容易断钻，而且工艺难度加大、成本提高，同时使不合格板增多。图 3-34 所示为常用的钻孔槽刀，建议过孔设计孔径≥0.25mm，也可以设计多种孔径，电源用大孔径，信号用小孔径。

钻孔作业时，除了钻盲孔或对孔位精准度要求很严的孔用单片钻之外，其余通常都用多片钻，意即每个 stack 都在两片或两片以上。至于几片一钻，需要考虑以下因素：板子要求精度、最小孔径、总厚度和总铜层数。

总的来说，钻孔之前先以 pin 将每片板子固定住，此动作由上 pin 机（pinning machine）执行。双面板很简单，大半用靠边方式，打孔上 pin 连续动作一次完成；多层板比较复杂，另需多层板专用上 pin 机作业。如图 3-35 所示为全自动钻孔机。

图 3-34　钻孔槽刀　　　　　　　　　图 3-35　全自动钻孔机

5. 镀铜

电镀铜层因其具有良好的导电性、导热性和机械延展性等优点而被广泛应用于电子信息产品领域，镀铜技术也因此渗透到了整个电子材料制造领域，从印制电路板（PCB）制造到IC 封装，再到大规模集成线路（芯片）的铜互连技术等电子领域都离不开它，因此 PCB 镀铜技术已成为现代微电子制造中必不可少的关键电镀技术之一。

镀铜用于全板电镀（化学镀铜后加厚铜）和图形电镀，其中全板镀铜是紧跟在化学镀铜之后进行的，而图形电镀是在图相转移之后进行的。除了印制板的孔金属化工艺用到电镀铜技术外，在印制板形成线路工艺中也用到电镀铜。一种是整板电镀，另外一种是图形电镀。整板电镀是在孔金属化后，把整块印制板作为阴极，通过电镀铜层加厚，然后通过蚀刻的方法形成电路图形，防止因化学镀铜层太薄被后续工艺蚀刻掉而造成产品报废。图形电镀则是采取把线路图形之外部分掩蔽，而对线路图形进行电镀铜层加厚。制造比较复杂的电路常常把整板电镀与图形电镀结合起来使用。

图 3-36 电镀设备

电镀一般流程为：前处理→电镀→后处理。图 3-36 所示为常用电镀设备。

6. 外层制作

经钻孔及通孔电镀后，内外层已连通，下面制作外层线路，以达到电气性能的完整。外层制作一般流程如图 3-37 所示。

- 铜面处理：用微酸清洗，以磨刷方式进行板面清洁。
- 压膜：在板子表面通过压膜机压上一层干膜，作为图像转移的载体。
- 曝光：把底片上的线路转移到压好干膜的板子上，与内层相反，外层通过曝光，使与图像相对应的干膜不发生聚合反应。
- 显影：将未聚合的干膜洗掉，使其未发生聚合反应图像的干膜露出铜面。
- 二次镀铜及镀锡：以电镀的方式增加铜面及孔铜厚度，以达到设计要求，并镀上锡，作为蚀刻阻剂。
- 去膜：用高温高压进行冲洗，将聚合干膜去除干净。
- 蚀刻：利用化学反应法将非线路部位的铜层腐蚀掉，如图 3-38 所示。
- 剥锡：用蚀刻阻剂以化学方式将锡去除，以露出所需图像铜面。

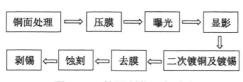

图 3-37 外层制作一般流程

图 3-38 PCB 蚀刻线路

7. 绿油和字符

绿油是将绿油菲林的图形转移到板上，起到保护线路和阻止焊接零件时线路上锡的作用。字符是提供的一种便于辨认的标记。

绿油工序一般流程如图 3-39 所示。

图 3-39 绿油工序一般流程

感光前处理的主要作用是以酸腐蚀和磨刷的研磨作用将基材和铜面上的氧化物及油污去除掉，并形成凹凸状粗化均匀的表面，以增加其与油墨的结合力。在 PCB 设计中，塞孔主要可分为塞树脂、感光塞绿油、喷锡后塞油三种。

丝印步骤的主要作用是在刮刀的压力下油墨均匀地通过丝印网，在塞油孔内塞满油，在板件表面形成均匀的绿油阻焊保护膜。根据丝印方式的不同，可以分为水平丝印、垂直丝印、钉床丝印。

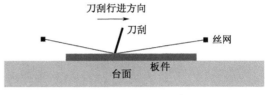

图 3-40 水平丝印示意图

如图 3-40 所示为水平丝印示意图。

预烘的作用主要是将油墨烘干，以利于继续丝印或对位曝光。预烘的设备有的用烤箱，有的用烘道，有的还用紫外光等。不管采用什么设备，目的都是把油墨中的溶剂挥发出去，但又会导致油墨反应而影响曝光和显影。

对位曝光的主要作用是，利用 UV 光（紫外光）的照射，把绿油菲林或重氮片上的图形转移到已丝印好油墨的板件上。菲林或重氮片上不开窗的部分能够透 UV 光，从而使其下的油墨发生光聚合反应形成交联高分子，显影时不受显影液体的溶解。而未开窗曝光部分能够遮住 UV 光，防止其下的油墨发生光聚合反应。这些未反应的油墨可以被显影液溶解下来，从而能在板件上留下希望保留的绿油图形。图 3-41 所示为曝光原理示意图。

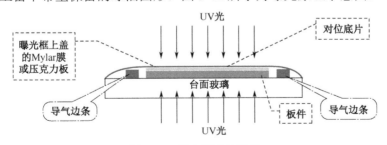

图 3-41 曝光原理示意图

显影的主要作用是用弱碱或溶剂将没有受到紫外光照射的油墨冲洗掉，留下已曝光部分形成绿油图形。根据绿油是水溶性还是溶剂型的油墨，显影液也分为弱碱显影液或溶剂显影液。

油墨既是光固化型的，又是热固化型的。油墨在曝光时经过 UV 光照射后，只是初步的固化，油墨分子只发生了初步的交联，其硬度、耐磨性、耐溶剂性能还很差。为此，还需要用高温烘烤将油墨分子充分交联。后固化最需要控制的项目主要是固化温度、固化时间和温度均匀性。

8. 表面处理

表面处理主要是按照设计的要求，对线路板裸露出铜面进行一个图层的处理加工。

主要处理工艺有以下几种：

- 喷锡：利用热风焊处理工艺在铜面上喷上一层可焊接性的锡面；
- 沉锡：利用化学原理将锡通过化学处理使之沉积在板面上；
- 沉银：利用化学原理将银通过化学处理使之沉积在板面上；
- 沉金：利用化学原理将金通过化学处理使之沉积在板面上；
- 镀金：利用电镀原理，通过电流、电压控制将金镀在板面上；
- 防氧化：利用化学原理将一种抗氧化的化学药品涂在板面上。

图 3-42 所示为金手指内存条，其表面处理工艺为沉金+金手指工艺。

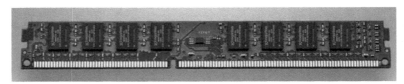

图 3-42   金手指内存条

9. 外形加工

外形加工主要是按照设计要求，将一个已经形成的线路板加工成需要的尺寸外形。外形加工工艺可分为铣外形工艺和冲外形工艺。

（1）铣外形工艺可以完成精度要求较高的外形加工，且板边质量较好，但效率较低。

铣外形工艺流程如图 3-43 所示。

图 3-43   铣外形工艺流程

（2）冲外形工艺可以用来完成精度要求不高的外形加工，效率也较高，但有毛边需要打磨。

冲外形工艺流程如图 3-44 所示。

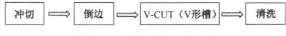

图 3-44   冲外形工艺流程

外形加工工艺的选择一般与外形的形状和加工的批量有关，一般选择铣外形。冲外形能够适应大批量生产的需要，加工效率高，通常定位孔的选择对外形加工质量和加工效率有较大影响。图 3-45 所示为 PCB 铣板机。

10. 终检和出货

PCB 制作完成后，要进行最终的品质检验。终检项目主要包括线路的电气检测、PCB 尺寸检测、板面外观质量检查。

具体检测项目包括线路、孔壁、板面、焊盘、锡面、金手指，以及印制品质是否达到相关的 IPC 规范要求，此外，还包括设计要求的各种阻抗、电气检测等。图 3-46 所示为一块正在进行测试的 PCB。

图 3-45　PCB 铣板机

图 3-46　正在进行测试的 PCB

样品加工时，一般不用夹具进行测试，可以手工测试。对于要求比较严格的 PCB，则需要制作测试夹具，测试的项目可以包括所有走线的阻抗、连通性、电气性能等。PCB 夹具测试如图 3-47 所示。

出货前要将板按要求分型号包装，通常用真空包装，以利于印制板的存放和运输。最终包装交货一般包含 PCB 及要求的各种检测报告等。图 3-48 所示为真空包装的多层 PCB。

图 3-47　PCB 夹具测试

图 3-48　真空包装的多层 PCB

第4章 信号完整性仿真基础

4.1 信号完整性问题

人们都希望所关心的信号到达接收端的时候都是完整的和无损的，但是往往事与愿违，在当今越来越高速的数字系统中产生并保持信号不受损变得越来越困难，所以，数字信号的完整性已经成为硬件开发者面临的紧迫问题。

理想的数字信号如图 4-1 所示，是指器件厂家提供的由输出高电平（VOH）、低电平（VOL）、上升沿（Tr）和下降沿（Tf）等参数所描述的信号波形。

现实的情况是，数字信号经过传输介质（如PCB 走线、线缆、连接器等）的传输后，会存在各种各样的问题，如图 4-2 所示。

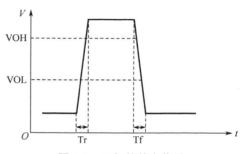

图 4-1　理想的数字信号

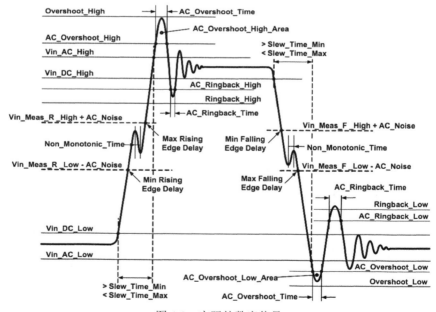

图 4-2　实际的数字信号

比较典型的问题有以下几种：

1）过冲（Overshoot/Undershoot）　信号过冲波形如图 4-3 所示，指信号高出高电平和低于低电平的部分。一般 IC 对于过冲的高度和宽度的容忍度都有指标。过冲会使 IC 内部的 ESD 防护二极管导通,通常电流在 100mA 左右。信号长期过冲会降低 IC 器件的使用寿命,过冲也是电源噪声和 EMI 的来源之一。

2）**振铃（Ringing/Ring Back）**　信号振铃波形如图 4-4 所示,指信号在高低电平会存在上下振荡的情况。振铃会使信号的阈值（threshold）模糊,也容易引起 EMI。

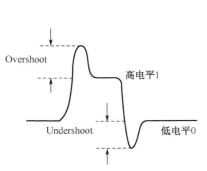

图 4-3　信号过冲波形

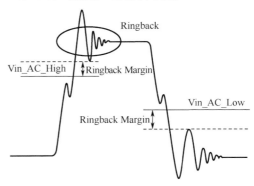

图 4-4　信号振铃波形

3）**非单调性（Non-monotonic）**　信号的非单调性指的是在上升或下降沿出现回沟,如图 4-5 所示。这会对电路产生危害,特别是异步信号如 Reset、Clock 等,如果回沟的位置刚好在触发电平上,则会引起信号的误触发。

4）**码间串扰（ISI）**　码间串扰主要是针对高速串行信号。如图 4-6 所示,上面波形为理想的接收信号,下面波形为有码间串扰的信号,其产生的本质是前一个波形还没有进入稳态,另外,传输线对不同频率的衰减不同也会造成码间串扰。一般通过眼图来观察,方法是输入一组伪随机码,观察输出眼图。

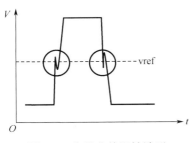

图 4-5　信号非单调性波形

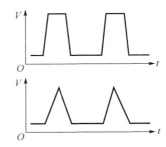

图 4-6　信号码间串扰波形

5）**同步开关噪声（SSN）**　同步开关噪声会使单根静止的信号线上出现毛刺,如图 4-7 所示,干扰信号的信号跳变会在被干扰信号上引入噪声,另外还会影响输入电平的判断。SSN 的另一种现象是 SSO（同步开关输出）,这会使得传输线的特性如阻抗、延时等特性发生改变。

6）**噪声余量（Noise Margin）**　控制噪声余量的目的是防止外界干扰,为了克服仿真没有分析到的一些次要因素,一般对于信号应留有一定的余量,如对 TTL 信号保留 200~300mV 的噪声余量。

7）**串扰（Crosstalk）**　图 4-8 所示为串扰的电磁场分布图,当两个信号距离较近时,一个信号的电磁场会覆盖另一个信号，这样会在另一个信号上引入串扰。串扰主要有线间串扰、回路串扰、通过平面串扰（常见于数模混合电路）三种形式。

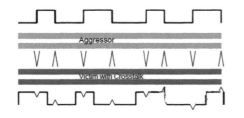

图 4-7　信号同步开关噪声波形　　　　图 4-8　串扰的电磁场分布图

4.2　信号完整性问题产生原因

信号完整性问题与很多因素有关，频率的提高、上升时间的减小、摆幅降低、互连通道不理想、供电环境恶劣、通道之间延时不一致等都可能导致信号完整性问题，但究其根源，主要是通道传输延时与信号上升时间的关系。可以用仿真实验进行说明。

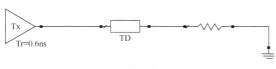

图 4-9　仿真拓扑结构

实验条件：

（1）信号的上升时间：Tr=0.6ns。

（2）传输线的仿真拓扑结构如图 4-9 所示。

（3）设置变量为通道的延时，观察通道延时与上升时间的关系不同对信号的影响。仿真结果如图 4-10 所示。

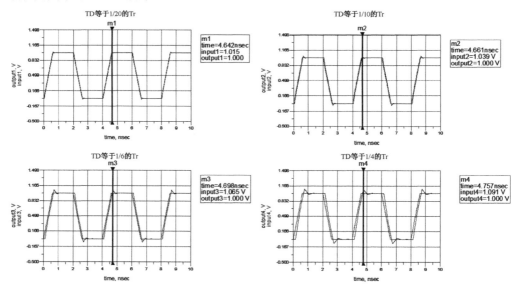

图 4-10　上升沿扫描结果

结论：4 个图对应了通道延时 TD 分别为上升时间的 1/20、1/10、1/6 和 1/4，由结果可以看出，当信号的通道延时 TD 大于等于上升时间的 1/6 时，在接收端可以明显地看出信号出现了过冲的现象。这也意味着越小的上升沿在通道传输过程中考虑的信息越多，当信号上升沿小到 ps 级别时，过孔、焊盘等小尺寸的传输通道都需要进行考虑。

一方面，陡峭的上升沿使信号完整性问题更加严重；另一方面，芯片工艺的改进使信号的上升时间越来越短，也导致信号完整性问题更加突出。信号完整性问题的根源在于信号的上升时间减小导致高频成分增多，加上其他众多的影响因素更加剧了信号完整性问题。

如何来解决信号完整性问题？下面通过仿真实验来说明。

实验条件：

（1）信号上升时间：Tr=0.6ns，原来传输线的阻抗未做要求，本次实验增加一个条件为传输线的阻抗需控制为 50Ω。

（2）传输线的仿真拓扑结构如图 4-11 所示。

（3）变量同样为信号传输线的延时，看传输线对信号的影响。

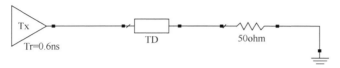

图 4-11　仿真拓扑结构

仿真结果如图 4-12 所示。

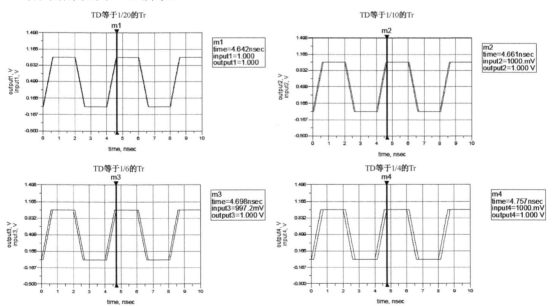

图 4-12　上升沿扫描结果（阻抗匹配后）

结论：同样，图 4-12 对应了通道延时 TD 分别为上升时间的 1/20、1/10、1/6 和 1/4，当增加了传输线阻抗匹配的条件后，可以发现，不管上升时间如何变化，接收端都可以很好地接收信号。

通过两个实验可以看出，在保证了通道阻抗的一致性后，信号完整性的问题得到了有效的改善，因此以下将着重从传输通道的形式来进行分析说明。而 PCB 上信号传输的主要形式是传输线，所以先从传输线入手。

4.3　传输线

最简单的传输线由一对导体构成，把信号以电磁波的形式从一端送到另一端，两个导体中一个称为信号路径，另一个称为返回路径。传输线的形式多种多样，比较常见的如 PCB 上的走线、双绞线、同轴电缆等。

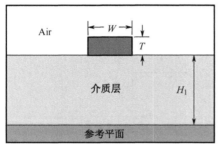

图 4-13　一般微带线

4.3.1　常见的微带线与带状线

1）微带线　微带线通常定义为只有一个参考平面的传输线，常见的微带线有一般微带线和埋入式微带线。

（1）一般微带线：一般微带线在工程上的应用为常见的表层走线，它的参考面为第二层的地或电源，有的微带线会做隔层参考，总之，微带线的参考面为一个。图 4-13 所示为一般微带线的结构，其中 T 为信号层的厚度，H_1 为信号层到其参考层的距离。

（2）埋入式微带线：埋入式微带线是指整个传输线周围都被介质包裹，但是信号的参考面还是一个，如图 4-14 所示。

2）带状线　带状线相对微带线的区别在于，带状线有上下两个参考平面。带状线根据其结构可以分为对称式带状线和非对称式带状线。

（1）对称式带状线：对称式带状线的中间信号线到上下两个参考层的距离相等，如图 4-15 所示，图中信号层到两个参考面的距离均为 H。

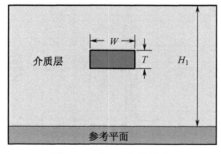

图 4-14　埋入式微带线

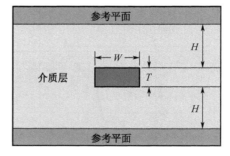

图 4-15　对称式带状线

（2）非对称式带状线：非对称式带状线的中间信号层到上下两个参考面之间的间距不等，比较常见的非对称式带状线为 Dual-Stripline，如图 4-16 中所示的两带状线即为 Dual-Stripline。

4.3.2　传输线的基本特性

传输线的基本特性是特性阻抗和信号的传输延时。

1. 特性阻抗

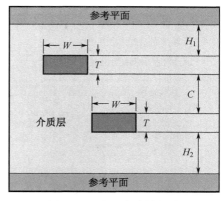

图 4-16　非对称式带状线

工程上的特性阻抗就是用户在制作 PCB 时要求工程控制的走线阻抗，通常走线阻抗的确定与两端连接的芯片要求的阻抗值是一致的。传输线的理论推导可以参考业内其他书籍，这里主要从工程的角度来讨论传输线的阻抗。

工程上的特性阻抗与所用的板材、信号与参考层的厚度及信号走线的宽度都有关，下面通过实验来介绍这些参数对阻抗的影响趋势。

1）实验一：介电常数对阻抗的影响

实验条件：

（1）微带线，表层铜厚为 2.2mil，到参考面之间的间距为 3mil，走线宽度为 5mil。

（2）运用 polar 阻抗计算器来对阻抗进行计算。

（3）设置的变量为介电常数，这里分别取 3.2、3.8、4.0 和 4.5，看不同介电常数下传输线阻抗的变化。

试验结果如图 4-17 所示。

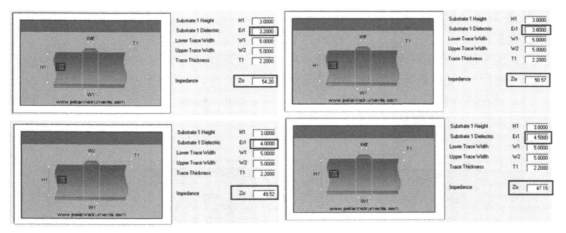

图 4-17　介电常数对阻抗的影响

结论：图 4-17 分别对应了介电常数为 3.2、3.8、4.0 和 4.5，从实验结果可以看到，随着介电常数的增加，所计算出来的阻抗减小。即根据实验可以得到一个结论，介电常数越大，阻抗越小。

2）实验二：参考层厚度对阻抗的影响

实验条件：

（1）微带线，表层铜厚为 2.2mil，材料的介电常数为 4，走线宽度为 5mil。

（2）运用 polar 阻抗计算器来对阻抗进行计算。

（3）设置的变量为介质的厚度，这里分别取 3mil、4mil、6mil 和 8mil，看不同的介质厚度对传输线阻抗的影响。

试验结果如图 4-18 所示。

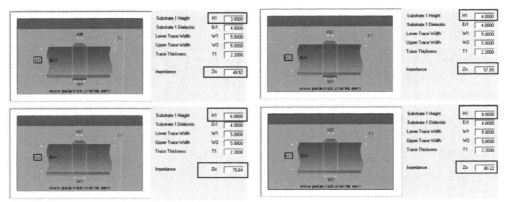

图 4-18　参考层厚度对阻抗的影响

结论：图 4-18 分别对应了介质厚度 H_1 从 3mil 增加到 8mil 时所计算的阻抗值。从实验结果可以得到一个结论，即介质的厚度 H_1 越大，传输线的阻抗也越大。这个常用在模拟输入上，为了让线宽做粗，通常的处理方式是挖开第二层的参考地，让信号参考第三层或第四层，此方式就是增加介质的厚度。

3）实验三：信号走线宽度对阻抗的影响

实验条件：

（1）微带线，表层铜厚为 2.2mil，到参考面之间的间距为 3mil，材料的介电常数为 4。

（2）运用 polar 阻抗计算器来对阻抗进行计算。

（3）设置的变量为传输线的宽度，这里分别取 3mil、5mil、8mil 和 10mil，看不同的走线宽度对传输线阻抗的影响。

试验结果如图 4-19 所示。

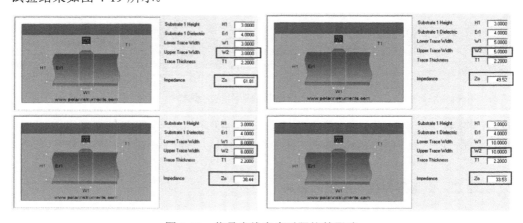

图 4-19　信号走线宽度对阻抗的影响

结论：图 4-19 中，当线宽从 3mil 变化到 10mil 时，阻抗从 61Ω 变化到 33Ω。根据实验结果可以得到一个结论，即传输线的阻抗随着传输线的线宽变大而变小，阻抗与走线宽度成反比的关系。

2. 传输延时

传输延时就是信号从发送端传输到接收端所需要的时间，主要取决于传输通道的长度和传输过程中周围介质的介电常数（与信号的传输速度相关）。传输延时可以表示为

$$传输延时 = \frac{长度 L}{信号传输速度 V} = L \times \sqrt{\varepsilon_0 \varepsilon_r \mu_0 \mu_r}$$

式中　ε_0——自由空间的介电常数，其值为 8.89×10^{12}F/m；

　　　ε_r——介质的相对介电常数；

　　　μ_0——自由空间的磁导率，其值为 $4\pi \times 10^{-7}$ H/m；

　　　μ_r——材料的相对磁导率。

从上面的公式可以知道，传输延时取决于介质材料的介电常数、传输线长度和传输线横截面的几何结构（几何结构决定电场分布，电场分布决定有效介电常数）。在微带线中，有效介电常数受横截面的几何结构影响比较大，而带状线由于周围介电常数的不一致，也会造成传输延时的差异。可以用一个实验对相同长度下微带线和带状线的延时差异做一个说明。

实验条件：

（1）微带线和带状线的长度为 1in。

（2）介质的介电常数为 4。

（3）根据介电常数调整传输线和平面间距算出同样的线宽为 5mil。

（4）拓扑结构如图 4-20 所示。

仿真结果如图 4-21 所示，其中 m1 标示的为微带线，m2 标示的为带状线。

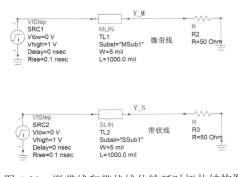

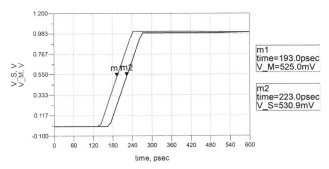

图 4-20　微带线和带状线传输延时拓扑结构图　　图 4-21　微带线和带状线传输延时拓扑仿真结果

结论：从仿真结果可以看到，对于同样的线宽，通常的走线长度微带线和带状线的延时相差了近 30ps，所以等长的传输走线传输延时不一定就是一致的。

在 PCB 设计中，所有的等长设计都是基于时序的要求，在越来越高速的电路设计中，等长的要求也越来越严格。目前大多数工程师在做设计时都是在做长度等长，其实现在越来越多的设计中会对时序有要求，因此对设计工程师来讲设计时应尽量做到以下两点：

（1）需要等长的信号应尽量走同层，换层时需要注意总的长度要保持相等并且每层走线都需要等长。

（2）需要等长的信号走相同走线层可以保持过孔的延时一致，从而消除过孔延时不一致带来的影响。

4.3.3　共模与差模

共模信号和差模信号是指差动放大器双端输入时的输入信号。

共模信号：一对信号输入时，两个信号的相位相同。

差模信号：一对信号输入时，两个信号的相位相差 180°。

任何两个信号都可以分解为共模信号和差模信号。设计中常用到的传输模式为差模信号，也就是常说的差分信号（Differential Signal），传输差分信号的传输线也叫差分线。

1. 差分线的优势

差分信号在高速电路设计中的应用越来越广泛，电路中最关键的信号往往都要采用差分结构设计。差分信号和普通的单端信号走线相比，最明显的优势体现在以下三个方面：

（1）抗干扰能力强。因为两根差分走线之间的耦合很好，当外界存在噪声干扰时，几乎是同时被耦合到两条线上，而接收端关心的只是两信号的差值，所以外界的共模噪声可以被完全抵消。

（2）能有效抑制 EMI。同样的道理，由于两根信号线的极性相反，它们对外辐射的电磁场可以相互抵消，耦合得越紧密，泄放到外界的电磁能量越少。

（3）时序定位精确。由于差分信号的开关变化位于两个信号的交点，而不像普通单端信号依靠高低两个阈值电压判断，因而受工艺、温度的影响小，能降低时序上的误差，同时也更适合于低幅度信号的电路。

2. 差分线的返回电流

差分线与单端线的机理是一致的，即高频信号总是沿着电感最小的回路进行回流，最大的区别在于差分线除了有对地的耦合之外，还存在着相互之间的耦合，哪一种耦合强，对应的线路就成为主要的回流通路。图 4-22 所示是单端信号和差分信号的电磁场分布示意图。

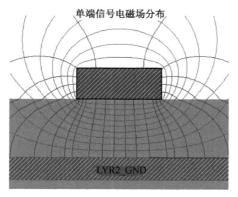
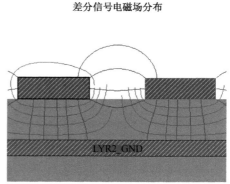

图 4-22　单端信号和差分信号的电磁场分布示意图

在 PCB 电路设计中，一般差分走线之间的耦合较小，往往只占 10%～20%的耦合度，更多的还是对地的耦合，所以差分走线的主要回流路径还是存在于地平面。只有当地平面不连续时，在无参考平面的区域，差分走线之间的耦合才会提供主要的回流通路。

3. 差分线的布线原则

对于 PCB 工程师来说，最关注的还是如何确保在实际走线中能完全发挥差分走线的优势。接触过 Layout 的人也许都会了解差分走线的一般要求，那就是"等长、等距"。等长是为了保证两个差分信号时刻保持相反极性，减少共模分量；等距则主要是为了保证两者差分阻抗一致，减少反射。"尽量靠近原则"有时候也是差分走线的要求之一。但是在实际的 PCB 布线中，往往不能同时满足差分设计的要求。由于受引脚分布、过孔及走线空间等因素限制，必须通过适当的绕线才能达到线长匹配的目的，但带来的结果必然是差分对的部分区域无法平行。这时该如何处理呢？下面同样通过一个实验，来比较验证差分对内不同的耦合方式对信号传输的影响。

实验条件：

结构相同的差分走线，一对走线在不等长的地方以小波浪来进行补偿，另一对走线则直接在接收端进行补偿。两对差分信号不同耦合方式走线如图 4-23 所示。

仿真结果分别从频域结果和时域结果两个方面来进行分析。

（1）频域结果如图 4-24 所示。从频域曲线可以看到，方案 2 在 0～16GHz 频域段内插入损耗较耦合方案 1 的结果差。

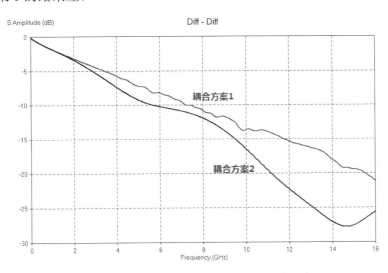

图 4-23　不同耦合方式走线图

图 4-24　不同耦合方式仿真结果——频域曲线

（2）时域结果如图 4-25 所示。时域眼图上，采用了比较常见的 5Gbps 和 10Gbps 的信号速率来分别进行比较。在 5Gbps 的信号速率下，方案 1 在接收端的眼高为 599mV，眼宽为 192ps；方案 2 在接收端的眼高为 545mV，较方案 1 差，眼宽为 192ps，即抖动与方案 1 一致。在 10Gbps 的信号速率下，方案 1 的眼高和眼宽都优于方案 2。

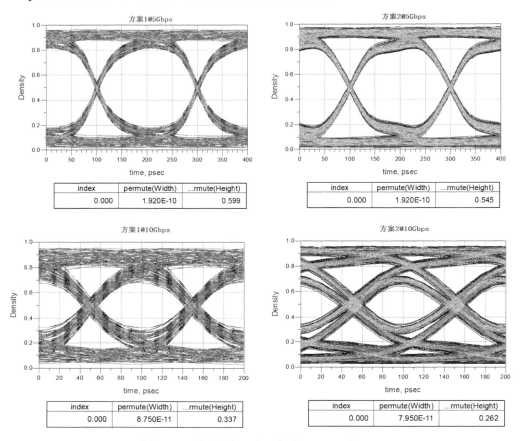

图 4-25　不同耦合方式仿真结果——时域眼图

从时域眼图上也可以看出，方案 2 无论在 5Gbps 还是 10Gbps 信号速率下，表现得都较方案 1 差。

结论： 通过上面的实验可以看出，就近补偿的效果要优于在终端统一补偿的效果，所以在 P/N 差分对内进行补偿时，应尽量做到哪里不等长补哪里。当然有的 PCB 由于设计空间的影响，没有办法做到就近补偿，这时就需要根据实际情况来进行处理。

4.4　反射

信号沿传输线向前传播时，每时每刻都会感受到一个瞬态阻抗，这个阻抗可能是传输线本身的，也可能是中途或末端其他元件的。如果信号感受到的阻抗是恒定的，则它就会正常向前传播；只要感受到的阻抗发生变化，不论是什么原因引起的（可能是中途遇到的电阻、电容、电感、过孔、PCB 转角、接插件），信号都会发生反射。而衡量信号反射量的重要指标是反射系数。

1. 反射系数

反射系数描述了反射电压和传输信号的幅度比值。

反射系数定义为

$$\rho = \frac{Z_S - Z_O}{Z_S + Z_O}$$

式中，Z_S 为变化后的阻抗，Z_O 为变化前的阻抗；ρ 为信号从 Z_S 的阻抗传输到 Z_O 点的反射系数。假设 PCB 线条的特性阻抗为 50Ω，传输过程中遇到一个 100Ω 的贴片电阻，暂时不考虑寄生电容电感的影响，把电阻看成理想的纯电阻，那么反射系数为

$$\rho = \frac{Z_S - Z_O}{Z_S + Z_O} = \frac{100 - 50}{100 + 50} = \frac{1}{3}$$

2. 反射的影响

反射对信号传输有什么样的影响？下面通过几个实验来进行说明。

1）实验一：负载阻抗大于传输线阻抗

实验条件：

（1）传输线阻抗为 50Ω，负载阻抗为 100Ω。

（2）仿真的拓扑结构如图 4-26 所示。

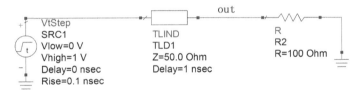

图 4-26　仿真拓扑结构——负载阻抗大于传输线阻抗

仿真结果如图 4-27 所示。

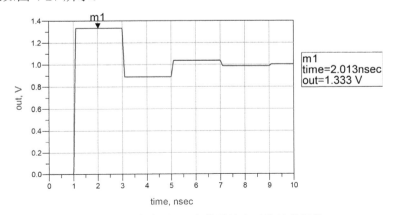

图 4-27　仿真结果——负载阻抗大于传输线阻抗

结论： 由图 4-27 可以看出，当负载阻抗大于传输线阻抗时，信号在接收端的反射电压为正，叠加到信号上后表现出过冲的现象。

2）实验二：负载阻抗小于传输线阻抗

实验条件：

（1）传输线阻抗为 50Ω，负载阻抗为 25Ω。

（2）仿真的拓扑结构如图 4-28 所示。

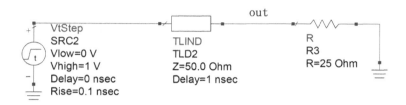

图 4-28　仿真拓扑结构——负载阻抗小于传输线阻抗

仿真结果如图 4-29 所示。

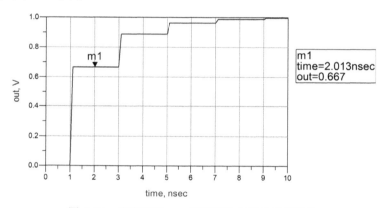

图 4-29　仿真结果——负载阻抗小于传输线阻抗

结论： 由图 4-29 可以看出，当负载阻抗小于传输线阻抗时，信号在接收端的反射电压为负，叠加到信号上后表现出台阶的效应。

由上面两个实验可以看出，如果负载阻抗小于传输线阻抗，反射电压为负；反之，如果负载阻抗大于传输线阻抗，反射电压为正。实际问题中，PCB 上传输线不规则的几何形状、不正确的信号匹配、经过连接器的传输及电源平面不连续等因素均会导致反射情况的发生，而表现出诸如过冲、下冲及振荡等信号失真的现象。

根据前面的实验结合信号完整性的仿真实验来看，如果源端、负载端和传输线具有相同的阻抗，反射就不会发生。因此解决反射的问题，需要进行阻抗匹配。

3．匹配技术

信号的反射是由于传输线和负载的阻抗不匹配造成的，减小和消除反射的方法是根据传输线的特性阻抗在其发送端或接收端采取一定的匹配，从而使源端反射或负载端反射系数为零来达到抑制反射的目的。匹配的方式有两种：串联匹配和并联匹配。

　　1）**源端电阻串联匹配**　源端电阻串联匹配是指在尽量靠近源端的位置串联一个电阻 R_t 以匹配信号源的阻抗，如图 4-30 所示，这样可以使源端反射系数为零从而抑制从负载反射回来的信号再从源端反射回负载端。R_t 加上驱动源的输出阻抗 R_d 应等于传输线阻抗 Z_o，即 $R_d+R_t=Z_o$。通常这个电阻比较小，常见的有 22Ω 和 33Ω 的源端串联电阻。

　　串联端接每条线只需要一个端接电阻，无须直流电源相连接，因此不消耗过多的电能；当驱动高容性负载时可提供限流作用，这种限流作用可以帮助减小地弹噪声。其缺点在于，由于串联电阻的分压作用，在走线路径中间，电压仅是源电压的一半，所以不能驱动分布式负载；另外，由于在信号通路上串联了电阻，增加了 RC 时间常数从而减缓了负载端信号的上升时间，因而不适合于高频信号通路（如高速时钟等）。

　　2）**终端电阻并联匹配**　终端电阻并联匹配方式是简单地在接收器的输入端连接一个终端电阻 R（$R=Z_o$）下拉到地或者上拉到直流电源来实现匹配，如图 4-31 所示。

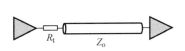

图 4-30　源端串联匹配

图 4-31　终端电阻并联匹配

　　并联端接的优点在于设计简单易行，缺点是消耗直流功率。上拉到电源可以提高驱动器的驱动能力，但会抬高信号的低电平；而下拉到地能提高电流的吸收能力，但会拉低信号的高电平。另外，匹配电阻接地会造成下降沿过快（如果接电源则上升沿变快），这样会导致波形占空比不平衡。

　　3）**戴维南匹配**　戴维南端接即分压器型端接，如图 4-32 所示，它采用上拉电阻 R1 和下拉电阻 R2 构成端接电阻，通过 R_1 和 R_2 吸收反射。戴维南等效阻抗 R_T（$R_T=R_1 \cdot R_2/(R_1+R_2)$）等于传输线阻抗 Z_o 以达到最佳匹配。

　　戴维南端接综合使用上拉、下拉电阻，平衡输出高低电平，减少因占空比失调而造成的能量消耗，静态直流功率过大，在 TTL 和 CMOS 电路中不常用。

　　戴维南端接的优点是在整个网络上可与分布负载一起使用，可完全吸收发送的波而消除反射，当无信号驱动线路时，设置线路电压；特别适用于总线使用。它的缺点是从电源+V到地总有一个直流电流存在，导致匹配电阻中有直流功耗，减小了噪声容限，除非驱动器可提供大的电流。

　　4）**终端并联 RC 匹配**　如图 4-33 所示，RC 网络端接（也称为交流端接）使用串联 RC 网络作为端接阻抗。端接电阻 R 要等于传输线阻抗 Z_o，电容 C 通常使用 $0.1\mu F$ 的多层陶瓷电容，RC 网络的时间常数应大于传播延时的两倍，即 $RC>2T_D$，这样，反射将很小或被消除。

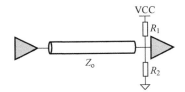

图 4-32　戴维南匹配

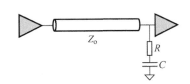

图 4-33　终端并联 RC 匹配

交流端接避免较多的电源消耗，由于电容的大小很难确定，大电容会吸收较大电流增加电源损耗，小电容则会减弱匹配效果，建议通过仿真来确定电容值。

交流端接的优点在于电容阻隔了直流通路而不会产生额外的直流功耗，同时允许高频能量通过而起到了低通滤波器的作用；缺点是 RC 网络的时间常数会降低信号的速率。

5）总结

电路中逻辑器件家族不同，端接策略会有所不同。一般来说，CMOS 工艺的驱动源在输出逻辑高电平和低电平时其输出阻抗值相同且接近传输线的阻抗值，适用串联端接技术；而 TTL 工艺的驱动源在输出逻辑高电平和低电平时其输出阻抗不同，可使用戴维南端接方案；ECL 器件一般都具有很低的输出阻抗，可在 ECL 电路的接收端使用一下拉端接电阻来吸收能量。

当然，上述方法也不是绝对的，具体电路的差别、网络拓扑结构的选取、接收端的负载数等都是可以影响端接策略的因素，因此在高速电路中实施电路的端接方案时，需要根据具体情况通过仿真分析来选取合适的端接方案和元件参数，以获得最佳的端接效果。

4. 拓扑结构

拓扑结构表征的是信号在 PCB 走线上的连接方式，目前 PCB 中常见的拓扑结构大类上分为点对点的拓扑结构和多对多的拓扑结构。

1）**点对点的拓扑结构**　点对点的拓扑结构如图 4-34 所示，这种拓扑是最简单的，布局布线上都很容易实现，易于实现阻抗控制。普通低速网络是否能采用点对点拓扑，完全看电路的需求。高速信号很多情况下必须要求点到点的互连，如高速串行信号的互连，以最小化阻抗不连续带来的影响；精确定时的时钟信号也不允许有分叉存在，因为分叉带来的阻抗不连续会引起抖动。

2）**树形拓扑结构**　树形拓扑结构也叫 T 形拓扑，它通常是单项性的，即拓扑中只有一个驱动源和多个接收芯片，如图 4-35 所示。在 T 形拓扑中，只要各接收器与 T 点之间的走线长度是相等的，则对于驱动器来说，这个拓扑就是平衡的。因为 T 形拓扑在 T 点处信号分叉，从源端看上去等于两条传输线并联，因此应该使 T 点到接收器之间的传输线阻抗值等于基本传输线阻抗值的两倍，每个分支端接的阻抗也是基本传输线的两倍。

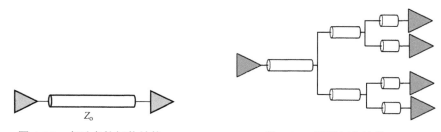

图 4-34　点对点的拓扑结构　　　　图 4-35　树形拓扑结构

3）**菊花链拓扑结构**　对于多负载的总线系统常采用菊花链拓扑，并在最远端的负载处进行适当的终结，如图 4-36 所示。

菊花链走线的优点是占用的布线空间较小并可用单一电阻匹配终结；易于进行阻抗控制，

端接简单，网络的布线长度短，布线较为方便，只要各个接收器在接收信号时间上的差别在允许的范围内，就可以采用菊花链拓扑进行布线。对于菊花链布线，布线从驱动端开始，依次到达各接收端。如果使用串联电阻来改变信号特性，串联电阻的位置应该紧靠驱动端。在实际设计中，是使菊花链布线中分支长度尽可能短，安全的长度值应该是：Stub Delay <= Tr*0.1。

4）**星形拓扑结构** 星形拓扑也是一种常用的多负载布线方式，驱动器位于星形的中央，呈辐射状与多个负载相连，如图 4-37 所示。星形拓扑可以有效避免信号在多个负载上的不同步问题，可以让负载上收到的信号完全同步。星形拓扑的问题在于需要对每个支路分别终端端接，使用器件多，而且驱动器的负载大，驱动器必须具有相应的驱动能力才能使用星形拓扑；如果驱动能力不够，需要加缓冲器。为了降低功耗和缓解驱动器的负载压力，可以采用 RC 终端端接，但这种端接方式更加复杂，而且只能用于时钟信号。星形拓扑一般在时钟网络或对信号同步要求高的网络中应用，其共同点就是要求各接收器在同一时刻收到驱动端发来的信号。星形拓扑的布线难度比菊花链拓扑的要大，占用空间也大。实际的星形拓扑会存在端接传输线分支，驱动器与公共节点间存在传输线分支，这些都会劣化信号，所以星形拓扑一般需要前仿真和后仿真，以保证信号的完整性。

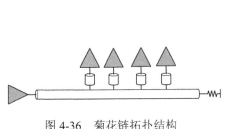

图 4-36 菊花链拓扑结构

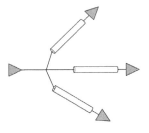

图 4-37 星形拓扑结构

总之，在进行拓扑设计时，可以在以上经典的拓扑基础上灵活运用，一个大的原则就是保证信号质量，手段就是利用 SI 软件进行拓扑的仿真分析。在实际的 PCB 设计过程中，对于关键信号，应通过信号完整性分析来决定采用哪一种拓扑结构。

4.5 串扰

串扰是不同传输线之间的能量耦合。当不同结构的电磁场相互作用时，就会发生串扰。如图 4-38 所示为两个信号的串扰波形，如果串扰超过一定的限度就会引起电路的误触发，导致系统无法正常工作。

1. 串扰形成的原因

串扰是信号在传输线上传播时，由于电磁耦合而在相邻的传输线上产生不期望的电压或电流噪声干扰，信号线的边缘场效应是导致串扰产生的根本原因，如图 4-39 所示。

信号在传输通道上传输对相邻的传输线引起两类不同的噪声信号：容性耦合信号与感性耦合信号。容性耦合是由于干扰源（Aggressor）上的电压（V_s）变化在被干扰对象（Victim）

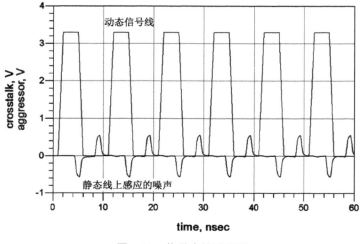

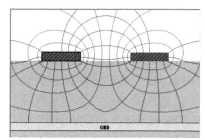

图 4-38　信号串扰波形图　　　　　　　　图 4-39　串扰电磁耦合

上引起感应电流（i）通过互容 Cm 而导致的电磁干扰；而感性耦合则是由于干扰源上的电流（I_s）变化产生的磁场在被干扰对象上引起感应电压（V）通过互感（Lm）而导致的电磁干扰。图 4-40 所示为容性耦合和感性耦合的等效图。

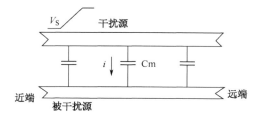

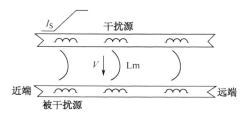

图 4-40　容性耦合和感性耦合的等效图

2．近端串扰和远端串扰

1）近端串扰和远端串扰的定义　信号在传输线 1（如图 4-41 中的干扰线）上传播，由于互感 Lm 和互容 Cm 的作用，将在传输线 2（如图 4-41 中的被干扰线）上产生一个电流。为了分析方便，我们定义了两个概念：近端串扰和远端串扰，静态网络靠近干扰源一端的串扰称为近端串扰（也称后向串扰），而远离干扰源一端的串扰称为远端串扰（或称前向串扰）。

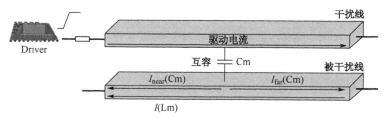

图 4-41　串扰产生模型图

由互容引起的电流分别向被干扰线的两个方向流动，被干扰线上每个方向的阻抗都是相同的，所以 50%的容性耦合电流流向近端而另 50%则传向远端。而由互感引起的电流从被干扰线的远端流向近端。因此，对于一对匹配的传输线来说，TD 为传输延时，RT 为上升时间，近端串扰起始于 $t=0$ 并且持续 2TD+RT 的时间，或者说两倍于传输线的电气长度。远端串扰起始于 TD，持续时间为数字信号的上升或下降时间。近端串扰和远端串扰波形示意图如图 4-42 所示。

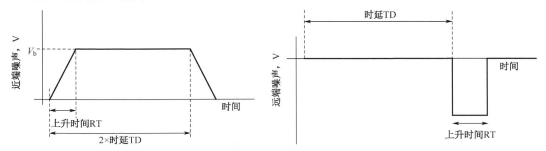

图 4-42　近端串扰和远端串扰波形示意图

下面用两个实验分别对近端串扰和远端串扰的波形进行验证。

2）实验一：微带线串扰情况分析

实验条件：

（1）为了单纯地模拟串扰的影响，选取一对单端阻抗为 50Ω 的耦合传输线（微带线），并在传输线两端均做 50Ω 端接匹配。串扰仿真拓扑结构如图 4-43 所示。

（2）传输线长度设置为 6inch。

（3）干扰源信号为上升时间为 0.2ns、幅度为 1V 的上升沿信号。

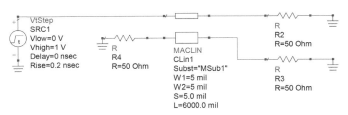

图 4-43　串扰仿真拓扑结构

串扰仿真结果如图 4-44 所示。

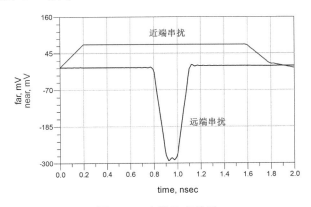

图 4-44　串扰仿真结果

结论：通过仿真结果可以看出，仿真所得到的结论与理论值一致。

以上是对于微带线的串扰情况的分析，对于带状线，由于信号被介质所包围，如果周围介质是均匀的介质，即介电常数是一致的，则由容性耦合产生的电流和由感性耦合产生的电流两者相等，而远端串扰为两者之差，这样远端串扰的值就为 0。同样也可以用一个实验来对结果进行验证。

3）实验二：带状线串扰情况分析

实验条件：

（1）实验仅模拟串扰的影响，因此选取一对单端阻抗为 50Ω 的耦合传输线（介质均匀的带状线），并在传输线两端均做 50Ω 端接匹配。串扰仿真拓扑结构与图 4-43 一致。

（2）传输线长度设置为 6in。

（3）干扰源信号为上升时间为 0.2ns、幅度为 1V 的上升沿信号。

微带线和带状线的远端串扰比较如图 4-45 所示。

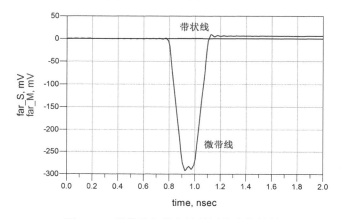

图 4-45 微带线和带状线的远端串扰比较

结论：当信号走线为均匀介质的带状线时，对周围耦合走线的远端串扰很小，近似为 0。

3. 影响串扰的因素

1）仿真案例一：耦合长度对串扰的影响

实验条件：

（1）实验仅模拟串扰的影响，因此选取一对单端阻抗为 50Ω 的耦合传输线（介质均匀的带状线），并在传输线两端均接 50Ω 端接匹配。串扰仿真拓扑结构如图 4-46 所示。

（2）传输线长度为变量，扫描范围为 2～10in，间隔 2in 扫描。

（3）干扰源信号为上升时间为 0.2ns、幅度为 1V 的上升沿信号。

串扰仿真结果如图 4-47 所示。当耦合长度从 2in 增加到 10in 时，近端串扰的串扰幅度达到饱和，但是串扰所持续的时间会随着耦合长度的增加而增加，远端串扰的幅度会随着耦合长度的增加而增加，图中耦合长度为 2in 时远端串扰幅度约为 100mV，当耦合长度增加到 10in 时，远端串扰的幅度达到了近 500mV。

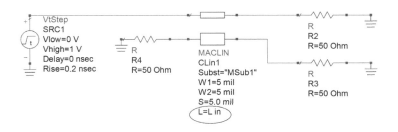

图 4-46　串扰仿真拓扑结构——耦合长度对串扰的影响

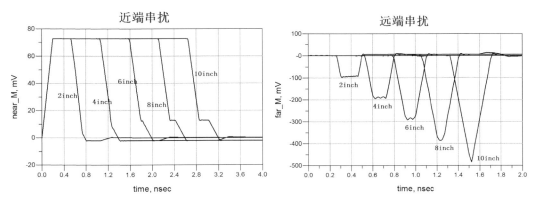

图 4-47　串扰仿真结果——耦合长度对串扰的影响

结论：远端串扰的幅度随着耦合长度的增加而增加，近端串扰的最大幅度会随着耦合长度增加达到饱和值，但是串扰持续的时间会随着耦合长度增加而增加。

2）仿真案例二：耦合间距对串扰的影响

实验条件：

（1）实验仅模拟串扰的影响，因此选取一对单端阻抗为 50Ω 的耦合传输线（介质均匀的带状线），并在传输线两端均做 50Ω 端接匹配。串扰仿真拓扑结构如图 4-48 所示。

（2）传输线长度设置为 6in，扫描两条传输线的走线间距，范围为 5～15mil，间隔 2mil 扫描。

（3）干扰源信号为上升时间为 0.2ns、幅度为 1V 的上升沿信号。

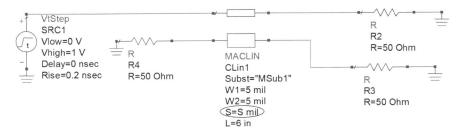

图 4-48　串扰仿真拓扑结构——耦合间距对串扰的影响

串扰仿真结果如图 4-49 所示，当耦合间距由 5mil 增加到 15mil 后，可以看到近端串扰及远端串扰的幅度均有明显降低。

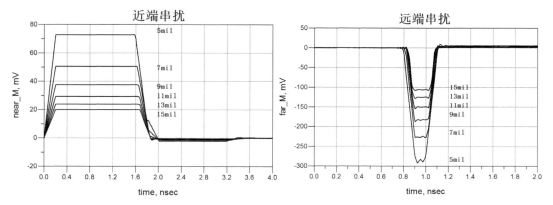

图 4-49　串扰仿真结果——耦合间距对串扰的影响

结论：远端串扰及近端串扰的幅度均会随着耦合间距的减小而增加。

4．减小串扰的设计规范

● 如果布线空间允许的话，增加线与线之间的间距；
● 设计叠层时，在满足阻抗要求的条件下，减小信号层与地层之间的高度；
● 关键的高速信号设计成差分线，如高速系统时钟；
● 如果两个信号层是邻近的，布线时按正交方向进行布线，以减小层与层之间信号的耦合；
● 将高速信号线设计成带状线或嵌入式微带线；
● PCB 布线时，尽量减小并行线长度；
● 在满足系统设计要求的情况下，尽量使用低速器件。

4.6　仿真的必要性

在高速 PCB 设计中，系统集成规模越来越大，I/O 数越来越多，单板互连密度不断加大，信号速率越来越高，信号边沿越来越快，导致了信号完整性问题变得越来越突出。而在已有的 PCB 上发现和分析这些问题并不是一件容易的事情，即使找到了问题，对于一个已经生产装配好的 PCB，要实施有效的解决办法也必须花费大量的时间和费用。如果在设计初期和设计过程中就考虑这些因素的影响，则修改同样的问题所花费的时间和费用要少得多，甚至能避免这些问题的产生。采用信号完整性仿真可以在 PCB 设计前期进行信号质量的分析，然后用分析所得的电气规则来指导布局布线，将信号完整性仿真融入产品开发的过程中，尤其是高速 PCB 设计中，最终为产品设计提供优化的解决方案，这已经成为产品设计成功的关键步骤。

总的来说，在高速 PCB 设计过程中，系统地运用信号完整性仿真分析能带来如下几个方面的好处：

1）**提高设计的成功率，降低成本**　在激烈竞争的电子行业，快速地将产品投入市场至关重要。传统的 PCB 设计方法是先设计原理图，然后放置元器件和走线，最后采用一系列原型机反复验证/测试。修改设计意味着时间上的延迟，这种延迟在产品快速面市的压力下是不能被接受的。

2）加快产品的生产设计周期　系统级前仿真可以验证设计方案的可实现性，根据系统对信号完整性及时序的要求来选择关键元器件，优化系统时钟网络及系统各部分的延迟，选择合理的拓扑结构，调整 PCB 的元器件布局，确定重要网络的端接方案。通过前仿真来决定系统的设计方案，将后续 PCB 设计的风险降到最低。

3）快速定位问题点　运用 SI 仿真的手段，可以帮助设计人员更快地定位问题。

4.7　仿真模型

器件模型是仿真分析的基础。常用两种模型对器件特性进行仿真，一种是 SPICE 模型，它描述了器件内部电路的组成及连接关系；另一种是 IBIS 行为模型，它描述器件在特定负载及特定封装下的输入/输出行为。下面将结合本项目对 IBIS 和 SPICE 两种仿真模型进行系统的介绍。

4.7.1　IBIS 模型

IBIS（Input/Output Buffer Informational Specification）是用来描述 IC 器件的输入、输出和 I/O Buffer 行为特性的文件，并且用来模拟 Buffer 和板上电路系统的相互作用。在 IBIS 模型里核心的内容就是 Buffer 的模型，因为这些 Buffer 产生一些模拟的波形，仿真器利用这些波形，仿真传输线的影响和一些高速现象（如串扰、EMI 等）。具体而言，IBIS 描述了一个 Buffer 的输入和输出阻抗（通过 I/V 曲线的形式）、上升和下降时间，以及在不同情况下的上拉和下拉，因而工程人员可以利用这个模型对 PCB 上的电路系统进行信号完整性、串扰、EMC 及时序等的分析。

1. IBIS 模型文件内容介绍

模型文件主要包含文件头信息、器件描述、模型描述等部分，下面以本项目所用到的 DDR 芯片的 IBIS 模型为例，对各部分的内容分别进行说明。

1）头文件信息　在 DDR 的 IBIS 模型中，头文件的信息内容如下所示。

[IBIS Ver]　4.0
** IBIS 的版本号，必须为 IBIS 文件的第一个关键字，且是不可缺少的关键字，该模型的版本号为 IBIS 4.0 版本。

[File Name]　ddr.ibs
** IBIS 文件名称，为必需关键字，需要注意的是此处的文件名称必须为文件的实际名称，且必须为小写字母。

[Date]　05/09/2013
** 文件修订日期，为非必需关键字。

[File Rev]　2.4
** 文件的形成版本，根据实际芯片研发过程来进行定义。

[Source]　　From silicon level SPICE model at Micron Technology，Inc.

　　　　　　　For support e-mail modelsupport@micron.com

** 数据的来源途径，为非必需关键字，此处表述了该模型的数据来源于芯片 SPCIE
模型。

[Notes]　　Revision History：

　　　　　　Rev 1.0：　08/17/2011

　　　　　　　　- Initial pre-silicon model

　　　　　　　　- Model data extracted from HSpice model revision 1.0

** 器件和文件的具体说明信息，该处只截取了部分的说明文件，模型的选用信息等
通常也放在 Notes 关键字下面。

[Disclaimer]　This software code and all associated documentation，comments

　　　　　　　　or other information　（collectively "Software"）is provided

　　　　　　　　……..

　　　　　　　　liability for consequential or incidental damages，the above

　　　　　　　　limitation may not apply to you.

** 文件的声明信息，为非必需关键字。

[Copyright]　　Copyright 2013 Micron Technology，Inc. All rights reserved.

** 版权的声明信息，为非必需关键字。

　　2）**器件描述**　本项目中用到的 DDR 器件型号为 MT41K512M8RH，而该模型中包含了
6 个不同封装的器件，这里仅对本项目所用到的器件模型进行说明，其他器件的模型描述可
以参考此器件。

[Component]　　MT41K512M8RH

** 该关键字标志着 IBIS 具体描述的正式开始，一个.ibs 文件中可以包含多个器件，
如现在用到的这个 DDR 模型就包含了 6 个器件，且都以单独的[Component]关键字开始。
该关键字为必需关键字。

[Package Model]　　v80a_78ball_pkg

**指明了器件所采用的封装模型名称，该关键字为非必需关键字，IBIS 的封装参数
分为三类，一个是总体的封装参数，在关键字[package]下进行定义；一个是单个 pin 的
RLC 模型，在关键字[pin]下进行定义；最后一个就是在该关键字下定义的，指定器件的
封装模型。

[Manufacturer]　　Micron Technology，Inc.

** 定义制造厂家，为必需关键字。

[Package]

	typ	min	max
R_pkg	371.3m	241.7m	539.9m
L_pkg	1.537nH	1.091nH	2.387nH

| C_pkg | 0.380pF | 0.282pF | 0.502pF |

\|

** 确定器件引脚的电阻、电容和电感的封装参数，此封装参数是为所有引脚通用的基本参数，该关键字为必需关键字。另外，该项目的 typ 值必须给定，如果其他值没有给定，需要注明为 NA。

[Pin]	signal_name	model_name	R_pin	L_pin	C_pin
A1	VSS	GND			
A2	VDD	POWER			
A3	NC	NC			
A7	NF_TDQS#	NF_TDQS#	462.8m	1.834nH	0.427pF
....					
C2	DQ2	DQ	511.0m	1.735nH	0.473pF
C3	DQS	DQS	383.3m	1.393nH	0.405pF
G3	CAS#	INPUT	290.6m	1.434nH	0.346pF
N8	A8	INPUT	469.0m	1.805nH	0.437pF
N9	VSS	GND			

\|

**该关键字为必需关键字，该项中将器件的芯片引脚对应的关键名、信号名与内部的 I/O 模型联系起来，其中第一列数据为引脚名，第二列为信号名称，第三列为 I/O 模型，其他三列为单独引脚的封装 RLC 参数。

\|*********************PIN MAPPING*************************************

\|

[Pin Mapping]	pulldown_ref	pullup_ref	gnd_clamp_ref	power_clamp_ref	ext_ref

\|

A1	VSS	NC		
M9	NC	VDD		
....				
N8	NC	NC	VSS	VDD
N9	VSS	NC		

\|

** 该关键字为非必需关键字，主要说明了指定 I/O 下所对应的电源地网络。第一列为引脚名，所描述的引脚与[pin]关键字下的引脚是对应的，第二列为 I/O 对应的下拉地网络，第三列为 I/O 对应的上拉供电网络，其余两列分别为钳位二极管对应的地和电源。

\|*****************DIFF PIN**

[Diff_pin]	inv_pin	vdiff	tdelay_typ	tdelay_min	tdelay_max

| C3 | D3 | 0.320V | 0ns | NA | NA |
| F7 | G7 | 0.320V | 0ns | NA | NA |

** 该关键字为非必需关键字，主要对差分引脚进行定义。第一列和第二列对应的是差分引脚的 P 和 N 的引脚名，第三列为差分引脚的差分阈值电压，该阈值电压只对输入引脚有用，后面三列为 P、N 之间的输出延时差，通常晶体管内部 P/N 之间无延时，因此此处便为 0。

[Model Selector] DQ

|

DQ_34_1600	34 Ohm Data I/O with no ODT，1333/1600Mbps
DQ_34_ODT20_1600	34 Ohm Data I/O with 20ohm ODT，1333/1600Mbps
DQ_34_ODT30_1600	34 Ohm Data I/O with 30ohm ODT，1333/1600Mbps
DQ_34_ODT40_1600	34 Ohm Data I/O with 40ohm ODT，1333/1600Mbps
DQ_34_ODT60_1600	34 Ohm Data I/O with 60ohm ODT，1333/1600Mbps
DQ_34_ODT120_1600	34 Ohm Data I/O with 120ohm ODT，1333/1600Mbps
DQ_40_1600	40 Ohm Data I/O with no ODT，1333/1600Mbps
DQ_40_ODT20_1600	40 Ohm Data I/O with 20ohm ODT，1333/1600Mbps
DQ_40_ODT30_1600	40 Ohm Data I/O with 30ohm ODT，1333/1600Mbps
DQ_40_ODT40_1600	40 Ohm Data I/O with 40ohm ODT，1333/1600Mbps
DQ_40_ODT60_1600	40 Ohm Data I/O with 60ohm ODT，1333/1600Mbps
DQ_40_ODT120_1600	40 Ohm Data I/O with 120ohm ODT，1333/1600Mbps

**用于可编程的器件在仿真时选择模型。该关键字为非必需关键字，该项第一列为可选用的模型，每一个模型都对应一组独立的模型数据；第二列为对该模型的描述文字，如此次用到的 DDR 的 DQ 模型，可以选择不同的输入/输出速率、阻抗以及输入对应的 ODT。在具体项目仿真时，可以根据 PCB 上的布线情况，对这些输出或匹配进行前仿真，得到一个比较理想的输入/输出的参数设置。

3）**模型描述** 常用到的仿真模型主要有三类：输入模型、输出模型及输入/输出模型。另外，还有其他不常用的仿真模型，如 open drain 模型、ECL 模型、3 态模型等。此处模型描述内容以输入/输出模型为例进行说明。

[Model] DQ_34_1600
** 每一个模型类型必须以该关键字开始，只有保证 pin 或 model selector 描述中的模型名称跟该关键字后面定义的模型名称一致，才能正确地调用模型。

Model_type I/O
** 此处描述的是模型的类型，而模型的类型不是随便定义的，它必须是 Input、Output、I/O、3-state、open_drain、I/O_open_drain、Open_sink、I/O_open_sink、open_source、I/O_open_source、Input_ECL、Output_ECL、I/O_ECL、3-state ECL、Terminator、Series、

Series_switch 其中之一，仿真常用的类型主要为 Input、Output、I/O 三种。如项目选用的 DQ_34_1600 的模型为 I/O。这个参数是子参数中所必需的参数。

```
|
Vinl = 540.000mV
Vinh = 810.000mV
```

** 接收端的高低电平判定参数。

```
Vmeas = 675.000mV
Vref = 675.000mV
Cref = 0.0pF
Rref = 25.000Ohm
```

** 上面四个参数定义了模型测试的负载参数。

	typ	min	max
C_comp	1.350pF	1.275pF	1.425pF
C_comp_pullup	0.6750pF	0.6375pF	0.7125pF
C_comp_pulldown	0.6750pF	0.6375pF	0.7125pF

**描述了信号引脚和焊盘之间的电容，也就是 DIE 电容，并不是封装寄生电容，表明了 I/V 特性曲线的结构；"NA"只能用于 C_comp 的 min 和 max 值。这个参数是子参数中所必需的参数。

[Model Spec]
| Input threshold voltage corners

Vinl	0.5400V	0.5065V	0.5775V
Vinh	0.8100V	0.7765V	0.8475V

| Measurement voltage corners

Vmeas	0.6750V	0.6415V	0.7125V

| Timing spec test load voltage corners

Vref	0.6750V	0.6415V	0.7125V

| Dynamic Overshoot Parameters from DDR3L Specification

D_overshoot_ampl_h	0.40	NA	NA
D_overshoot_ampl_l	0.40	NA	NA
D_overshoot_area_h	0.13n	NA	NA
D_overshoot_area_l	0.13n	NA	NA

** 这里定义的 Spec 可以是前面定义的补充，但是该关键字不是必需项，如果有 [Model Spec]的定义，其优先级要高于[Model]关键字下定义的参数。

```
|[Receiver Thresholds]
|Vth        =0.675V
|Vth_min =0.6615V
|Vth_max=0.6885V
|Vinh_ac =0.135V
|Vinh_dc =0.090V
|Vinl_ac  = -0.135V
|Vinl_dc  = -0.090V
|Tslew_ac= 5.000ns |Not specified，so set to high value
|Threshold_sensitivity = 0.50
|Reference_supply Pullup_ref
|
```

** 接收端阈值电压的定义,有的仿真软件会根据接收端阈值电压对仿真波形进行判断，直接生成报告，所以就需要定义[Receiver Thresholds]，但这个关键字不是必需关键字。

```
|
[Voltage Range]            1.3500V            1.2830V            1.4250V
```
**该关键字为必需关键字，它描述了芯片正常运作的电压范围。
```
[Pullup Reference]         1.3500V            1.2830V            1.4250V
```
**[Pullup] *I/V* 曲线的参考电压，如有[Voltage Range]关键字存在，则这个关键字可以不要，反之则必须进行定义。
```
|
| Junction Temperature   （Ambient temp is 35C typ，  95C min，  0C max）
[Temperature Range]        50.0               110.0              0.0
|
```
**定义模型的温度范围，为必需关键字。
```
|****************************************************************
****
|
[Pulldown]
|
|    Voltage          I（typ）          I（min）          I（max）
|
     -1.35000000E+0   -9.54632900E-3   -11.58790400E-3   -8.94697200E-3
     -1.22500000E+0   -10.73938300E-3  -12.98170200E-3   -10.18561800E-3
```

−1.17500000E+0	−11.20939700E−3	−13.56525800E−3	−10.67168300E−3
−1.16500000E+0	−11.30205200E−3	−13.68447300E−3	−10.76843000E−3
······			
−135.00000000E−3	−4.64413456E−3	−4.75936789E−3	−4.36078963E−3
0.00000000E+0	−1.70373166E−6	−7.64539700E−6	−1.87645328E−6
65.00000000E−3	2.20082675E−3	2.25260376E−3	2.09260917E−3
165.00000000E−3	5.57247102E−3	5.65586267E−3	5.29842590E−3
······			
2.31000000E+0	43.07911400E−3	33.34613500E−3	54.60557500E−3
2.36500000E+0	43.37028200E−3	33.55314700E−3	55.02410900E−3
2.46000000E+0	43.86544700E−3	33.91046700E−3	55.72698800E−3
2.70000000E+0	45.09724900E−3	34.82513600E−3	57.39821300E−3

|

**描述输出 buffer 的下拉结构，对于 input 模型来说，没有这个关键字。

[GND Clamp]

|

Voltage	I（typ）	I（min）	I（max）
−1.35000000E+0	−84.40427800E−3	−69.70260300E−3	−95.61520800E−3
−1.34500000E+0	−83.63537200E−3	−68.98592900E−3	−94.81222000E−3
−1.34000000E+0	−82.87935400E−3	−68.28354000E−3	−94.01511900E−3
−1.33500000E+0	−82.12447600E−3	−7.58295100E−3	−93.21868500E−3
·······			
−220.00000000E−3	−3.53755230E−6	−1.74068380E−6	−5.25992830E−6
−215.00000000E−3	−2.80919180E−6	−1.55996080E−6	−2.63265640E−6
−190.00000000E−3	0.00000000E+0	−656.34591000E−9	−1.41733850E−6
−135.00000000E−3	NA	0.00000000E+0	0.00000000E+0
2.70000000E+0	0.00000000E+0	0.00000000E+0	0.00000000E+0

|

**描述输出和地网络之间钳位二极管的曲线，意味着在地钳位晶体管打开情况下测量的数据，测量范围为−VCC～+VCC，此时，上、下拉晶体管均为截止状态。

[Pullup]

|

Voltage	I（typ）	I（min）	I（max）
−1.35000000E+0	18.72786000E−3	20.54921800E−3	19.10122900E−3
−1.29000000E+0	19.19231700E−3	21.07641600E−3	19.33299300E−3

−1.27000000E+0	19.33161600E-3	21.24036000E-3	19.38317900E-3
−1.26000000E+0	19.39954700E-3	21.31593600E-3	19.40618900E-3
......			
1.92500000E+0	−38.94100060E-3	−34.38828010E-3	−46.92372070E-3
2.08000000E+0	−39.81261400E-3	−35.16602100E-3	−48.02899600E-3
2.70000000E+0	−43.29177200E-3	−38.30994900E-3	−52.06547200E-3

**同 Pulldown，但其描述的是输出 buffer 的上拉结构，同样对于 input 模型来说，没有这个关键字。

[POWER Clamp]

Voltage	I（typ）	I（min）	I（max）
−1.35000000E+0	37.18921000E-3	33.76885400E-3	40.34696300E-3
−1.34500000E+0	36.87709100E-3	33.47154700E-3	40.03530500E-3
....			
−260.00000000E-3	0.00000000E+0	1.35745170E-6	801.18282000E-9
−235.00000000E-3	NA	0.00000000E+0	0.00000000E+0
1.42500000E+0	0.00000000E+0	0.00000000E+0	0.00000000E+0
2.70000000E+0	0.00000000E+0	0.00000000E+0	0.00000000E+0

**描述输出和电源网络之间钳位二极管的曲线，意味着在 POWER Clamp diode 打开情况下测量的数据，测量范围在 VCC～2VCC，因此[POWER Clamp]I/V 曲线表中的数据为-VCC～+2*VCC，此时，上、下拉晶体管均为截止状态。

****

[Ramp]
R_load = 50.00Ohm

	typ	min	max
dV/dt_r	497.975mV/121.950ps	476.682mV/169.930ps	525.751mV/91.708ps
dV/dt_f	501.948mV/126.711ps	477.053mV/176.305ps	524.358mV/96.118ps

** 描述上升沿/下降沿呈线性变化的特性，上升和下降时间定义输出电压从 20%～80%所需要的时间。R_load 是指上升、下降沿的数据是基于什么样的负载测得的，这个

模型的测量负载是 50Ω。

```
|**********************************************************************
****
|
[Falling Waveform]
V_fixture = 1.350V
V_fixture_min = 1.283V
V_fixture_max = 1.425V
R_fixture = 50.00Ohm
|
|    Time               V（typ）              V（min）              V（max）
|
     0.00000000E+0     1.34998308E+0       1.28285669E+0        1.42492897E+0
     26.00000000E-12   1.35260829E+0       1.28437949E+0        1.42829839E+0
     ......
     588.00000000E-12  513.69731341E-3     491.45360829E-3      551.02314720E-3
     626.00000000E-12  513.40322715E-3     487.76864084E-3      550.99884906E-3
|
```

** 描述了输出的下降沿波形的 V/T 曲线；"fixture"子参数表明输出波形的负载条件。第一列为时间，时间列的第一个数值不一定为 0，曲线可包含最多 1000 个数据点。剩下三列为电压值，typ 下面必须有具体数值，而 max 和 min 下如果没有具体数据可采用 NA 描述。

```
[Rising Waveform]
V_fixture = 1.350V
V_fixture_min = 1.283V
V_fixture_max = 1.425V
R_fixture = 50.00Ohm
|
|    Time               V（typ）              V（min）              V（max）
|
     0.00000000E+0     513.40322715E-3     487.76864084E-3      550.99884906E-3
     10.00000000E-12   515.17851733E-3     491.79752474E-3      550.49810163E-3
     ......
     528.00000000E-12  1.34988929E+0       1.28227111E+0        1.42492419E+0
     626.00000000E-12  1.34998308E+0       1.28285669E+0        1.42492897E+0
|
```

** 同[Falling Waveform]，描述了输出上升沿波形的 V/T 曲线。

[Rising Waveform]
V_fixture = 0.000V
V_fixture_min = 0.000V
V_fixture_max = 0.000V
R_fixture = 50.00Ohm
|
| Time   V（typ）   V（min）   V（max）
|
| 0.00000000E+0   5.20745793E-6   112.27626245E-6   10.34807533E-6
   30.00000000E-12   −2.88096077E-3   −1.30644076E-3   −4.48679153E-3
   ......
   578.00000000E-12   829.71322554E-3   791.76249501E-3   876.23265443E-3
   626.00000000E-12   829.96411328E-3   794.58151177E-3   876.26178393E-3
|
[Falling Waveform]
V_fixture = 0.000V
V_fixture_min = 0.000V
V_fixture_max = 0.000V
R_fixture = 50.00Ohm
|
| Time   V（typ）   V（min）   V（max）
|
| 0.00000000E+0   829.96411328E-3   794.58151177E-3   876.26178393E-3
   12.00000000E-12   827.91366453E-3   791.27030237E-3   875.76338455E-3
   ....
   538.00000000E-12   169.29761051E-6   934.48923577E-6   58.24875444E-6
   626.00000000E-12   5.20745793E-6   112.27626245E-6   10.34807533E-6
|

** 一个[Model]中可以说明多个上升沿/下降沿数据表。所有波形（上升沿和下降沿）的数据点应当以仿真波形的开始时间作为参考点，例如，每个电压数据表的第一项表示在"T=0"时刻，电压开始转变的初始状态；紧跟着的几行表明电压经过器件内部 buffer 不确定的"前导延迟"之后，正式出现在输出引脚上。多数情况下，为了获得精确的模型，需要提供两个上升沿/下降沿的数据表。

2. IBIS 模型验证

　　IBIS 模型验证通常分为两个方面，一个是语法验证，另一个为功能验证，即加载测试负载后来进行仿真，验证得到的波形是否与手册描述的一致。

1）语法验证　常用语法检查工具有 MentorGraphics 公司的 IBIS Editor（见图 4-50）和 Cadence 公司的 Model Integrity（见图 4-51）。

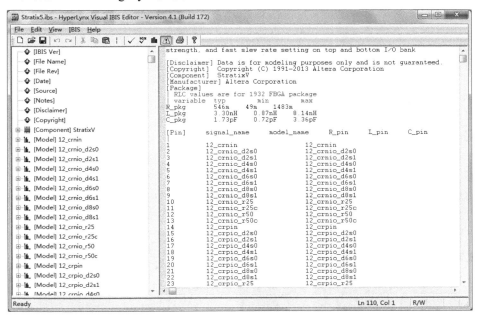

图 4-50　MentorGraphics 的 IBIS Editor

语法检查器提供了一些基本的检查，如数据是否完整、I/V 和 V/T 数据是否正常、数据是否单调等。运行语法检查的结果，通常会产生一些警告（Warning）和语法错误（Error），信息显示在小窗口上。需检查每一条警告（Warning）和语法错误（Error）信息，并根据提示和语法规则进行修改。

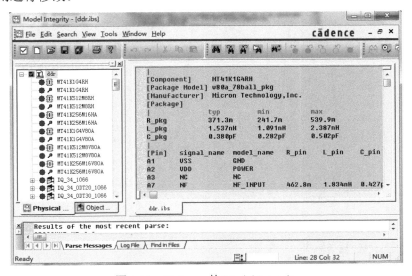

图 4-51　Cadence 的 Model Integrity

下面介绍一些 IBIS 常见的语法错误和警告：

（1）文件名[File name]不是全部小写，长度大于规定字符。

处理方式：修改文件名使其满足语法规范。

（2）IBIS 文件名与关键词中文件名[File name]不一致。

处理方式：修改文件名使其一致。

（3）每行字符长度超过规定值。

处理方式：文本注释太长，需要删除或换行标注。

（4）对于常见的非单调点一般不做数据修理。

说明：非单调一般以警告的形式报出。

（5）器件模型名不应包括空格、逗号等非法字符。

处理方式：将模型名中的非法字符全部替换掉。

2）功能验证　用简单的点对点的拓扑结构仿真来对 IBIS 模型进行验证可以发现很多明显的问题，主要是看看仿真波形的高低电平、输出波形的台阶、输入波形的过冲、上升/下降时间等是否有异常现象。图 4-52 所示为模型验证的拓扑结构，图 4-53 所示为仿真得到的波形，通过对比仿真波形与芯片接收要求，来判定模型是否符合要求。

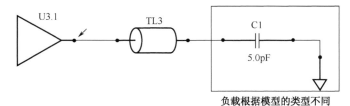

图 4-52　模型验证的拓扑结构

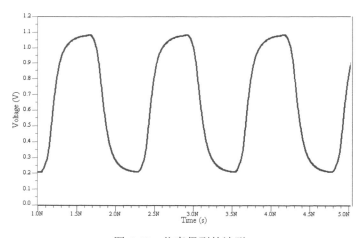

图 4-53　仿真得到的波形

4.7.2　HSPICE 模型

SPICE 是 Simulation Program with Integrated Circuit Emphasis 的缩写。它由美国加州大学于 20 世纪 70 年代推出，1988 年被定为美国国家工业标准，主要用于 IC、模拟电路、数模混合电路、电源电路等电子系统的设计和仿真。SPICE 有多个版本,包括 SPICE2、SPICE3、PSPICE 和 HSPICE 等,在功能和语法上有些差异。PCB 板级仿真主要使用的是 HSPICE。

1. HSPICE 模型语法介绍

这里主要介绍经常用到的语句,如需查找其他的语句说明,可以参考 HSPICE 的帮助文档,用搜索的方式来进行查找。如图 4-54 所示的界面为 HSPICE 的搜索界面,可以在此界面中输入需要查找的关键字,单击"开始"按钮,来查看具体的语法使用规则。

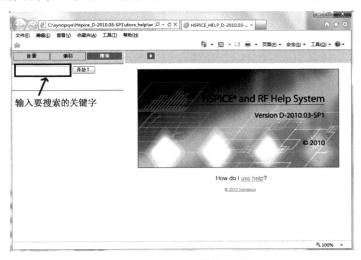

图 4-54　HSPICE 的搜索界面

1)**HSPICE 电路描述语句**　电路描述语句中常用到的有如下几种:

(1)无源器件的描述,如电阻为 R*,电容为 C*,电感为 L*,传输线为 T*。

(2)有源器件的描述,如二极管为 D*,三极管为 Q*,MOS 管为 M*。

(3)激励源的描述,如电压源为 V*,电流源为 I*。

(4)子电路的描述以.subckt 开头,到.ends 结束。

(5)模型的定义以.model 来进行定义。

(6)文件的调用有.include、.lib,例如:

.lib '<filepath>filename' entryname

该语句根据文件路径和文件名来调用一个库文件,一般该文件包含器件模型中的参数值。

2)**HSPICE 电路分析语句**　电路分析语句主要定义我们需要做什么样的分析,如直流分析、交流分析、瞬态分析等,板级仿真中比较常用的为瞬态分析,其语句为.tran,例如:

.TRAN .1NS 50NS START=10NS

该语句仿真时间为 50ns,步长为 0.1ns,从 10ns 开始输出结果。

3)**HSPICE 命令语句**　命令语句中比较常用的是输出命令,主要有如下几种:

(1).print:在输出的 list 文件中打印数字的分析结果。

(2).probe:.probe 后面的节点可以在仿真软件的结果文件中显示出来并进行结果波形的查看。

2. HSPICE 模型案例说明

下面的案例为 DDR 一组数据信号的 SPICE 仿真网表，通过对这个网表的解析，帮助大家更好地了解 HSPICE 的模型文件。图 4-55 所示为该网表描述的拓扑结构图。

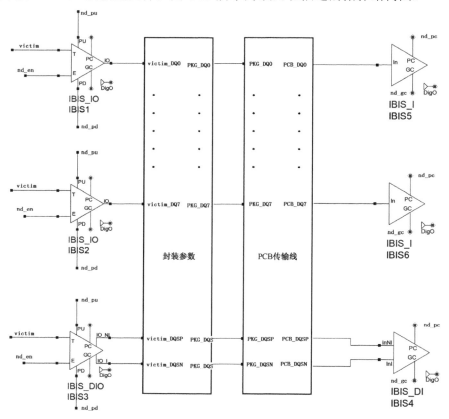

图 4-55　HSPCIE 网表拓扑结构图

```
*****************************************
*****************OPTION***************   *表示注释
*****************************************
.option  probe        *指定输出的节点为.probe 或.print 所定义的节点
.tran 20ps '100*period'  * 设置仿真时间为 100*period，步长为 20ps
**************param**************                    *表示注释
v_victim victim 0 PAT  （1.2 0 0 tr tf 'period/2' b0100101100010101011001110
+ R=-1）

*定义激励源，高电平为 1.2V，低电平为 0V，上升时间为 tr，下降时间为 tf，位宽
为 period/2，码型为 0100101100010101011001110，无限进行循环
.param bitrate=2133e6    *bitrate 参数值定义，根据应用这里代表的是信号速率值
.param f='bitrate/2'     *f 参数值定义，根据应用这里代表的是时钟频率值
```

```
.param period='1/f'      *period 参数值定义，根据应用这里代表的是时钟周期值
.param tr=50ps           *tr 参数值定义，根据应用这里代表的是上升时间值
.param tf=50ps           *tf 参数值定义，根据应用这里代表的是下降时间值
*********************************************
*****controller IO models******************
*********************************************
B_DQ0 nd_pu nd_pd victim_DQ0 victim nd_en nd_out_of_in
+ file='z80a_v5p0.ibs' model=DQ_34_2133
B_DQ1 nd_pu nd_pd victim_DQ1 victim nd_en nd_out_of_in
+ file='z80a_v5p0.ibs' model=DQ_34_2133
B_DQ2 nd_pu nd_pd victim_DQ2 victim nd_en nd_out_of_in
+ file='z80a_v5p0.ibs' model=DQ_34_2133
B_DQ3 nd_pu nd_pd victim_DQ3 victim nd_en nd_out_of_in
+ file='z80a_v5p0.ibs' model=DQ_34_2133
B_DQ4 nd_pu nd_pd victim_DQ4 victim nd_en nd_out_of_in
+ file='z80a_v5p0.ibs' model=DQ_34_2133
B_DQ5 nd_pu nd_pd victim_DQ5 victim nd_en nd_out_of_in
+ file='z80a_v5p0.ibs' model=DQ_34_2133
B_DQ6 nd_pu nd_pd victim_DQ6 victim nd_en nd_out_of_in
+ file='z80a_v5p0.ibs' model=DQ_34_2133
B_DQ7 nd_pu nd_pd victim_DQ7 victim nd_en nd_out_of_in
+ file='z80a_v5p0.ibs' model=DQS_34_2133
B_DQSP nd_pu nd_pd victim_DQSP victim nd_en nd_out_of_in
+ file='z80a_v5p0.ibs' model=DQS_34_2133
B_DQSN nd_pu nd_pd victim_DQSN victim nd_en nd_out_of_in
+ file='z80a_v5p0.ibs' model=DQS_34_2133
```

**IBIS 模型调用，所用的 IBIS 文件为 z80a_v5p0.ibs，模型为 DQ_34_2133/DQS_34_2133，根据工程应用，这部分语句的意思是给 DQ 信号和 DQS 信号加载 controller 的模型。

```
v_en nd_en 0 1.2
```
**模型使能
```
***************package*****************
Scont_pkg
+ victim_DQ0  victim_DQ1  victim_DQ2  victim_DQ3  victim_DQ4  victim_DQ5
victim_DQ6 victim_DQ7 victim_DQSP victim_DQSN
+ vdd
+ PKG_DQ0  PKG_DQ1  PKG_DQ2  PKG_DQ3  PKG_DQ4  PKG_DQ5  PKG_DQ6
PKG_DQ7 PKG_DQSP PKG_DQSN
```

```
+ vdd_U1 vdd_U1 vdd_U1 vdd_U1
+ 0 mname=cntrl_pkg
.model cntrl_pkg S tstonefile='PCK_S.S25P' *
```

**这部分为 S 参数的调用，在调用之前，需要先定义 S 参数的模型，一般情况下 S 参数的调用跟.model 的定义同步出现，根据应用，这部分为封装参数的调用。

```
*************pcb*********************
s_pcb
+  PCB_DQ0  PCB_DQ1  PCB_DQ2  PCB_DQ3  PCB_DQ4  PCB_DQ5  PCB_DQ6
PCB_DQ7 PCB_DQSP PCB_DQSN
+  PKG_DQ0  PKG_DQ1  PKG_DQ2  PKG_DQ3  PKG_DQ4  PKG_DQ5  PKG_DQ6
PKG_DQ7 PKG_DQSP PKG_DQSN
+ vdd_u2 vdd_u3 vdd_U1 vdd_J1
+ 0 mname=pcb
.model pcb s TSTONEFILE=PCB.S24P
```

**S 参数的调用，根据应用，此部分为 pcb 上传输线的调用。

```
***********dram model***********************
B_DQ0_2 nd_pc nd_gc PCB_DQ0 nd_out_of_U6_ADDR0
+ file='ddrio.ibs' model='hi_rcv4_odt80'
+ typ=typ
B_DQ1_2 nd_pc nd_gc PCB_DQ1 nd_out_of_U6_ADDR1
+ file='ddrio.ibs' model='hi_rcv4_odt80'
B_DQ2_2 nd_pc nd_gc PCB_DQ2 nd_out_of_U6_ADDR6
+ file='ddrio.ibs' model='hi_rcv4_odt80'
B_DQ3_2 nd_pc nd_gc PCB_DQ3 nd_out_of_U6_ADDR7
+ file='ddrio.ibs' model='hi_rcv4_odt80'
B_DQ4_2 nd_pc nd_gc PCB_DQ4 nd_out_of_U6_ADDR8
+ file='ddrio.ibs' model='hi_rcv4_odt80'
B_DQ5_2 nd_pc nd_gc PCB_DQ5 nd_out_of_U6_ADDR13
+ file='ddrio.ibs' model='hi_rcv4_odt80'
B_DQ6_2 nd_pc nd_gc PCB_DQ6 nd_out_of_U7_ADDR0
+ file='ddrio.ibs' model='hi_rcv4_odt80'
B_DQ7_2 nd_pc nd_gc PCB_DQ7 nd_out_of_U7_ADDR1
+ file='ddrio.ibs' model='hi_rcv4_odt80'
B_DQSP_2 nd_pc nd_gc PCB_DQSP nd_out_of_U7_ADDR6
+ file='ddrio.ibs' model='hi_rcv4_odt80'
B_DQSN_2 nd_pc nd_gc PCB_DQSN nd_out_of_U7_ADDR7
+ file='ddrio.ibs' model='hi_rcv4_odt80'
```

> **IBIS 模型调用，所用的 IBIS 文件为 ddrio.ibs，模型为 hi_rcv4_odt80，根据工程应用，这部分语句的意思是给 DQ 信号和 DQS 信号加载 DDR 颗粒的模型
> .print v（victim_DQ0），v（victim_DQ1），v（victim_DQ2），v（victim_DQ3），v（victim_DQ4），v（victim_DQ5），v（victim_DQ6），v（victim_DQ7），v（victim_DQSP），v（victim_DQSN）
> .probe v（victim_DQ0），v（victim_DQ1），v（victim_DQ2），v（victim_DQ3），v（victim_DQ4），v（victim_DQ5），v（victim_DQ6），v（victim_DQ7），v（victim_DQSP），v（victim_DQSN）
> .print v（PKG_DQ0），v（PCB_DQ0），v（victim），v（PKG_DQ1），v（PCB_DQ1）
> .probe v（PKG_DQ0），v（PCB_DQ0），v（victim），v（PKG_DQ1），v（PCB_DQ1）
> **输出节点的定义。
> .END
> **所有的可执行的 HSPICE 文件必须以.end 进行结尾，表示文件结束。

4.7.3　IBIS-AMI 模型

多年来，IBIS 模型是必不可少的电气仿真模型。作为电路的行为模型，它具有仿真精度高和仿真速度快的优点。但是随着串行接口数据速率的增加，芯片内部会增加一些信号处理模块来补偿信道损耗。这些模块包括前馈均衡器（FFE）、线性均衡器、判决反馈均衡器（DFE）和时钟数据恢复（CDR）模块，而 IBIS 模型无法对这些混合信号处理模块进行建模。

IC 供应商不愿意提供基于晶体管电路的模型，因为它包含了芯片内部的设计电路。当然一些 SerDes 厂商会在自己的官网上提供嵌入式和分布式模型，但需要用其专有的仿真工具，而且这个工具在 IC 或 EDA 工具供应商之间互不兼容。

2005 年，IBIS 协会引入了 IBIS-AMI 标准来解决这些问题。IBIS-AMI 是 IBIS 标准的扩展。它允许高速发射机和接收机模型提供加密的可执行文件。由于可执行文件的灵活性，复杂的信号处理模块可以对算法建模，并且具有较高的仿真速度、性能和精度。除了强大的建模和仿真能力外，IBIS-AMI 还具有一些其他的好处，这使得它成为一种行业标准。

- 互操作性——来自不同半导体厂商的模型在同一个仿真平台运行。
- 可移植性——可以被不同的仿真软件支持调用。
- 较高的精准度——IBIS-AMI 仿真提供的结果可以媲美厂家自有工具仿真得到的结果。
- 知识产权的保护——芯片厂商可以提供准确的模型而不用担心泄露芯片内部的设计电路。

一个 IBIS-AMI 文件一般由三个文件组成，分别为 IBIS 文件（.ibis）、AMI 参数文件（.ami）和算法的可执行文件（Windows 操作系统下为.dll 文件，Linux 操作系统下为.so 文件）。

（1）IBIS 文件：IBIS-AMI 主文件，且需关键字"[Algorithmic Model]"的描述用于指向下面两个档案，即.ami 及.dll/.so。

（2）AML 参数文件：这是一个纯文字叙述的参数档案。建模者将模型参数外显以供用户调整。除此之外，其他的模型参数，诸如是否有 GetWave 函数的支持等也包含在此档案。

模拟器一旦透过最上层的 IBIS 档案读到此.ami 档，便知将如何跟底层的二位元档（.so/.dll）进行资料交换。

（3）算法的可执行文件：即编译出来的档案，要注意的是这两者也跟用户作业系统是 32 还是 64 位元有关。若使用 64 位元的作业系统，则也必须要用 64 位元的.dll 或.so 文件才能通过模拟器进行分析。

4.7.4　S 参数

在信号完整性领域，S 参数又被称为行为模型，因为它可以作为描述线性、无源互连行为的一种通用手段。仿真上常用 S 参数对传输线、连接器、电阻、电容、电感等无源结构进行建模，来模拟这些无源结构的物理特性。

1. S 参数的基本原理

S 参数中的 S 表示散射（scattering）。当一个波形输入到互连通道时，它可以从互连通道散射回去，也可以散射到互连通道的其他连接处。图 4-56 的 1 端口网络描述了这一现象。

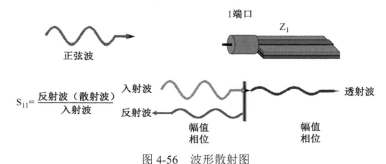

图 4-56　波形散射图

PCB 走线作为待测网络 DUT，在 DUT 的左侧加上端口，且在端口处加上正弦波激励，当端口的阻抗与走线阻抗不一致时入射波将会在此处发生反射，另外还有一部分透射波将继续向前传播。其中发射波和透射波都携带着各自的幅值和相位信息。

S 参数描述了互连通道对入射信号影响的情况，我们把信号进入或离开待测元器件（DUT）的末端称作端口。如图 4-57 所示，端口是到 DUT 信号路径和返回路径的一种连接。理解端口最简单的方法就是把它看作是到 DUT 的一个同轴连接。

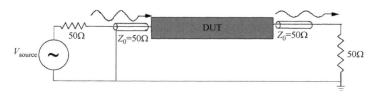

图 4-57　S 参数端口等效示意图

除非另有说明，S 参数的端口阻抗都是 50Ω，理论上端口阻抗可以是任意值。

2. S 参数的查看

对于最常见的传输线模型，一般用二端口网络或四端口网络表示（差分线）。四端口网络经过一系列计算后也可以等效成二端口网络，图 4-58 所示为二端口网络示意图。

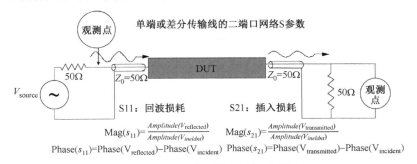

图 4-58　S 参数二端口网络示意图

对于信号完整性来讲，主要关注的三个参数为 S21（Sdd21）、S11（Sdd11）及相位。

（1）S11：回波损耗，主要描述的是通道的连续性。

（2）S21：插入损耗，主要描述的是通道的损耗情况。

（3）S 参数相位分析：从 S21 相位曲线上（见图 4-59 左图）得出相位的大小在 $-180°\sim180°$ 之间，但是 S21 的相位为 $-d\times\omega/v$（其中 d 为传输长度），显然随着频率的增大 S21 的相位肯定会超过 $-180°$，但是由于平时相位范围都指 $0\sim2\pi$ 或 $-\pi\sim\pi$，所以会出现这种锯齿状的相位，而实际相位可以表示为：$-2n\pi+$相位（S），其中 $n=1,2,3\cdots$ 对应着周期数，相位（S）为未展开的相位（见图 4-59 右图）

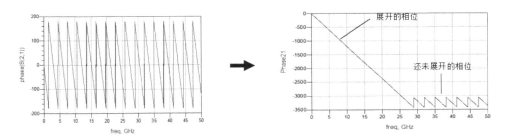

图 4-59　S 参数相位

根据 S21 的相位为 $-d\times\omega/v$，可以算出传输延时为

$$\tau_{p}=\frac{\theta S_{21}}{2\pi\times f}$$

式中，θS_{21} 必须为展开的相位（$\tau=t=d/v$）。

4.8　常用信号、电源完整性仿真软件介绍

目前市面上有很多的仿真软件工具，本节仅介绍一些业内常用的 PCB 仿真软件。

1. Cadence 的 Sigrity 系列

Cadence 是一个大型的 EDA 软件，它几乎可以完成电子设计的方方面面，包括 ASIC 设计、FPGA 设计和 PCB 设计。Cadence 在仿真、电路图设计、自动布局布线、版图设计及验证等方面有着绝对的优势。Cadence 包含的工具较多，几乎囊括了 EDA 设计的方方面面。下面主要介绍其 Sigrity 系列下常用的 PCB 仿真软件。Sigrity 工具以其流程化的操作按钮、较快的仿真速度，给初学者带来了很多方便，降低了入门门槛。

1）Sigrity PowerSI   如图 4-60 所示，Sigrity PowerSI 可以为 IC 封装和 PCB 设计提供快速准确的全波电磁场分析，从而解决高速电路设计中日益突出的各种 PI 和 SI 问题，如同步切换噪声（SSN）问题、电磁耦合问题、信号回流路径不连续问题、电源谐振问题、去耦电容放置不当问题及电压超标等问题，从而帮助用户发现或改善潜在的设计风险。

PowerSI 可以方便地提取封装和 PCB 的各种网络参数（S/Y/Z），并对复杂的空间电磁谐振问题产生可视化的输出。PowerSI 能与当前主流的物理设计数据库如 PCB、IC 封装和系统级封装（SiP）进行无缝连接。

PCB 仿真中主要的适用场景为：

- 提取 PCB 和 IC 封装的散射 S 参数和阻抗 Z 参数；
- 分析电源和信号网络的谐振特性，提出改进的方案；
- 评估去耦电容的不同放置方案对 PI 的影响；
- 分析 PDS 随频域变化的空间噪声分布和谐振点分布。

2）Sigrity PowerDC   Sigrity PowerDC 应用于电热协同仿真、热点检查、低压大电流的 PCB 和封装产品电性能分析，如图 4-61 所示。

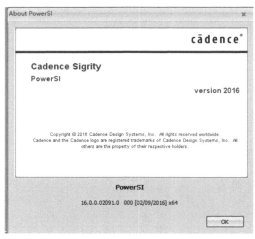
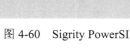

图 4-60   Sigrity PowerSI

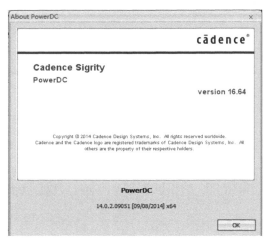

图 4-61   Sigrity PowerDC

PowerDC 针对于当前低压大电流的 PCB 和封装产品提供了全面的直流分析，并且集成了热分析功能，实现电热的混合仿真。通过 PowerDC 可以确保各器件端到端的电压降裕量，进而确保电源网络的稳定供应。PowerDC 可以快速检测定位电流密度超标、温度超标的区域，进而降低产品的风险。

PCB 仿真中主要的适用场景为：

● 分析电源平面的直流压降及电流密度。

3）Sigrity SPEED2000　如图 4-62 所示，Sigrity SPEED2000 为时域分析工具，内核集成了电路仿真器、传输线仿真器及一个快速、专用的仿真复杂对象，如多层芯片封装、多芯片模块，以及在多层印制电路板电磁场中分布的电磁场仿真器。功能方面集成了 DDR 仿真、电源地噪声仿真、EMI 仿真、SI 检查、走线阻抗及串扰检查、TDR/TDT 仿真等。

PCB 仿真中主要的适用场景为：

● 常规的时域仿真，可加载 IBIS 及 SPICE 的仿真模型；

● DDR 仿真模块；

● SSN 的仿真；

● 串扰及阻抗分析。

4）Sigrity SystemSI　如图 4-63 所示，Sigrity SystemSI 为时域仿真工具，分为并行仿真器和高速串行仿真器，针对于高速芯片到芯片的全面及自动化的信号完整性系统设计，准确地仿真评估环境，以确保并行总线、串行链路接口的可靠实现。

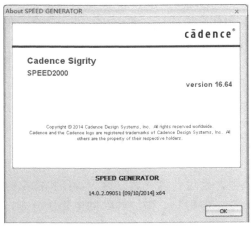

图 4-62　Sigrity SPEED2000

图 4-63　Sigrity SystemSI

PCB 仿真中主要的适用场景为：

➢ 搭建通道仿真的仿真环境；

➢ 支持 AMI 的收发器模型，并可以支持奇模、偶模、最差和随机串扰分析。

2. Mentor Graphics 公司的 HyperLynx

如图 4-64 所示，Mentor Graphics 公司的 HyperLynx 软件是业界广为应用的 PCB 设计仿真工具，并支持包括 Cadence、Altium 等主流 EDA 软件的仿真分析。

HyperLynx 以工程化的 SI/PI/EMC 的分析环境为主要特色，操作简便，易于掌握，它包含前仿真环境（LineSim）、

图 4-64　HyperLynx

后仿真环境（BoardSim）及多板分析功能，可帮助设计者对 MHz～GHz 的 PCB 网络进行全面仿真分析，尤其对于低速信号的 what-if 仿真非常方便快捷，对于 DDR 仿真也非常方便。

3. ANSYS 公司的 SIwave 和 HFSS

美国 ANSYS 公司是全球最大的 CAE 仿真软件提供商，其产品跨电磁、流体、结构和热等多个领域。其中电磁仿真软件覆盖射频微波、PCB SI/PI/EMC、芯片设计验证、机电系统等领域。ANSYS 公司具备完备的系统电磁兼容仿真平台，包括高速设计环境和仿真平台 Designer SI（包含瞬态非线性电路仿真和快速眼图、眼图验证和瞬态眼图）、专门针对 PCB 整板全波仿真的 SIwave、高频结构仿真工具 HFSS、用于机箱屏蔽设计和系统 EMI/EMC 仿真的平台、优化和参数扫描模块 Optimetrics，以及和 EDA 工具的接口 Ansoftlinks for EDA、多处理器模块等，构成基本软件平台。针对不同类型的结构，利用针对性的电磁场进行仿真和抽取，并组装到电路仿真工具 Designer SI 中进行瞬态仿真，得到模型、频谱和眼图，仿真的频谱还可以用于 PCB 的辐射分析，并进一步仿真 PCB 经机箱屏蔽后的辐射强度，从而全面、精确、快速地实现系统 SI/PI 和 EMI/EMC 设计。

1）SIwave　SIwave 是基于快速有限元法的 PCB 电磁场全波仿真算法（见图 4-65），彻底突破了 PCB 布线工具和加工工艺的种种限制，能够提取实际三维结构，以及包括非理想的电源/地平面在内的全波通道参数，精确仿真信号线的真实工作特性。

PCB 仿真中主要的适用场景为：

● 提取 PCB 和 IC 封装的散射 S 参数和阻抗 Z 参数；
● 分析电源和信号网络的谐振特性，提出改进的方案；
● 评估去耦电容的不同放置方案对 PI 的影响；
● 分析 PDS 随频域变化的空间噪声分布和谐振点分布；
● 分析电源平面的直流压降及电流密度。

2）HFSS　HFSS 为三维高频结构电磁场仿真器，是可计算任意三维无源结构的高频电磁场仿真软件，见图 4-66。它应用切向矢量有限元法求解射频、微波器件的电磁场分布，计算由于材料和辐射带来的损耗，可直接得到特征阻抗、传播系数、S 参数及电磁场、辐射场、天线方向图等结果；可进行器件级和系统级 EMI/EMC 及系统天线布局评估，研究机箱/机柜的屏蔽效应和汽车、卫星、飞机、舰船等各种平台系统天线间的互耦影响，计算无线系统中数字和射频信号之间的相互干扰。

图 4-65　SIwave

图 4-66　HFSS

PCB 仿真中主要的适用场景为：

● 过孔优化;

● 小尺寸的 PCB 板子 S 参数提取。

4. Keysight（原安捷伦）的 ADS

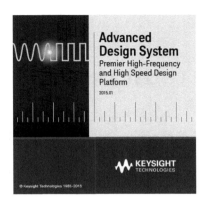

ADS 是领先的电子设计自动化软件，适用于射频、微波和信号完整性应用，见图 4-67。ADS 是获得商业成功的创新技术的代表，这些技术已被无线通信与网络以及航空航天与国防领域中的领先厂商广泛采用。对于 WiMAX™、LTE、多千兆位/秒数据链路、雷达和卫星应用，ADS 能够借助集成平台中的无线库以及电路系统和电磁协同仿真功能提供基于标准的全面设计和验证。从 ADS 2015 版本以后，ADS 开始关注板级的信号完整性和电源完整性方面，ADS 2016 重新定义了信号完整性（SI）和功率完整性（PI）

图 4-67　Keysight 的 ADS

工作流程以实现高速数字设计。ADS 的新工作流程推出了两个新的产品特性，ADS 2016 提供的 SIPro 和 PIPro。SIPro 和 PIPro 共享同一个环境，并采用比通用 EM 求解程序更快的仿真时间提供高精度的 EM 结果。新的完整工作流程使用户能够在同一个设计中执行 SI 和 PI 分析。EM 设置采用"网络驱动"，使用户可以快速导航大型和密集路由的电路板，并仅包括他们希望仿真的网络（特定信号网络、功率网络、接地网络）；不会在手动编辑版图方面浪费时间，在仿真之前无须移除不需要的版图细节。从新的专用用户界面，用户可以查看 3D 电路板设计，轻松将 EM 设置从一种分析类型复制到另一种类型，仿真、显示结果，然后自动生成为进一步的电路仿真和参数调谐准备就绪的原理图。

PCB 仿真中主要的适用场景为:

● 搭建通道仿真的仿真环境;

● 拓扑结构的优化;

● DDR 的仿真。

总的来说，没有一个软件适合所有应用，应该针对不同结构和电路特点选择。选择一个仿真软件，除了考虑求解对象几何维度外，还应确认哪些特殊效应需要仿真，这些效应是如何被模拟的。没有最好的 PCB 仿真软件，只有最适合的仿真软件。

第5章　过孔仿真与设计

5.1　过孔介绍

高速信号的设计在通信、计算机、图形图像、云计算处理等领域应用广泛，高科技附加值的电子产品设计都在追求低功耗、低电磁辐射、高可靠性、小型化、轻型化等特点，而过孔的设计在高速设计中成了一个重要环节。

如图 5-1 所示，过孔主要由三部分组成：一是孔，二是孔周围的焊盘区，三是电源层隔离区。过孔的工艺过程是在孔壁圆柱面上用化学沉积的方法镀上一层金属，用来连通中间各层需要连通的铜箔，孔壁的电镀厚度和加工工艺能力相关，过孔的上下两面做成普通的焊盘形状，根据需要可直接与上下两面的线路相通。

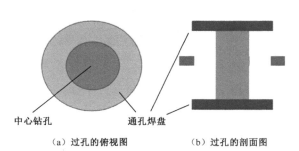

中心钻孔　　　　　通孔焊盘

（a）过孔的俯视图　　　（b）过孔的剖面图

图 5-1　过孔示意图

1. 过孔的作用及分类

1）过孔的作用　过孔主要有两类作用：
- 各导电层间的电气连接；
- 器件的固定或定位。

2）过孔的分类　从工艺制程上过孔一般分为以下三类：

（1）通孔（through via）：这种孔穿过整个线路板，在 PCB 的顶层和底层都能看见通孔，用来实现内部互连或作为元件的安装定位孔。由于通孔在工艺上更易于实现，成本较低，所以为绝大部分印制电路板所采用。本文所提到的过孔，没有特殊说明的，均作为通孔考虑。

（2）盲孔（blind via）：这种孔有一端没有穿透 PCB，只能从 PCB 顶层或底层中的一个方向可见，它位于印制电路板的顶层和底层表面，具有一定深度，用于表层线路和内层线路的连接，孔的深度通常不超过一定的比率（相对于孔径）。

（3）埋孔（buried via）：埋孔指位于印制电路板内层的连接孔，它不会延伸到线路板的表面。上述两类孔都位于线路板的内层，层压前利用通孔成型工艺完成，在过孔形成过程中可能还会重叠做好几个内层。

图 5-2 所示为通孔、盲孔、埋孔在 PCB 上

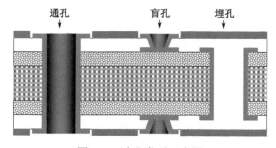

通孔　　　盲孔　　　埋孔

图 5-2　过孔类型示意图

的结构示意图。

2. 通孔结构与寄生效应

普通 PCB 单板，常用的过孔类型是通孔，之所以称为通孔，是因为它穿过 PCB 上的所有层，孔中间填入焊料，任何一个层都可以通过焊盘进行必要的电气连接。图 5-3 表示一个通孔的 3D 结构模型。

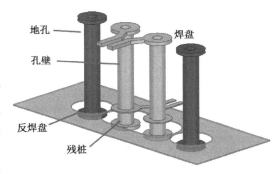

图 5-3　通孔的 3D 结构模型

过孔的存在会导致传输通道上的阻抗不连续，从而会造成信号的反射。比如信号从 50Ω 的传输线经过孔时，在过孔感受到的阻抗可能会相对传输线减小 6Ω（具体数值和过孔的尺寸、板厚有关）。但过孔因为阻抗不连续而造成的信号反射其实是微乎其微的，其反射系数仅为：（44-50）/（44+50）=-0.06，过孔产生的问题更多地集中于寄生电容和电感的影响。图 5-4 所示为过孔等效模型。

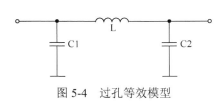

图 5-4　过孔等效模型

1）**过孔寄生电容**　高频电路中过孔都会产生对地的寄生电容，过孔的寄生电容大小近似为

$$C = \frac{1.41\varepsilon_r T D_1}{D_2 - D_1} \tag{5-1}$$

式中　C——过孔寄生电容（pF）；

D_1——过孔焊盘的直径（in）；

D_2——过孔反焊盘的直径（in）；

T——印制电路板的厚度（in）；

ε_r——电路板的相对介电常数。

过孔的寄生电容除了给电路带来信号延时外，造成的主要影响是延长了高频信号的上升时间，进而降低了电路的速度。这在高频信号传输时需引起足够的重视。举例来说，对于一块厚度为 50mil 的 PCB，如果使用的过孔焊盘直径为 20mil（钻孔直径为 10mil），反焊盘直径为 40mil，则可以通过式（5-1）近似算出过孔的寄生电容大致是

$$C = 1.41 \times 4.4 \times 0.050 \times 0.020/(0.040-0.020) = 0.31\text{pF}$$

这部分电容引起的上升时间变化量大致为

$$T_{r10\text{-}90} = 2.2C(Z_0/2) = 2.2 \times 0.31 \times (50/2) = 17.05\text{ps}$$

从这些数值可以看出，尽管单个过孔的寄生电容引起的上升沿变缓的效用不是很明显，但是如果走线需要在不同层间多次切换，就会用到多个过孔，这时寄生电容的影响就不容忽视，因而这样的需求在设计时需要慎重处理。可以通过增大过孔焊盘和铺铜区的距离（Anti-pad）或者减小焊盘的直径来减小寄生电容。

2）**过孔寄生电感**　过孔在存在寄生电容的同时也存在着寄生电感，在高速数字电路的设计中，过孔的寄生电感带来的危害往往大于寄生电容的影响。它的寄生串联电感会削弱旁路电容的贡献，减弱整个电源系统的滤波效用。可以用下面的经验公式计算一个过孔近似的寄生电感：

$$L = 5.08h[\ln(\frac{4h}{d})+1] \tag{5-2}$$

式中　L——过孔电感（nH）；

　　　h——过孔长度（in）；

　　　d——过孔金属柱直径（in）。

仍然采用上面的例子，可以计算出过孔的电感为

$$L = 5.08 \times 0.050 \times [\ln(4 \times 0.050/0.010)+1] = 1.015 \text{nH}$$

如果信号的上升时间是 1ns，则其等效阻抗大小为

$$X_L = \pi L / T_{r10\text{-}90} = 3.19\,\Omega$$

这样的阻抗在有高频电流通过时因影响较大而不能忽略。由式（5-1）、式（5-2）可知，过孔长度与直径对寄生参数的影响很大，甚至起到决定性的作用。在相同的材料下，过孔长度越长，直径越小，寄生参数越大，对高频信号传输的影响越大。

5.2　过孔对高速信号的影响要素及分析

高速链路设计过程中，过孔的设计是一个重要的环节，由于电容及电感效应的存在，过孔处理得好坏对信号有着重要的影响。例如，过孔残桩（stub）可能导致 10Gbps 以上的信号质量严重退化，特别是可能产生严重的谐振和反射；过孔孔径的大小和位置等参数决定了过孔寄生参数的大小，直接影响过孔的特性阻抗；回流地孔的数量和位置对回流路径的影响很大，它也对过孔的性能有着重要的影响。影响信号质量的重要因素主要由以下几个方面确定：

- 过孔残桩（stub）长度；
- 过孔孔径的大小；
- 过孔反焊盘大小；
- 回流地孔的位置；
- 过孔焊盘大小。

本节主要针对过孔残桩长度、过孔孔径、过孔焊盘大小、反焊盘大小和回流地孔位置这些参数进行讨论，通过使用 ANSYS 公司的 HFSS 仿真模块对以上五个问题进行仿真分析，找到影响过孔性能的主要因素，并根据仿真结果分别进行优化。

这里以产品单板内的过孔为例，采用 HFSS Via Wizard 小软件建立过孔模型数据。然后通过 ANSYS HFSS 软件对过孔进行参数化扫描。该过孔尺寸为：孔径 8mil，焊盘 16mil，反焊盘 26mil。创建好的过孔 3D 模型结构如图 5-5 所示。

图 5-5　单端过孔模型结构

1. 短桩线对信号完整性的影响

当信号从顶层传输到内部某层时，用通孔连接会产生多余的导通孔短柱。短柱的长度在不同的信号速率下，对信号的传输质量会有不同程度的影响。使用盲孔可避免导通孔短柱的形成，但工艺复杂、制造难度大且成本比较高，所以对于导通孔短桩线的研究有助于平衡成

本与性能的关系。这里通过建立变量"stub"表示残桩的长度，对"stub"进行参数扫描，残桩长度范围为 5～53.7mil，步长为 5mil。得到的仿真结果如图 5-6～图 5-8 所示。

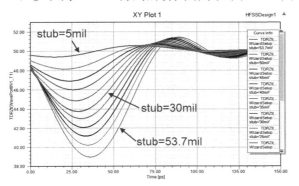

图 5-6　不同 stub 长度的 TDR

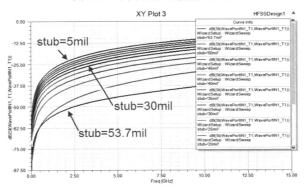

图 5-7　不同 stub 长度的回波损耗

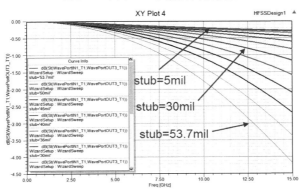

图 5-8　不同 stub 长度的插入损耗

由图 5-6～图 5-8 可以看出，随着过孔桩线长度增加，过孔阻抗呈下降趋势，远离 50Ω 阻抗的目标基准。此外，多余的导通孔短柱产生的附加电容会引起谐振。短桩线越长，产生的寄生电容就越大，从而导致一个更低的谐振频率。这些谐振的产生明显地增大了谐振频率附近的插入损耗。高速设计师可以在 PCB Layout 阶段设计出短导通孔残桩，或者在 PCB 制作时采用背钻技术将信号过孔中多余的残桩钻掉，以获得更好的过孔信号传输质量。

但是，背钻实现起来比较困难，且由于钻孔精度问题，使用小钻刀也不可能把信号过孔的残桩完全钻掉。

2. 过孔孔径的影响

这里通过建立变量"via_drill_radius"表示钻孔半径，对此变量进行参数扫描，过孔孔径为4～8mil，步长为1mil。得到的仿真结果如图5-9～图5-11所示。

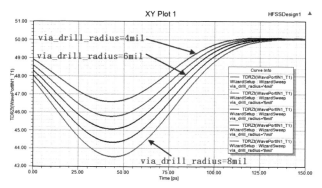

图5-9　不同钻孔大小的TDR

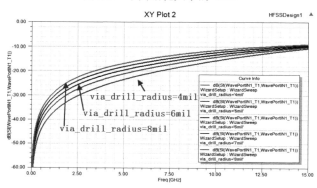

图5-10　不同钻孔大小的回波损耗

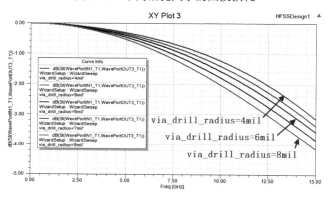

图5-11　不同钻孔大小的插入损耗

在过孔钻孔半径由4mil增加至8mil的过程中，随着过孔半径增大，过孔引起的最小阻抗由 46.5Ω 下降至 43.5Ω，表明孔径增加，引起了更大的阻抗不连续，并导致更大的插入损耗和反射损耗。高速电路设计中，阻抗变化一般控制在 ±10% 范围内，对于该微带线模型，阻抗偏差应控制在 5Ω 内。

3. 过孔长度的影响

这里通过建立变量"via_length"表示过孔长度，对此变量进行参数扫描，过孔长度范围为 66～120mil，步长为 10mil。得到的仿真结果如图 5-12～图 5-14 所示。

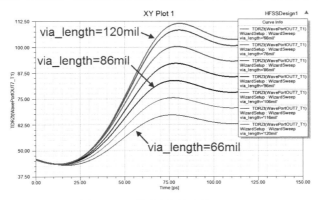

图 5-12　不同过孔长度的 TDR

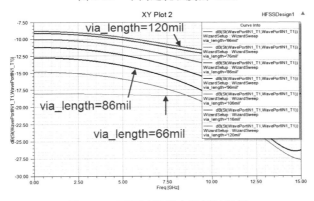

图 5-13　不同过孔长度的回波损耗

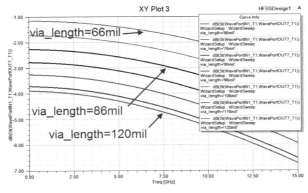

图 5-14　不同过孔长度的插入损耗

由图 5-12～图 5-14 可知，当过孔长度由 66mil 增至 120mil 时，感性效应增加明显，阻抗变化值由 65Ω 增至 112Ω，随导通孔长度增加，阻抗不连续程度不断增加，且引起的插入和反射损耗幅度也随之增大。

4. 过孔反焊盘的影响

为了量化过孔反焊盘大小对阻抗及 S 参数的影响，这里通过建立变量"via_antipad"表示过孔反焊盘半径，对此变量进行参数扫描，过孔反焊盘半径范围为 13～20mil，步长为 1mil。得到的仿真结果如图 5-15～图 5-17 所示。

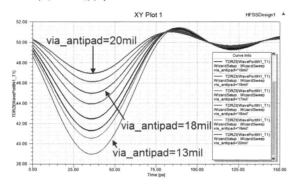

图 5-15　不同过孔反焊盘大小的 TDR

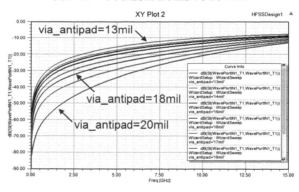

图 5-16　不同过孔反焊盘大小的回波损耗

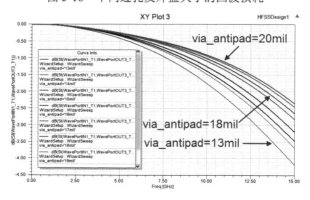

图 5-17　不同过孔反焊盘大小的插入损耗

由图 5-15～图 5-17 可知，当过孔、焊盘尺寸固定，反焊盘直径由 13mil 增加至 20mil 时，过孔的最小阻抗呈增大趋势，过孔的插入损耗与反射损耗呈减小趋势。所以设计适当的反焊盘可以有效地改善过孔容性效应。

5. 回流地孔的影响

高速信号的回流地孔对信号质量也有很大影响，为了量化回流地孔对信号过孔阻抗及 S 参数的影响，这里通过建立变量"gnd_via"表示回流地孔在坐标系中与信号过孔水平平齐的位置，对此变量进行参数扫描，范围为 37～59mil，步长为 5mil。得到的仿真结果如图 5-18～图 5-20 所示。

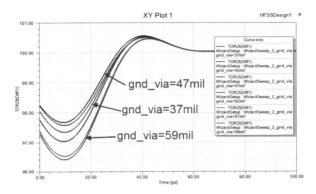

图 5-18　回流地孔间距变化的 TDR

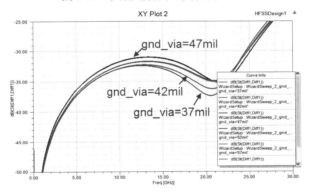

图 5-19　回流地孔间距变化的回波损耗

从图 5-18～图 5-20 可以看出，差分信号回流地孔的添加及与信号孔的间距会改变差分阻抗，回流地孔的数量需要根据 PCB 的空间情况通过仿真去衡量。回流地孔与差分信号过孔的间距的调整是优化差分阻抗的一种常用手段，需要根据实际情况去应用。

6. 过孔焊盘的影响

在过孔的孔径大小定下来后，它的焊盘大小也会影响过孔的阻抗，为了定量分析焊盘变化所带来的影响，这里通过建立变量"pad_radius"表示过孔焊盘半径，对此变量进行参数扫描，过孔焊盘半径范围为 7～12mil，步长为 1mil。得到的仿真结果如图 5-21～图 5-23 所示。

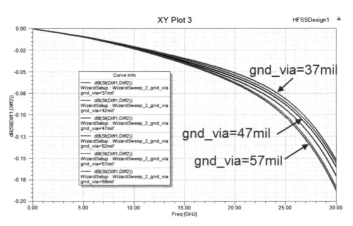

图 5-20　回流地孔间距变化的插入损耗

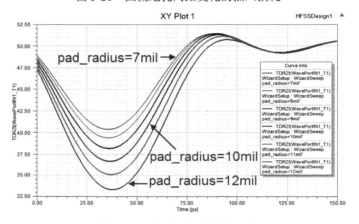

图 5-21　不同焊盘大小的 TDR

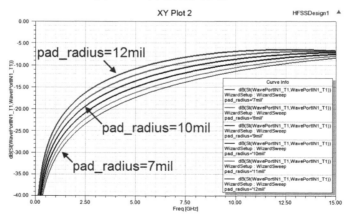

图 5-22　不同焊盘大小的回波损耗

在过孔、反焊盘尺寸固定的情况下，焊盘直径在 7～12mil 范围内变化，插入损耗与反射损耗呈不断增加趋势，且焊盘半径越大，TDR 响应波形阻抗最小值会越小。

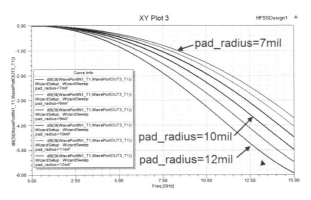

图 5-23 不同焊盘大小的插入损耗

7. 影响过孔阻抗表现因素小结

具体见表 5-1。

表 5-1 过孔参数变化的影响小结

项　目	相关尺寸	电气属性	对电容阻抗（Z_0）的影响
过孔焊盘	小焊盘直径	$C\downarrow$	$Z_0\uparrow$
过孔大小	小孔直径	$L\uparrow$	$Z_0\uparrow$
隔离焊盘	大隔离盘直径	$C\downarrow$	$Z_0\uparrow$
过孔长度	更长的过孔长度	$L\uparrow$	$Z_0\uparrow$
电源/接地层	更多的平面层	$C\uparrow$	$Z_0\downarrow$
过孔残桩	更长的过孔残桩	$C\uparrow$	$Z_0\downarrow$
过孔间距	更小的过孔间距	$C\uparrow$	$Z_0\downarrow$

在高速通道设计过程中，通过平衡寄生电感与寄生电容的大小，可以设计出与传输线具有相同特性阻抗的过孔，从而不会对 PCB 的运行产生特别的影响。但是，还没有简单的公式可以针对不同过孔尺寸进行精确计算。利用 3D 电磁（EM）场求解程序可以根据 PCB 布局布线实际情况中使用的尺寸来预测过孔阻抗结构。通过仿真参数化的功能来优化过孔尺寸，来实现所需阻抗和带宽要求。

5.3 过孔优化：3D_Via_Wizard 过孔建模工具的使用

本书的过孔仿真章节，采用 ANSYS 公司的 HFSS 模块进行 3D 全波仿真优化处理，模型参数的快速建立采用 ANSYS 公司的 3D_Via_Wizard 小软件，这个软件的工作界面简约、友好，便捷的操作与强大的功能融为一体，可以实现与 HFSS 软件的单向无缝连接。本节将通过产品项目的光模块差分信号过孔仿真，对 HFSS 过孔建模及优化仿真进行讲解。其工作界面如图 5-24 所示。

软件分为四个选项卡：Stackup、Padstack、Via、Options。各选项卡的作用如下：
- Stackup: 设置 PCB 板层叠，可以添加板材的 Dk、Df 值，任意添加和删除叠层；
- Padstack: 设置过孔的孔径、焊盘、反焊盘大小，可以添加任意尺寸的过孔；

● Via: 设置过孔的电气属性、过孔的个数、过孔的坐标位置、差分信号过孔定义等功能;
● Options: 仿真分析的参数设置,包括单位设置、求解设置、频率范围及背钻等设置。

5.3.1 使用 3D_Via_Wizard 创建差分过孔模型

(1)打开"Stackup"选项卡,默认模板为 4 层叠层结构,每单击【Add】按钮一次可以增加一层电气层,在"Layer Type"的下拉框,可以选择为"Signal"(信号层)或"Plane"(平面层),如图 5-25 所示。需要增加至 14 层的 PCB 叠层结构,添加完的 14 层 PCB 叠层如图 5-26 所示。

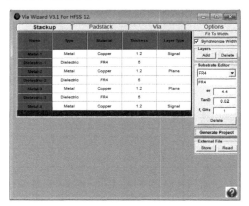

图 5-24 3D_Via_Wizard 软件工作界面

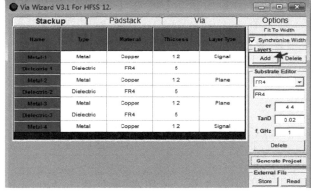

图 5-25 增加新的信号层或平面层

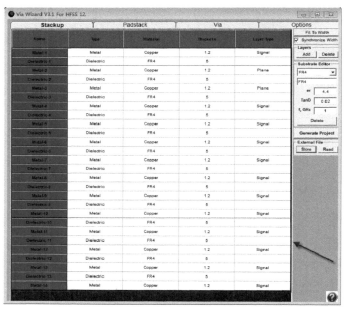

图 5-26 14 层 PCB 叠层

(2)在"Stackup"选项卡,根据工艺计算的 14 层叠层参数修改叠层"Thickness"(厚度)、"Layer Type"(信号层及平面层属性),修改后如图 5-27 所示。

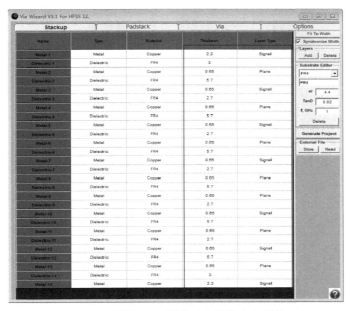

图 5-27　设置 PCB 厚度及各层的电气属性

（3）在"Substrate Editor"栏单击【Add Material】按钮增加名称为"M6_3R5"的新材料，分别将"er"、"TanD"、"f，GHz"值修改为："3.5"、"0.004"、"10"，修改后如图 5-28 所示。然后在"Material"处将板材材料"FR4"全部修改为"M6_3R5"，修改后如图 5-29 所示。

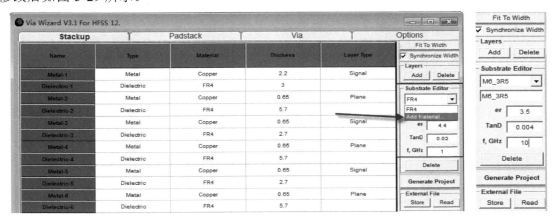

图 5-28　增加 PCB 新材料

（4）打开"Padstack"选项卡，定义差分信号过孔类型，先选中"Sig1"，然后修改孔径半径、焊盘半径、反焊盘半径，其中孔径半径填写为"4"（mil），修改后如图 5-30 所示。需要注意的是，由于差分信号过孔的出线层在第三层，所以焊盘半径处需要填写为"8"（mil），即 8mil 为半径的过孔焊盘，其他层的焊盘半径可填写为"4"（mil），实现去掉非功能性焊盘的效果。反焊盘大小则暂时统一填写为"13"（mil），此参数在后面仿真优化时有可能会做修改。

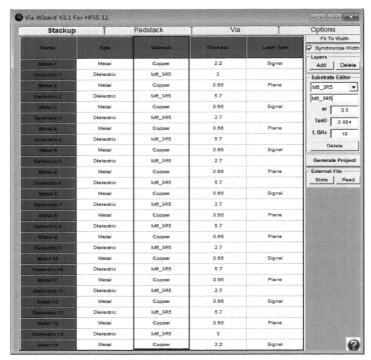

图 5-29　为各介质层选择材料

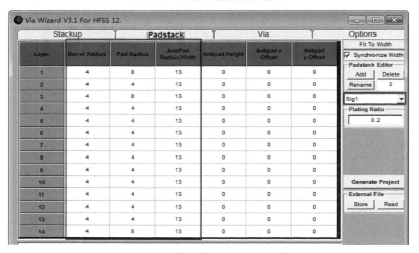

图 5-30　设置信号过孔尺寸参数

（5）同理，在"Padstack"选项卡定义 Gnd 过孔，先选中"Gnd1"，然后修改孔径半径、焊盘半径、反焊盘半径，修改后如图 5-31 所示；在"AntiPad Radius"部分，当数值为 0 时，表示该过孔将会与平面层铜箔相连。

（6）在"Via"选项卡，单击【Add】按钮增加过孔数量，如图 5-32 所示；这里需要再增加 3 个过孔，然后在"Pastack"处将后面两个 SIG 过孔修改为 GND，作为回流地孔使用，如图 5-33 所示。

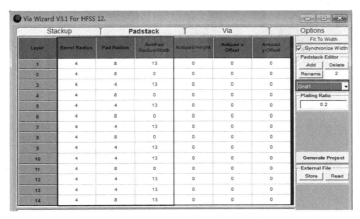

图 5-31 设置 Gnd 过孔尺寸参数

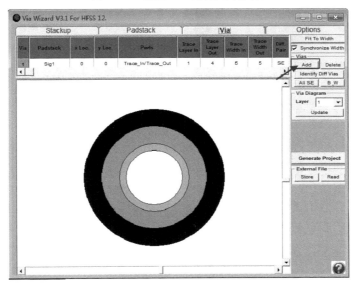

图 5-32 新增信号过孔

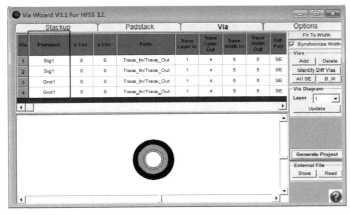

图 5-33 增加回流地孔

（7）在"Via"选项卡，修改 4 个过孔 Padstack 坐标位置，其中差分信号过孔 Ports 需要调整为"Trace_In/Trace_Out"，起始层为第一层，线宽为 4.5mil；结束层为第三层，线宽为 3.5mil。在"Diff Pair"处 Sig1 选择"2"，Sig2 选择"1"；回流地孔不需要添加 Ports，需要选择为"None"。至此差分信号、回流地孔相对坐标、Ports 的定义、信号出线层设置完成配置，详细信息如图 5-34 所示。

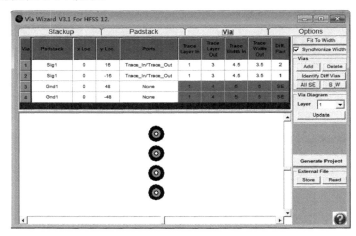

图 5-34　设置差分线属性

（8）打开"Options"选项卡，在"General Options"栏设置默认单位为"mil"，"Model Options"栏"Backdrill"输入值为"42.9"，并选中"Include Dogbone"复选框，这可以生成椭圆形状的反焊盘结构；"Solve Options"栏的"Stop Freq"输入值为"30e+9"，其他设置采用默认值即可。单击【Generate Project】按钮可调用 ANSYS Electronics Desktop 软件生成 HFSS 格式的 3D 仿真模型文件，如图 5-35 所示。

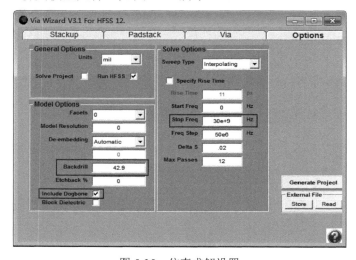

图 5-35　仿真求解设置

（9）图 5-36 即为经过 3D_Via_Wiard 调用 ANSYS Electronics Desktop 软件并生成差分信

号过孔模型的工作界面。执行菜单命令【File】→【Save As】，将模型文件存到指定目录，并对文件进行命名，这里命名为：diff_via.aedt。

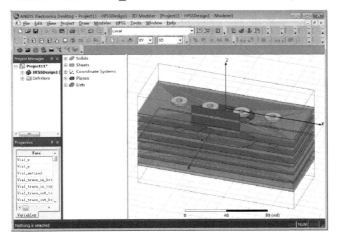

图 5-36　生成 3D 差分过孔模型

5.3.2　差分过孔仿真

在生成 HFSS 格式的 3D 过孔仿真模型后，我们将使用 ANSYS 公司的 HFSS 模块进行差分过孔仿真，这里使用的 HFSS 模块集成在 ANSYS Electronics Desktop 软件，如图 5-37 所示。这是全新 ANSYS 电子桌面：统一窗口、高度集成的界面能支持 ANSYS 电磁场求解器、电路/系统仿真、Ecad 链接并自动生成相关报告。这项新技术为 HFSS、HFSS 3D Layout、HFSS-IE、Q3D Extractor、Planar EM、各种电路和系统仿真设计类型提供了统一的桌面。用户可使用电磁仿真和电路仿真之间的动态链接，在统一界面中插入 HF/SI 分析，从而方便地完成问题设置并实现可靠性能，这里仅仅是针对差分信号过孔使用 HFSS 模块进行仿真处理。

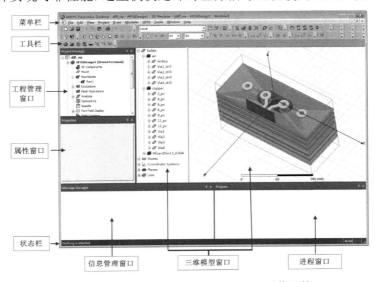

图 5-37　ANSYS Electronics Desktop 工作环境

1. ANSYS Electronics Desktop 的 HFSS 模块工作界面

- 工程管理窗口（Project Manager）：通过项目结构设计树可以访问工程结构单元，进行边界条件设置、求解设置、求解处理、数据处理等，如图 5-38 所示。
- 信息管理窗口（Message Manager）：仿真前可以在此窗口查看事务或警告。
- 属性窗口（Properties）：在这里可以修改模型的属性和参数，如图 5-39 所示。

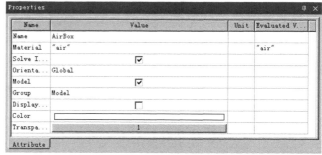

图 5-38　工程管理窗口　　　　　　　　　　　　图 5-39　属性窗口

- 过程窗口（Progress Window）：显示求解过程。
- 三维模型窗口（3D Modeler Window）：当前设计的模型内容可以在这里看到。

2. HFSS 仿真流程

ANSYS 的 HFSS 模块需要经过图 5-40 所示的仿真流程处理，即经过创建三维结构→添加边界条件→添加激励→求解设置→求解处理→数据处理这些过程。

图 5-40　HFSS 仿真求解流程

由于 3D_Via_Wizard 程序在创建过孔模型时已经自动添加了边界条件、激励源、求解设置，这里需要处理的就是检查上述设置，确认无误后，进行软件求解；在求解结束后进行数据处理，即查看仿真结果，具体检查过程如下所述：

（1）设置求解器类型，执行菜单命令【HFSS】→【Solution Type...】，在打开的对话框中确认选择的是"Terminal"，即终端驱动模式，如图 5-41 所示。

求解器类型决定了结果的类型、激励源的设置和收敛的情况，主要有以下几种求解器：

- 模式驱动（Driven model）：计算基于 S 参数的模型。S 矩阵求解将根据波导模式的入射和反射功率来描述。
- 终端驱动（Terminal model）：计算基于多导线传输的 S 参数的终端。S 矩阵求解将以终端电压和电流的形式描述。

● 本征模（Eigermode）：计算某一结构的本征模式或谐振，本征模解算器可以求出该结构的谐振频率及这些谐振频率下的场模式。

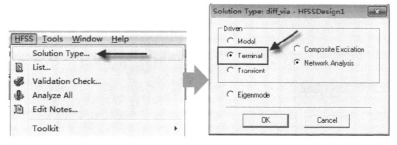

图 5-41　设置求解器类型

（2）默认使用边界条件 radiation，如图 5-42 所示。边界条件定义了求解区域的边界以及不同物体交界处的电磁场特性，是求解麦克斯韦方程的基础。因为，只有在假定场矢量是单值、有界并且沿空间连续分布的前提下，微分形式的麦克斯韦方程组才是有效的；而在求解区域的边界、不同介质的交界处和场源处，场矢量是不连续的，则场的导数也就失去了意义。边界条件就是定义跨越不连续边界处的电磁场的特性，因此，正确地理解、定义并设置边界条件，是正确使用 HFSS 仿真分析电磁场特性的前提。

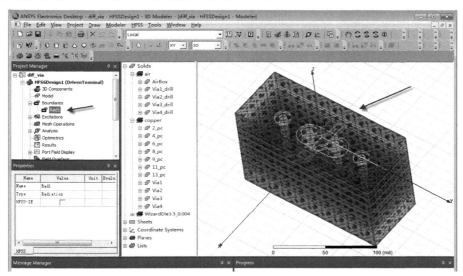

图 5-42　过孔模型的边界

（3）确认所加激励为波端口，激励也是边界条件的一种，激励端口是一种允许能量进入或流出几何结构的特殊边界条件类型，如图 5-43 中箭头所示。

（4）在工程项目管理树选中"Excitation"，右击，在弹出的快捷菜单中选择"Differential Pairs…"在弹出的对话框中单击【New Pair】按钮两次，为信号创建差分端口，差分阻抗为 100Ω，如图 5-44 所示。

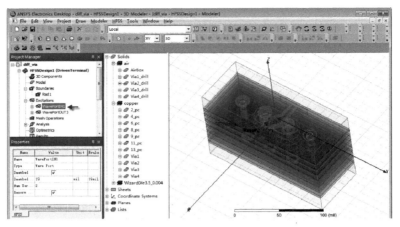

图 5-43　差分过孔的波端口

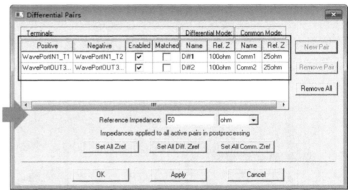

图 5-44　新建差分信号端口

（5）在工程项目管理树选中"Analysis"并展开，双击"WizardSweep"，在弹出的对话框中设置"Sweep Type"为"Interpolating"，扫频范围起始于 0MHz，终于 30000MHz；Step size 为 50MHz，如图 5-45 所示。

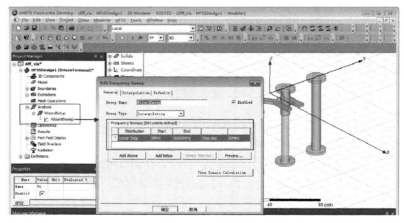

图 5-45　设置扫频范围

（6）执行菜单命令【HFSS】→【Design Properties...】，打开差分过孔模型的属性对话框，这里需要将"Via2_trace_in_gap"、"Via2_trace_out_gap"两个属性对应的"Value"值设为 8 和 6，即设置差分走线的表层及内层的差分走线对内间距大小，如图 5-46 所示。

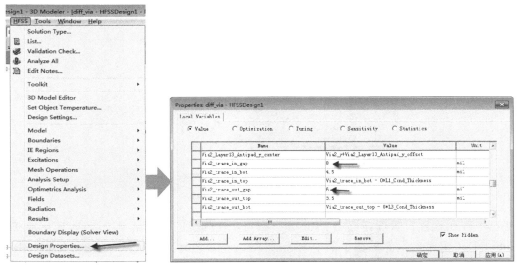

图 5-46　修改差分信号的 gap 属性

（7）执行菜单命令【HFSS】→【Validation Check...】进行模型的校验，如图 5-47 所示，检查无误后，弹出的检验结果对话框会在检查项出现绿色的对钩，否则会出现红色"×"符号，并会在信息窗口显示相应的错误问题点，如图 5-48 所示。

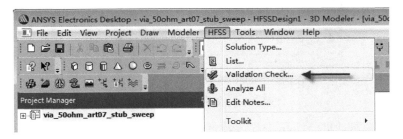

图 5-47　运行 Validation Check

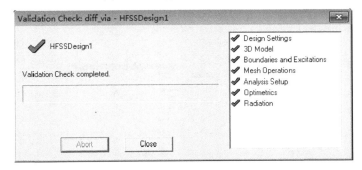

图 5-48　Validation Check 结果对话框

（8）在工程项目管理树选中"Analysis"并展开，右击"WizardSweep"，在弹出的快捷菜单中选择"Analyze"执行差分过孔的仿真求解，如图 5-49 所示。

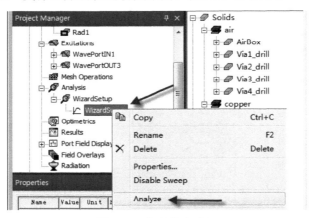

图 5-49　执行仿真求解

（9）在工程项目管理树选中"Result"右击，在弹出的快捷菜单中选择"Create Terminal Solution Data Report"，然后在子菜单中选择"Rectangle Plot"，对仿真结果进行处理，如　　图 5-50 所示。

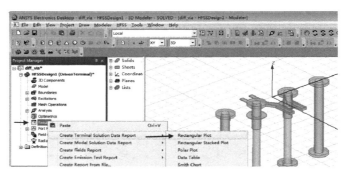

图 5-50　仿真结果数据处理

（10）在弹出的对话框"Domain"下拉框中选择"Time"，如图 5-51 所示。

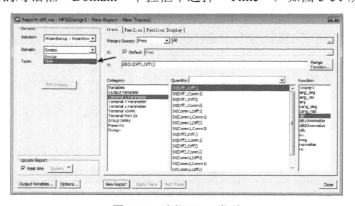

图 5-51　选择 Time 类型

单击【TDR Options...】按钮，在弹出的"Options"对话框中"Input Signal"部分选择"Step"，"Rise Time"填写"20ps"；"Plot"部分，"Maximum Plot Time"填写"1ns"，"Delta Time"填写"2ps"；"Window"部分，选择"Hamming"类型，单击【OK】按钮完成 TDR 设置，如图 5-52 所示。

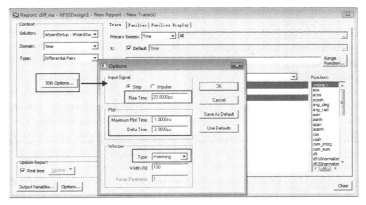

图 5-52　TDR 设置

在"Category"部分选中"Terminal TDR Impedance"，并选中右侧的"TDRZt（Diff1）"，创建阻抗曲线图，如图 5-53 所示；然后单击【New Report】按钮，生成阻抗曲线图，如 图 5-54 所示。

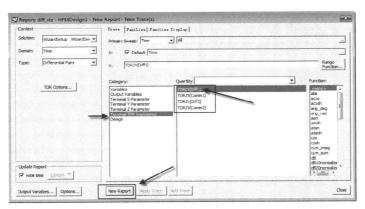

图 5-53　创建阻抗曲线图

在阻抗曲线图区域右击，在弹出的快捷菜单中选择"Marker→Add Marker"，用来标识阻抗曲线的最大、最小值位置，如图 5-55 所示。

（11）从图 5-56 所示的阻抗曲线结果可以看出，差分过孔阻抗最小约为 96Ω，可以考虑对差分过孔进行优化。由于目前该过孔已经做背钻处理，可以考虑从优化过孔反焊盘的角度去快速优化差分过孔的阻抗。执行菜单命令【HFSS】→【Design Properties】打开属性对话框，如图 5-57 所示；在属性"via1_antipad"处新建名字为"via_antipad"的变量，初始值为"13"（mil），如图 5-58 所示；然后在属性"via2_antipad"处输入"via_antipad"这个变量名，单击【确定】按钮关闭对话框。至此，差分过孔反焊盘半径变量创建成功，如图 5-59 所示。

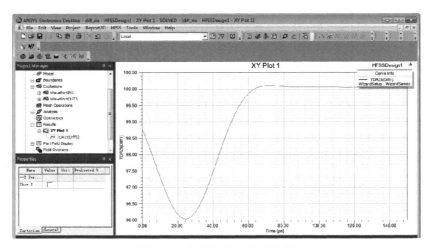

图 5-54　差分阻抗曲线示意图

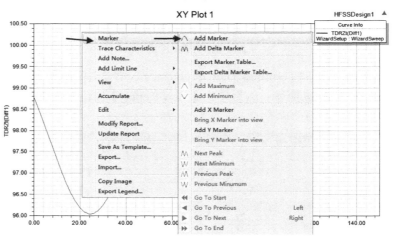

图 5-55　添加 Marker

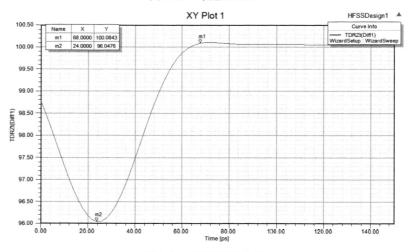

图 5-56　标识阻抗曲线

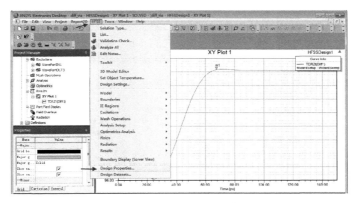

图 5-57　执行属性命令

图 5-58　设置反焊盘变量

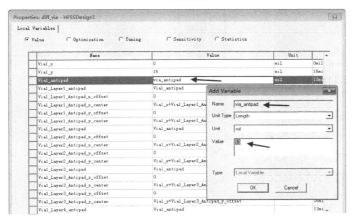

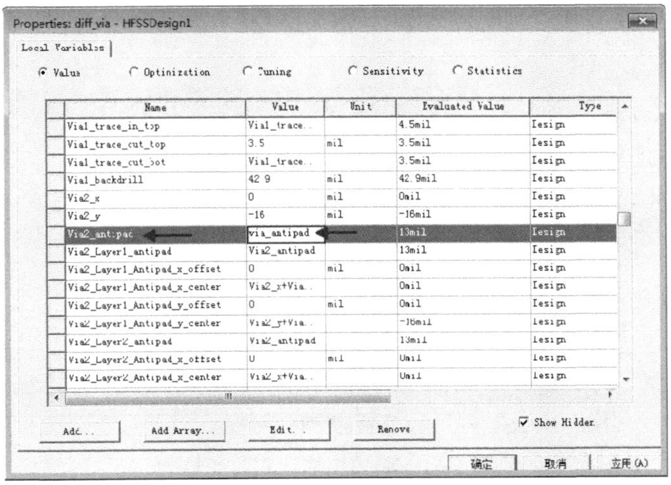

图 5-59　给属性 via2_antipad 添加变量

在工程项目管理树选中"Optimetrics"，右击，在弹出的快捷菜单中选择"ADD→Parametric..."创建参数优化计划，如图 5-60 所示。

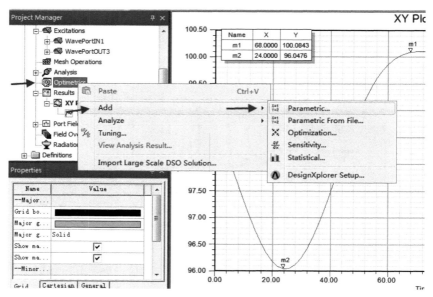

图 5-60　创建参数优化计划

在"Setup Sweep Analysis"对话框中单击【Add】按钮，创建扫描任务，在"Variable"下拉框选择之前新建的变量"via_antipad"，如图 5-61 所示；然后在对话框的"Start"、"Stop"、"Step"文本框中分别输入"13"、"18"、"1"，如图 5-62 所示；最后单击【Add】按钮，添加扫描任务，软件会针对变量"via_antipad"按照 6 个不同目标值进行求解仿真，如图 5-63 所示。

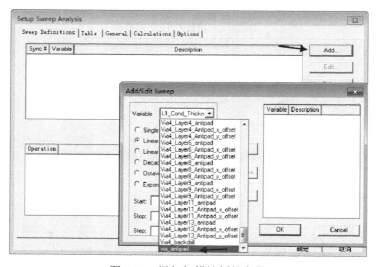

图 5-61　添加扫描计划的变量

HFSS 求解仿真结束后的阻抗扫描曲线如图 5-64 所示，从图中可知，当"via_antipad"为"16mil"，即差分过孔反焊盘半径为 16mil 时，阻抗表现最好，阻抗控制在 99.34～100.56Ω之间。

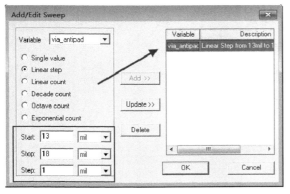 

图 5-62　设置 via_antipad 变量的扫描范围　　　　图 5-63　创建 6 个扫描计划任务

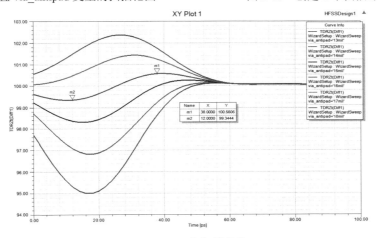

图 5-64　阻抗扫描曲线

5.4　产品单板高速差分信号过孔优化仿真

在 5.2 和 5.3 节已经详细分析了影响过孔的各要素及仿真的操作过程，产品单板设计用到的高速过孔为 SATA、QSFP+、PCIe 三部分，如通过 ANSYS 公司的 3D_Via_Wizard 进行快速建模，然后通过 ANSYS Electronics Desktop 软件进行 3D 求解仿真，会得出优化后的差分阻抗结果，具体如下所示。

1）PCIe 差分过孔优化仿真

（1）PCIe 差分过孔尺寸说明：

● 孔径：10mil；

● 相邻孔最小间距：28mil；

● 孔盘直径：18mil；

● 反焊盘直径大小：34mil（需综合考虑走线的参考平面的完整性）。

（2）过孔仿真模型：PCIe 差分过孔尺寸结构如图 5-65 所示。

（3）过孔阻抗：PCIe 差分过孔阻抗曲线如图 5-66 所示。

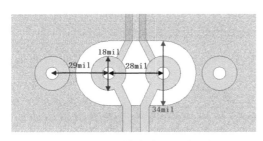

图 5-65　PCIe 差分过孔尺寸结构

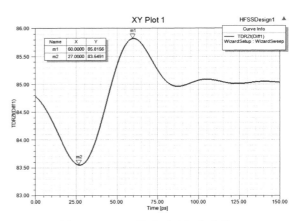

图 5-66　PCIe 差分过孔阻抗曲线

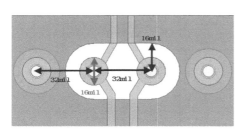

图 5-67　QSFP+差分过孔尺寸结构

2）QSFP+差分过孔优化仿真

（1）QSFP+差分过孔尺寸说明：

● 孔径：8mil；

● 相邻孔最小间距：32mil；

● 孔盘直径：16mil；

● 反焊盘直径大小：32mil（需综合考虑走线的参考平面的完整性）。

（2）过孔仿真模型：QSFP+差分过孔尺寸结构如图 5-67 所示。

（3）过孔阻抗：QSFP+差分过孔阻抗曲线如图 5-68 所示。

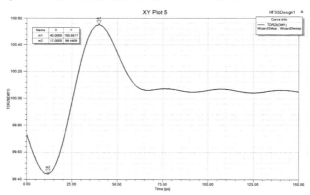

图 5-68　QSFP+差分过孔阻抗曲线

3）SATA 差分过孔优化仿真

（1）SATA 差分过孔尺寸说明：

● 孔径：8mil；

● 相邻孔最小间距：25mil；

● 孔盘直径：16mil；

● 反焊盘大小：28mil（需综合考虑走线的参考平面的完整性）。

（2）过孔仿真模型：SATA 差分过孔尺寸结构如图 5-69 所示。

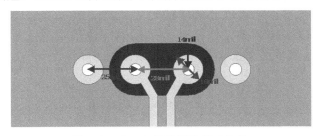

图 5-69　SATA 差分过孔尺寸结构

（3）过孔阻抗：SATA 差分过孔阻抗曲线如图 5-70 所示。

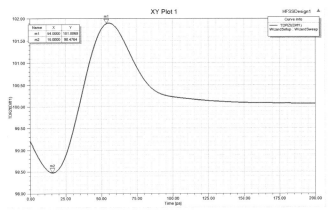

图 5-70　SATA 差分过孔阻抗曲线

5.5　背钻工艺简介

研究表明，影响信号系统信号完整性的主要因素除设计、板材料、传输线、连接器选型、芯片封装等以外，导通孔对信号完整性有较大的影响，背钻工艺技术对高速信号质量改善有重大的意义。

背钻英文名为 Backdrill 或 Backdrilling，也称 CounterBore 或 CounterBoring。背钻是对已经电镀完成的孔通过二次钻孔，减小通孔中多余的孔壁，以减小 stub 的长度和电容效应，从而改善高速信号的传输特性。

背钻技术可以去掉通孔 stub 带来的寄生电容效应，保证信道链路中过孔处的阻抗与走线具有一致性，减少信号反射，从而改善信号质量。背钻是目前性价比最高的、提高信道传输性能最有效的一种技术。使用背钻技术，PCB 制造成本会有一定的增加。背钻示意图如图 5-71 所示，它具有如下优点：

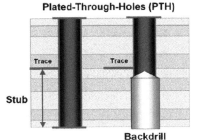

图 5-71　背钻示意图

● 减小信号干扰；

● 提高信号完整性性能；

● 减少埋盲孔的使用，降低 PCB 制作难度。

1）背钻与控制深度钻技术的工作原理　依靠钻针下钻时，用钻针针尖接触基板板面铜箔时产生的微电流来感应板面高度位置，再依据设定的下钻深度下钻，在达到下钻深度时停止，如图 5-72 所示。

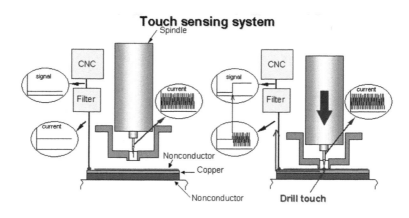

图 5-72　背钻工作原理示意图

2）背钻与控制深度钻技术的工艺流程

前工序→层压→钻孔→去钻污→沉铜→外层电镀→图形电镀 2（整板镀锡）→控深钻孔（背钻）→外层蚀刻→退锡→去毛刺（不磨板只超声波高压水洗）→外层菲林→外层干膜→图形电镀→外层蚀刻→下工序。

各主要工序步骤及作用如下：

● 图形电镀 2（整板镀锡）：代替钻孔铝片，厚度更均匀，贴附性能更好，散热效果更好；

● 控深钻孔：即背钻；

● 外层蚀刻：蚀刻掉背钻时孔口的铜毛刺；

● 退锡：退掉图形电镀的锡；

● 去毛刺：清洗孔内的毛刺、粉尘等。

3）影响背钻与控制深度钻深度精度因素

● 设计误差：要求控制小孔的深度，但控深只能控制大孔深度；

● 层压板厚误差：板厚偏差将影响小孔的深度精度；

● 盖板厚度偏差：盖板厚度偏差将影响大孔深度精度；

● 底板厚度偏差：底板厚度偏差也将影响大孔深度精度；

● 板的翘曲度：较大的翘曲度将影响大孔深度精度；

● 设备精度：设备的控深误差取决于设备的多方面影响。

4）背钻设计规则

（1）当满足下面条件时，可以使用背钻，背钻孔参数如图 5-73 所示，其中：

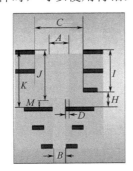

A—背钻孔直径；
B—钻通孔直径；
C—背钻孔的隔离环直径；
D—背钻孔与PTH孔的孔径差；
H—背钻的介质层厚度；
I—背钻的目标层厚度；
J—背钻的深度；
K—背钻走线层的总厚度；
M—背钻孔与走线层的距离

图 5-73 背钻孔参数

- $A \geqslant 0.4\text{mm}$；
- $A - B \geqslant 0.15\text{mm}$；
- $H \geqslant 0.2\text{mm}$ 或 $C\text{-}A \geqslant 0.15\text{mm}$。

（2）背钻深度（J）计算方法：

J＝表面铜厚（含电镀铜厚）＋ 介质层厚度（加基铜厚）＋ 目标层铜厚＋ 0.05mm

（3）背钻孔的深度孔径比参数与钻通孔时相同。

5）背钻常见问题

- 最小的背钻孔通孔：0.20mm；
- 最小的背钻孔大孔（即 NPTH 部分）：0.40mm；
- 背钻的深度精度公差：±0.10mm；
- 背钻孔大于通孔单边最小：3mil；
- 背钻最小介质厚度：0.20mm；
- 背钻孔（NPTH）内层隔离单边最小：6mil；
- 背钻的最小深度：0.20mm；
- 背钻残桩的最小高度：0.20mm；
- 背钻的板类型：复杂单板（如 BGA 区域）和背板等；
- 是否可以两面背钻：可以；
- 一个孔是否可以两面背钻：可以；
- 埋盲孔板是否可以背钻后压合：可以；
- 背钻孔是否可以做绿油塞孔：可以；
- 背钻孔的深度可以全检吗：非常困难；
- 背钻孔深度不足或偏位会带来什么问题：客户可能调试不出来；
- 背钻对其他工艺有无影响：对表面处理和线宽间距没有影响。

第6章 Sigrity 仿真文件导入与通用设置

6.1 PCB 导入

PowerSI 是一个功能强大的仿真软件，其文件为.spd 格式。PCB 设计文件可以通过 Allegro 自带的转换工具先转换为 SPD 文件后导入，也可以直接打开导入其支持的文件格式，如图 6-1 所示。

Allegro Sigrity 自带文件转换工具，支持业界中 PCB 设计文件格式的转换。如果 PCB 设计文件不是 Allegro 软件，可以使用 Gerber 文件进行转换，推荐使用 ODB++

图 6-1　PowerSI 文件支持格式

文件。业界主流 PCB 设计软件都支持 ODB++格式文件的输出，很多板厂制造商也支持此类格式的生产文件。

6.1.1 ODB++文件输出

ODB++是一种可扩展的 ASCII 格式，它可在单个数据库中保存 PCB 制造和装配所必需的全部工程数据。单个文件包即可包含图形、钻孔信息、布线、元件、网表、规格、绘图、工程处理定义、报表功能、ECO 和 DFM 结果等。

为了保证仿真文件的准确性，文件的正确转换是关键前提。现在主流的 PCB 设计软件主要是 Cadence、MentorGraphics 和 Altium 三大设计公司的产品，如表 6-1 所示。

表 6-1　主流 PCB 设计软件

公司名称	主要产品	简　述
Cadence	OrCAD	原理图设计工具，支持多种 Netlist 格式，基本是业界标准
	Allegro SPB	涵盖中高端市场，自有仿真软件，功能强大。无论是简单的 PCB 设计，还是复杂的高速板卡，甚至高端的芯片级 IC 基板设计等都能胜任，是目前很多大公司都使用的软件，是高速板设计中实际上的工业标准，在市场上占据着霸主的地位
MentorGraphics	PADS	使用范围较广的设计软件，适合于中低端设计，是大多数中小型企业选择的设计软件
	Mentor WG	面向高端电路设计，适合多人协同设计，有自己的仿真工具，主要在一些大公司和研究所使用
Altium	Protel 99 se	低端产品，简单易学，适合初学者，应用于简单的 PCB
	Altium Designer 10	功能逐渐强大，能胜任原理图到 PCB 的一体化设计

以下主要介绍这几款设计软件导出 ODB++的方式，在导出文件前，需要保证其设计的完整性和正确性，避免出现少器件、开路、短路等错误。

1．Allegro SPB

Allegro 软件的 PCB 文件为.brd 格式，双击关联软件打开 PCB 设计文件。

（1）执行菜单命令【File】→【Export】→【ODB++ inside...】，如图 6-2 所示。

（2）弹出"ODB++ Inside"对话框，如图 6-3 所示。

图 6-2　执行菜单命令

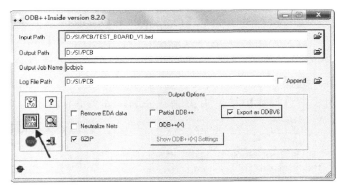

图 6-3　"ODB++ Inside"对话框

（3）在"Input Path"选项后设置选择导出的 PCB 文件，默认为当前 brd 文件所在路径；在"Output Path"选项后设置导出光绘文件路径，此两个选项保持默认设置即可。勾选"Export as ODBV6"和"GZIP"选项，然后单击 转换命令按钮，弹出"Selected Options Viewer"对话框，如图 6-4 所示。

（4）如果设置有误，可以单击【Back】按钮返回上一设置窗口重新设置；如果导出信息无误，单击【Accept】按钮，转换程序开始转换输出 ODB++文件，完成后窗口下方状态栏提示"Translation Finished Successfully"，如图 6-5 所示。

（5）单击 退出按钮或右上角 按钮退出转换程序，会弹出一个询问窗口，单击【OK】按钮

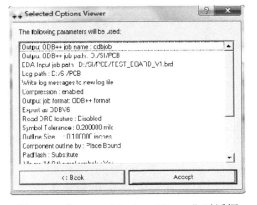

图 6-4　"Selected Options Viewer"对话框

即可。此时在当前目录或者预先设置的"Output"选项路径下会生成（PCB 名）.zip 的 ODB++ 压缩文件，如图 6-6 所示。

图 6-5　"ODB++ Inside"输出完成对话框

图 6-6　保存 ODB++文件

2. Mentor WG

Mentor WG 软件的 PCB 文件为一个文件包，里面包含了一个.pcb 格式文件，双击关联软件打开 PCB 设计文件。

（1）执行菜单命令【Output】→【ODB++...】选项，如图 6-7 所示。

（2）弹出"ODB++ Output"对话框，在"Output path"选项设置输出的 ODB++文件的路径，一般默认为在当前 PCB 文件所在路径的文件夹 Output 里。在"Define layer mapping"下，选择"Fab"光绘文件复选框，然后选中"Compress output"复选框，在"Units"下拉列表中选择输出单位为英制或公制，如图 6-8 所示。

图 6-7　执行菜单命令

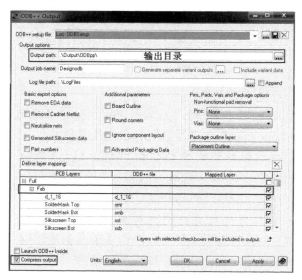

图 6-8　"ODB++ Output"对话框

（3）设置完成后单击【OK】按钮，在当前 Output 文件下的 ODBpp 目录下输出 ODB++文件，压缩为（PCB 名）.tgz 文件，如图 6-9 所示。

3. Altium Designer

Altium Designer 软件的 PCB 文件为.pcbdoc 格式，双击关联软件打开 PCB 设计文件。

（1）执行菜单命令【File】→【Fabrication Outputs】→【ODB++ Files】，如图 6-10 所示。

（2）弹出"ODB++ Setup"对话框，单击"Plot"下的选择框选择所需的光绘文件选项，如图 6-11 所示。

图 6-9　输出 ODB++文件

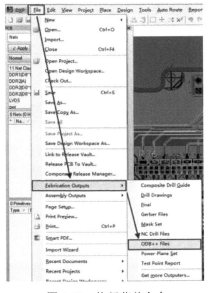

图 6-10　执行菜单命令

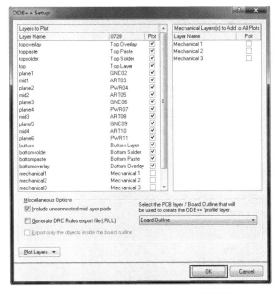

图 6-11　"ODB++ Setup"对话框

（3）设置完成后，单击【OK】按钮，在当前目录下输出 ODB++文件，自动压缩命名为（PCB 名）.zip 文件，如图 6-12 所示。

图 6-12　保存文件路径

4. PADS

PADS 软件的 PCB 文件为.pcb 格式，双击关联软件打开 PCB 设计文件。

（1）执行菜单命令【File】→【Export...】，如图 6-13 所示。

（2）在弹出的"File Export"对话框中，设置要导出保存的文件路径，单击"保存类型"下拉菜单，可以看到软件支持导出多种文件格式，选择"ODB++"格式，如图 6-14 所示。

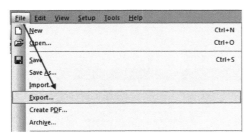

图 6-13　执行菜单命令　　　　　　　　　图 6-14　"File Export"对话框

（3）单击【保存】按钮，弹出"ODB++ Export"对话框，确认文件导出路径信息，设置覆铜和非形状引脚、元器件外框参数，如图 6-15 所示。

（4）单击【OK】按钮，在设置的路径下输出 ODB++文件，压缩为（PCB 名）.tgz 文件，如图 6-16 所示。

图 6-15　"ODB++ Export"对话框　　　　　　图 6-16　保存文件

6.1.2　PCB 文件格式转换

把 PCB 设计文件导出为 ODB++文件格式后，用 SPDLinks 转换工具进行格式转换。

（1）单击计算机【开始】按钮，在弹出的界面单击"所有程序"，找到 Allegro Sigrity 程序包，在"CAD Translators"里面查找转换程序，如图 6-17 所示。

图 6-17　"SPDLinks"启动
程序查找界面

（2）单击"SPDLinks"，启动转换程序，系统会弹出"Choose License Suites"对话框，如图 6-18 所示，提示许可协议选择，单击【Choose all】按钮，并且勾选"Save the chosen suites and do not prompt again"。

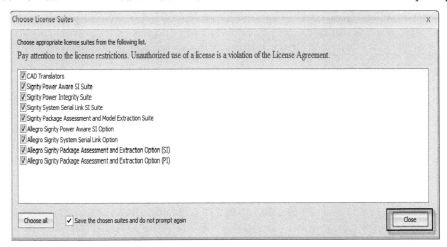

图 6-18　　"Choose License Suites"对话框

（3）单击【Close】按钮进入"Allegro Sigrity SPDLinks"界面，如图 6-19 所示。在转换程序界面的"Select File"下有两个路径选项，一个是被转换文件的所在路径，一个是转换后生成的目标 SPD 文件的保存路径。

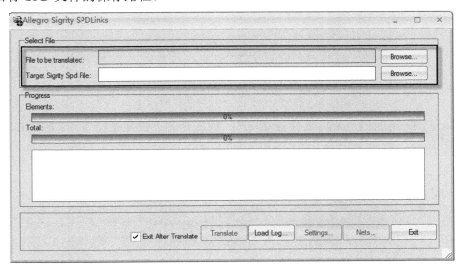

图 6-19　　"Allegro Sigrity SPDLinks"界面

（4）单击"File to be translated"后面的【Browse...】按钮，查找仿真项目 PCB.brd 文件，如图 6-20 所示。

（5）单击【打开】按钮，返回"Allegro Sigrity SPDLinks"界面，此时可以看到两个文件的默认路径一样。如果需要改变路径，可以单击后面的【Browse...】按钮选择用户所希望的保存路径，建议按照默认设置即可。此时下面的【Translate】按钮被点亮，如图 6-21 所示。

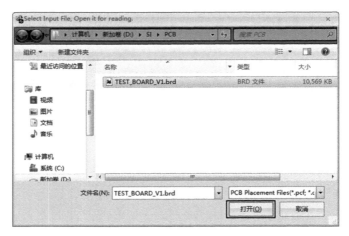

图 6-20　仿真文件选取界面

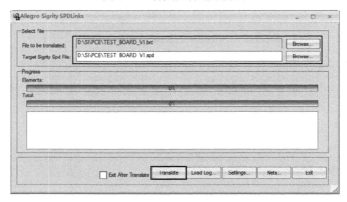

图 6-21　SPD 文件转换界面

（6）单击【Translate】按钮，软件自动转换，视文件大小情况略加等待，如图 6-22 所示。

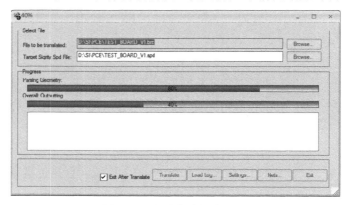

图 6-22　文件格式转换界面

（7）当全部进程 100%完成后，底下的按钮重新被点亮，如果转换前勾选了"Exit After Translate"选项，则软件会自动退出；如果没有勾选，则单击【Exit】按钮退出，完成文件格式的转换。

特别需要注意的是，Allegro 文件目录最好不要出现中文目录，文件命名也要避免出现非法字符，如表 6-2 所示。

表 6-2 Allegro 非法字符

非法字符			
","	"#"	">"	"<"
"/"	"("	")"	"$"
空格	中文		

6.1.3 SPD 文件导入

运行 PowerSI 仿真软件，选择打开已经转换好的 SPD 文件进行仿真设置操作。

（1）双击"PowerSI"快捷方式图标，启动 PowerSI 仿真软件程序。第一次启动时系统会弹出"Choose License Suites"对话框，如图 6-23 所示，提示许可协议选择，单击【Choose all】按钮，并且勾选"Save the chosen suites and do not prompt again"。

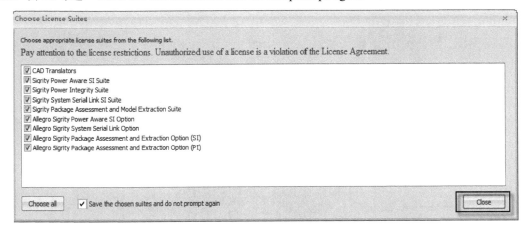

图 6-23 "Choose License Suites"对话框

（2）单击【Close】按钮进入 PowerSI 程序界面，工作区域为一个空白区域。

（3）在软件左边面板选择"Model Extraction"，打开"Layout Setup"标签，单击"Load Layout File"，弹出文件选择界面，如图 6-24 所示。

（4）选择导入仿真实例 TEST_BOARD_V1.spd 文件，单击【打开】按钮，进入 PowerSI 仿真操作界面，如图 6-25 所示。

（5）单击 💾 保存图标，此时会弹出"PowerSI File Saving Options"对话框，设置 SPD 文件的 DRC 检查项。勾选"Shape Processing"和"Error Checking"复选框，如图 6-26 所示。

（6）单击【OK】按钮，保存仿真文件，完成 SPD 文件的导入。如果设计有错误，窗口界面输出状态栏下"Output"窗口会有相关显示，按要求修改即可，如图 6-27 所示。

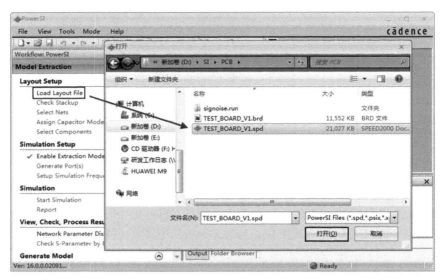

图 6-24 "Load Layout File" 对话框

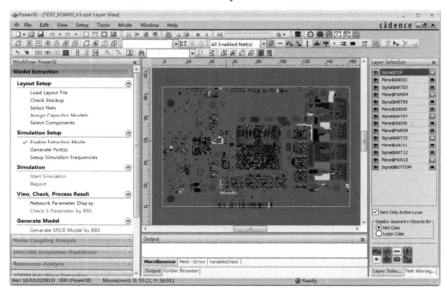

图 6-25 PowerSI 仿真操作界面

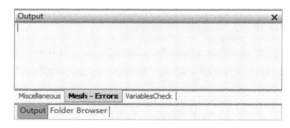

图 6-26 "PowerSI File Saving Options" 对话框　　　　图 6-27 "Output" 检查提示窗口

6.2　SPD 文件设置

PowerSI 软件在设置操作上比较简单实用，主要表现在简单的流水化面板设置上，它的主要仿真设置操作都可以在左边面板各种仿真模式下找到。本次仿真实例主要运用的是"Model Extraction"模式，SPD 文件设置主要分为两大部分，分别是"Layout Setup"和"Simulation Setup"，单击" "展开，可看到每个详细设置选项，如图 6-28 所示。

1. 叠层设置

叠层设置参数就是在 PCB Layout 设计时所用的阻抗控制表，仿真项目叠层的设置需要和 PCB Layout 的叠层设置保持一致。

图 6-28　"Model Extraction"设置界面

（1）单击"Check Stackup"，弹出"Layer Manager→Stack Up"对话框，可以看到该对话框中有"Stack Up"和"Pad Stack"两个设置选项卡，如图 6-29 所示。

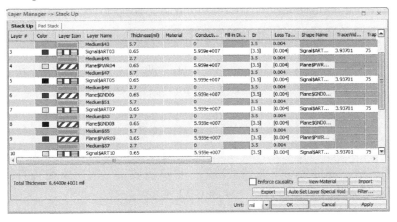

图 6-29　"Layer Manager→Stack Up"对话框

（2）选中"Stack Up"选项卡，首先把单位修改为 mil（单位保持一致） ，然后根据"阻抗叠层控制表"里的参数，分别设置以下参数项：

- "Layer Name"——设置叠层名称，双击可编辑。
- "Thickness"——各层厚度，包括走线层和介质层。
- "Er"——各层介电常数，Dk 值。
- "Loss Tangent"——所用板材的损耗因子，Df 值。
- "Shape Name"——设置 Shape 名称，建议和叠层名称一致，双击可编辑。
- "Trapezoidal Angle"——梯形角度，线路蚀刻后截面不会是理想的方形，而是呈梯形。

（3）选中"Pad Stack"选项卡，可以对仿真文件的孔进行设置，包括信号孔、定位孔等，主要是设置孔的焊盘和反焊盘的大小，如图 6-30 所示。

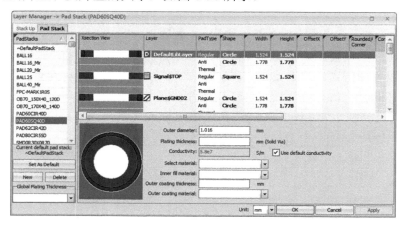

图 6-30　"Layer Manager→Pad Stack"对话框

（4）单击【OK】按钮，保存并退出设置界面，完成叠层参数的设置。

2. 设置电源和地网络

导入的文件中电源和地网络没有全部自动分配，仿真软件不能自动识别，需要手动设置。正确设置电源、地网络属性，给仿真网络提供参考。

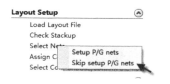

图 6-31　"Select Nets"对话框

（1）单击"Select Nets"选项，弹出"Setup P/G nets"和"Skip setup P/G nets"两个选项，如图 6-31 所示。

- "Setup P/G nets"——运行设置向导设置 P/G 网络。
- "Skip setup P/G nets"——跳过 P/G nets 设置向导，手动选择网络设置。

（2）选中"Setup P/G nets"选项时，可以根据器件来分别设置电源、地网络，通过自动过滤搜索功能，可以快速定位所需要定义的器件。例如，选中 BGA64_PC28F00AP30BF 封装器件，如图 6-32 所示。

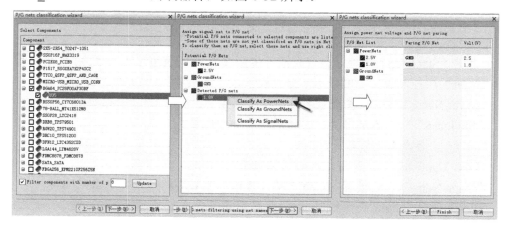

图 6-32　"P/G nets classification wizard"对话框

（3）单击【下一步】按钮，把 1.8V 定义到 PowerNets 上面去；接着单击【下一步】按钮，确认设置无误后，单击【Finish】按钮，完成所选封装器件的 P/G 设置。

（4）当选中"Skip setup P/G nets"选项时，会激活右边面板"Net Manager"，可以通过勾选网络前面的复选框，来选中 PCB 中的电源、地网络，进行相关操作设置，如图 6-33 所示。

（5）选中网络后，右击，设置 P/G Nets。在弹出的快捷菜单中选中"As PowerNets"定义为电源属性网络，选中"As GroundNets"定义为地属性网络，如图 6-34 所示。

图 6-33　"Net Manager"面板

图 6-34　设置 P/G Nets 界面

3. 设置器件模型

（1）单击"Assign Capacitor Models"，弹出"Analysis Model Manager-Model Assignment"对话框，可以给不同类型的器件赋予模型。右击，在弹出的快捷菜单中选择"Browse Model…"选项，或者直接单击左下角的【Browsed Model…】按钮，如图 6-35 所示。

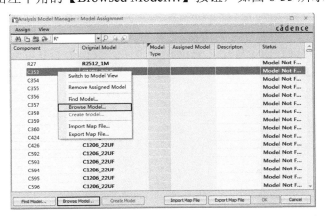

图 6-35　"Analysis Model Manager-Model Assignment"对话框

（2）弹出"Analysis Model Manager-Browse Models"对话框，在左边面板看到分为不同模型类型导入，选择不同类型库，可以查找并导入所需的器件库文件，如图 6-36 所示。

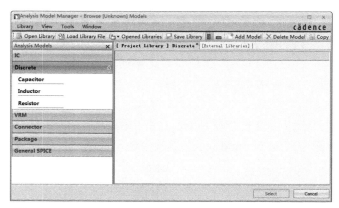

图 6-36　"Analysis Model Manager-Browse Models"对话框

（3）右击"Capacitor"添加电容模型，在弹出的快捷菜单中选择"Load Library File..."选项，弹出电容模型库导入对话框，如图 6-37 所示。

图 6-37　电容模型库导入对话框

（4）选择所需的电容库文件，单击【打开】按钮，完成电容模型库的导入。以下示例为导入软件自带的默认库，如图 6-38 所示。

（5）在已经导入的电容模型库中，可以查看不同封装和不同容值的模型。选中所对应的电容模型，单击【Select】按钮，给相同类型的电容赋予模型，如图 6-39 所示。

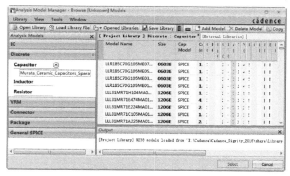

图 6-38　电容模型库导入后界面

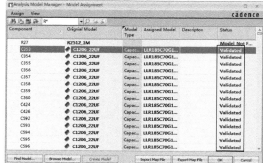

图 6-39　给相同类型的电容赋予模型

（6）单击【OK】按钮，退出对话框，在右边面板"Component Manager"中可看到器件赋模状态，如图 6-40 所示。

（7）对于其他不同封装、不同类型的电容器件，可以通过重复上述步骤添加模型，然后单击【OK】按钮，完成电容器件赋模。

说明： 电感和电阻的仿真模型，可以在"Analysis Model Manager-Browse Models"对话框中通过选择"Inductor"和"Resistor"，参照添加电容模型的步骤来操作即可。

图 6-40　已赋模的器件信息

4. 自定义器件

有些设计文件转换为 SPD 文件后，器件值没有转换过来，此时需要进行设置，给器件赋值。对于没有带 Value 值的光绘文件，本书后面有快捷的转换应用程序，适用于 ODB++格式的文件。

如果需要在仿真软件中变更器件 Value 值、增加或删除元器件，可以按照以下方法处理。

（1）在"Component Manager"窗口找到器件模型编辑工具栏，如图 6-41 所示。

（2）单击【New】按钮，弹出"New"对话框，可以新建模型或增加器件，如图 6-42 所示。

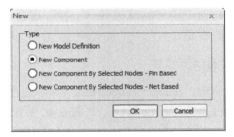

图 6-41　器件模型编辑工具栏

图 6-42　"New"对话框

（3）以添加器件为例，选中"New Component"，单击【OK】按钮，弹出"New Components"对话框，如图 6-43 所示。

（4）在"Definition Name"下拉菜单中选择要定义的器件类型，"RefDes"定义添加的器件的前缀位号，"Start number"设置位号开始值，"End number"设置位号结束值，或者说是增加的器件个数。如图 6-43 所示分别填入"CA"、"1"、"5"，新增 5 个电容器件，单击【OK】按钮，结果如图 6-44 所示。

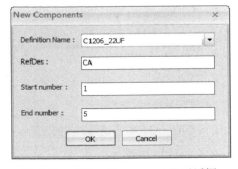

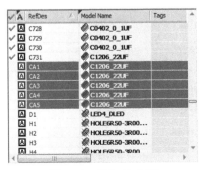

图 6-43　"New Components"对话框

图 6-44　增加的电容

137

（5）分别选中器件 Pin 和网络，单击"Link"赋予网络，另一个 Pin 选择"Link"赋予 GND 网络，如图 6-45 所示。

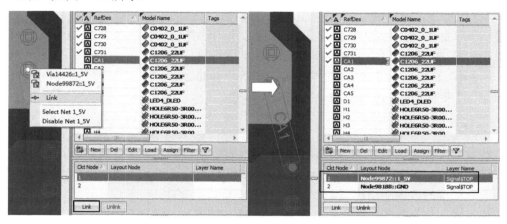

图 6-45　设置器件 Pin 连接网络

同样，选择"Del"可以删除器件，"Edit"可以编辑定义属性，"Assign"可以快速添加模型，与前一小节的赋模操作一样，这样可以方便在仿真过程中根据仿真结果增删器件或改变相关变量值。

5. 设置仿真器件

（1）单击"Select Components"，右边面板会激活"Component Manager"对话框，前面勾选的器件是已选中的器件，如图 6-46 所示。

（2）对于仿真中没有用到的器件，在右键快捷菜单中选择"Disable Selected Components"，软件在仿真时就不会调用此器件，如图 6-47 所示。

图 6-46　"Component Manager"对话框

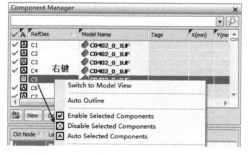

图 6-47　仿真时不调用器件的设置

设置完相应的器件模型后，接下来就可以对仿真网络进行设置。

6. 定义差分信号

（1）在仿真软件界面的右边面板里，分别有"Layout Selection"、"Component Manager"和"Net Manager"三个选项卡，选中"Net Manager"选项卡，如图 6-48 所示。

（2）可以通过"Net Manager"面板的下拉按钮，找到需要定义的差分信号，按住"Ctrl"键可多选。例如，点选 SATA 差分信号，右击，在弹出的快捷菜单中选择"Classify"→"As Diff Pair"，如图 6-49 所示。

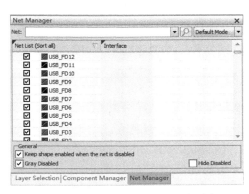

图 6-48　"Net Manager"选项卡

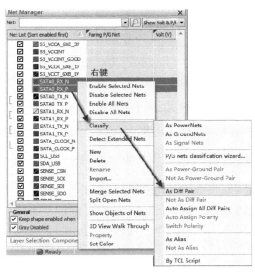

图 6-49　定义差分对窗口

（3）已经定义了差分属性的网络，其名称前面会有一个"["符号标注，如图 6-50 所示。

说明：如果网络中间串接有阻容器件，则需要分别设置差分网络。

（4）接下来是"Simulation Setup"，在参数设置面板中点选"Enable Extraction Mode"，保证其前面标注"√"状态，如图 6-51 所示。

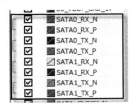

图 6-50　完成差分定义的 SATA 信号

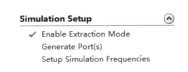

图 6-51　"Simulation Setup"界面

7. 设置仿真网络端口

（1）在设置端口前，必须保证所设置的网络和参考地是 Enable 状态，也就是网络前面标注复选"√"状态，如图 6-52 所示。

（2）单击"Generate Port(s)"选项，弹出"Port Setup Wizard"设置向导对话框，选择"Define ports manual"，如图 6-53 所示。

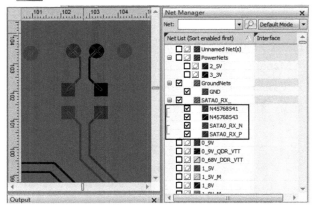

图 6-52　选择定义网络端口界面　　　　图 6-53　"Port Setup Wizard"设置向导对话框

（3）单击【Finish】按钮，弹出 Port 设置界面，可以看到与 SATA 网络连接的所有器件都在中间列表显示出来。分别选中驱动端器件和接收端器件，如 U3 和 U1，单击【Generate Ports】按钮，生成输入和输出仿真端口，如图 6-54 所示。

说明：SATA 差分信号阻抗为 100Ω，此处单端网络参考设置 50Ω。

（4）完成 Port 设置后，单击界面右上角的 ✕ 图标退出，进入下一环节。

（5）如果需要删除 Port，可以选中 Port 后单击【Delete】按钮删除。如果需要给 Port 按一定次序排序，则单击【Port Reorder】按钮，弹出"Customize Port Sequence"对话框，可以根据情况给 Port 重新排序，最后单击【OK】按钮关闭界面，如图 6-55 所示。

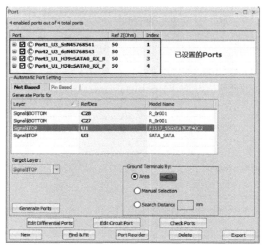

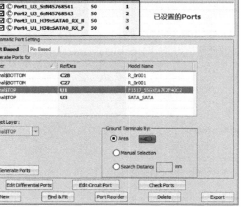

图 6-54　Port 设置界面　　　　　图 6-55　"Customize Port Sequence"对话框

注意：如果不单击【OK】按钮，而是单击右上角的 ✕ 图标，则排序无效。

6.3　仿真分析与结果输出

设置仿真软件分析扫描频率时，一般设置范围至少为 3 倍基频，通常是 5 倍基频。例如，需要仿真的网络 SATA3.0 的速率是 6Gbps，则可以设置扫频到 20GHz。

6.3.1 仿真扫描频率设置

（1）单击"Setup Simulation Frequencies"选项，弹出"Frequency Ranges"对话框，设置开始频率为 0Hz，截止频率为 20GHz，其他按默认设置，单击【OK】按钮退出，进入下一环节，如图 6-56 所示。

（2）单击 按钮保存文件，会提示进行错误检查，在弹出的"PowerSI File Saving Options"对话框中选择检查选项，单击【OK】按钮，检查并保存文件，如图 6-57 所示。

图 6-56 "Frequency Ranges"对话框　　图 6-57 "PowerSI File Saving Options"对话框

（3）如果设计有错误，窗口界面输出状态栏下"Output"窗口会有相关显示，按要求修改即可，如图 6-58 所示。

（4）在"Net Manager"选项卡下，右击，在弹出的快捷菜单中选择"Enable All Nets"，避免相关参考网络未选中状态无效，如图 6-59 所示。

图 6-58 "Output"检查提示窗口　　图 6-59 "Enable All Nets"命令框

说明： "Enable All Nets"可以避免漏选对仿真网络有影响的信号，假如只勾选了仿真网络和 GND，但是如果参考平面是其他电源平面网络，则不勾选电源而仿真出来的结果是有误的。

（5）单击"Start Simulation"选项开始仿真分析，弹出仿真分析"Port Curves"界面。仿真界面下"Simulation"呈淡黄色状态，说明正在进行仿真分析，如图 6-60 所示。

仿真时间因文件的大小、分析网络的多少及计算机配置等因素而有所不同。如要终止仿真分析，可单击工具栏命令 ，从当前"Port Curves"界面切换回"SPD Layer View"界面，可以单击菜单栏的"Window"，从下拉菜单中选择需要切换的界面，如图 6-61 所示。

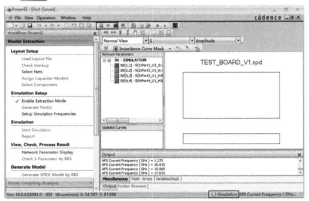

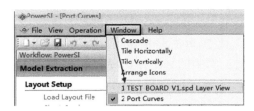

图 6-60 "Port Curves"界面　　　　图 6-61 "Port Curves"与"SPD Layer View"界面切换窗口

6.3.2 结果输出与保存

仿真分析完成后，会显示"S Amplitude"界面，其右边窗口会自动显示出信号 S 参数仿真结果，此时为"Normal View"状态，底下状态为绿色 Ready 标注，如图 6-62 所示。

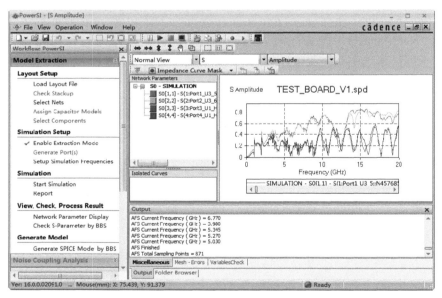

图 6-62 仿真结果"S Amplitude"显示界面

（1）单击"Normal View"右边下拉▼图标，查看差分 S 参数，则切换到"Differential Channel View"—"S"—"Amplitude"状态下，如图 6-63 所示。

（2）在左边"Network Parameters"面板可以复选不同 S 参数，右边会显示相应的曲线。如果要显示串扰结果，可以通过右键单击"Channel Filter"添加，如图 6-64 所示。

（3）在弹出的"Channel Filter"对话框中勾选"Crosstalk"，如图 6-65 所示。

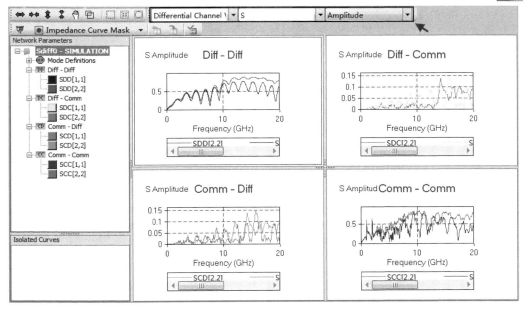

图 6-63　"Differential Channel View"显示界面

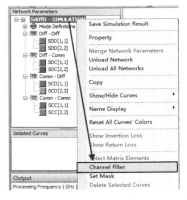

图 6-64　"Channel Filter"选择操作

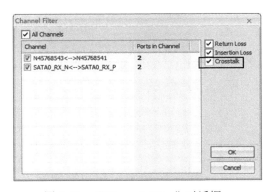

图 6-65　"Channel Filter"对话框

（4）单击【OK】按钮，最终 S 参数显示结果包含 4 个模块框图，其中 4 个窗口曲线分别表示不同模态下的 S 参数曲线，如图 6-66 所示。

其中字母 D 和 C 分别代表差分信号和共模信号：

● Diff-Diff：SDD 表示差分信号输入、差分信号输出。

● Diff-Comm：SDC 表示共模信号输入、差分信号输出。

● Comm-Diff：SCD 表示差分信号输入、共模信号输出。

● Comm-Comm：SCC 表示共模信号输入、共模信号输出。

（5）用鼠标双击"Diff-Diff"小窗口，它会放大显示，在"Network Parameters"面板的 Diff-Diff 模式下，在窗口内右击，在弹出的快捷菜单中选择"Show Y-axis in log scale"选项，如图 6-67 所示。

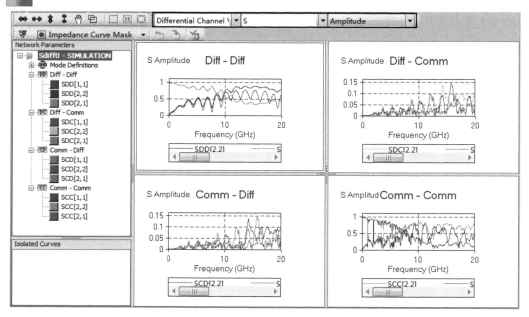

图 6-66　S 参数仿真曲线显示界面

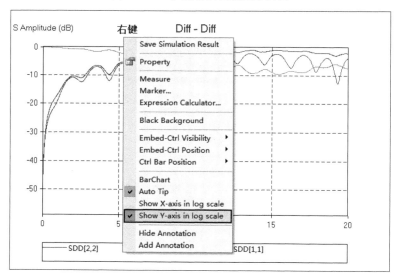

图 6-67　选择"Show Y-axis in log scale"选项

（6）查看信号仿真结果曲线是否有异常，是否为常规曲线趋势，如果结果有异常，需要返回检查修正 SPD 文件的相关设置。在右键快捷菜单中选择"Marker…"，可以添加 X 方向与 Y 方向上的 Marker 标注；单击【Edit Viewing Property】按钮，设置 Marker 标注的属性，如图 6-68 所示。

（7）单击【OK】按钮，退出 Marker 属性设置。双击坐标轴，弹出"Curve Navigator"对话框，可以修改坐标显示区域，如图 6-69 所示。

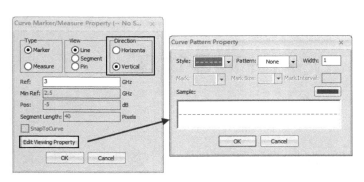

图 6-68　添加 Marker

图 6-69　"Curve Navigator" 对话框

（8）把 X 坐标修改为 0～10，Y 坐标分别修改为-10～0 和-50～0，频域仿真结果显示该示例网络信号在 3GHz 基频处的插入损耗为-1.097dB，回波损耗为-8.387dB，如图 6-70 所示。

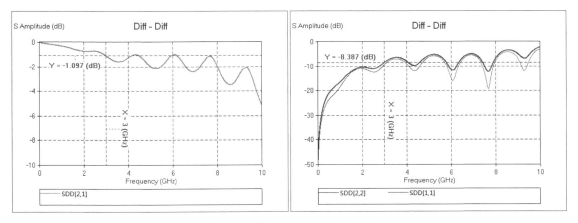

图 6-70　信号频域曲线显示界面

（9）在 "Network Parameters" 面板下右击，在弹出的快捷菜单中选择 "Save Simulation Result"，弹出 "Save Curves" 对话框，设置输出格式、路径和保存的文件名称后，单击【OK】按钮，保存输出 SnP 文件，如图 6-71 所示。

SnP 后缀的文件是 "Touchstone Format" 文件类型的 S 参数，其中 "nP" 表示 "有 n 个 Port"。例如，只定义 SATA0 接口的 RX 差分对的 4 个 Port，则其后缀为.S4P。如果还定义了其他多个网络 Port，如 8Ports，则保存的文件名为（文件名称）.S8P。

图 6-71　"Save Curves" 对话框

保存的文件名称推荐以能简单标示网络名来命名，便于有效识别 S 参数所对应的网络。以上述 RX 差分信号为例，其差分信号对应有 4 个 Port，则 S 参数命名为 SATA0_RX.S4P。

第7章 QSFP+信号仿真

7.1 QSFP+简介

QSFP（Quad Small Form-factor Pluggable）即 4 通道 SPF 接口（QSFP），QSFP 是为了满足市场对更高密度的高速可插拔解决方案的需求而诞生的。这种 4 通道的可插拔接口传输速率达到了 40Gbps，很多 XFP 中成熟的关键技术都应用到了该设计中。QSFP 可以作为一种光纤解决方案，并且速度和密度均优于 4 通道 CX4 接口。由于可在 XFP 相同的端口体积下以每通道 10Gbps 的速率支持 4 个通道的数据传输，所以 QSFP 的密度可以达到 XFP 产品的 4 倍、SFP+产品的 3 倍。具有 4 通道且密度比 CX4 高的 QSFP 接口已经被 InfiniBand 标准所采用。图 7-1 所示为一个 QSFP 接口。

QSFP+（Quad Small Form-factor Pluggable Plus）是用于数据通信应用的紧凑型热插拔光模块。系统组件包括电磁干扰（EMI）屏蔽，有源光缆（AOC）、无源铜电缆组件，活跃的铜电缆组件，光学 MTP 电缆组件，光学回环，主机连接器，连接器和笼子层叠式集成。

为适应快速发展的宽带需求，IEEE 802.3ba 标准委员会通过了 40G 以太网标准。由此，更多高性能的光纤接口标准也陆续出现，比如，支持多模和单模光纤间的兼容等，这就为更好地实现光传输打下了坚实的基础。如图 7-2 所示，QSFP+可插拔接口就是其中比较常用的一种。

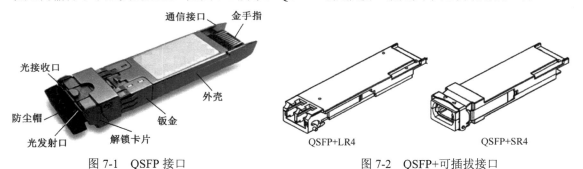

图 7-1　QSFP 接口　　　　　　　　　　　图 7-2　QSFP+可插拔接口

1. 40G QSFP+光模块类型

40G QSFP+光模块主要有三种类型，分别为 40G LR4 QSFP+光模块、40G SR4 QSFP+光模块和 40G LR4 PSM 光模块。

1）40G LR4 QSFP+光模块　40G LR4 QSFP+光模块一般与 LC 接头连接，能支持的单模光纤传输距离可达 10km。这种光模块有 4 个相互独立的发射和接收光信号通道，需使用 MUX 或 DEMUX 来对光信号进行复用和解复用。在接收端，4 个传输速率为 10Gbps 的通道会同时传输。当这些串行数据流被传递到激光驱动器时，激光驱动器会使用直接调制激光器（Directly Modulated Lasers，DMLs）对波长进行控制。被直接调制激光器调制过的光信号再经过复用器，被组合在一起在一根单模光纤上进行传输。快到达接收端时，这些传输信号再被解复用器分解成 4 个传输速率为 10Gbps 的通道，然后 PIN 探测器或互阻放大器对每一个数据流进行恢复，最后将光信号传送出去。其原理如图 7-3 所示。

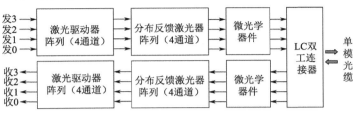

图 7-3　40G LR4 QSFP+光模块原理

2）40G SR4 QSFP+光模块　40G SR4 QSFP+光模块在 40Gbps 数据传输中常与 MPO/MTP 接头一起使用。与 40G LR4 QSFP+光模块不同的是，这种光模块经常用于多模光纤的传输，能支持 OM3 跳线的 100m 左右的信号传输和 OM4 跳线的 150m 左右的信号传输。在发送端传输信号时，首先激光器阵列会将电信号转换为光信号，经过带状多模光纤平行发送。接收端接收信号时，光电检测器阵列再将并行光信号转换成并行电信号。其原理如图 7-4 所示。

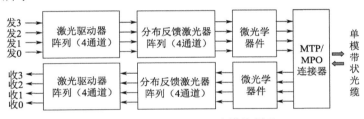

图 7-4　40G SR4 QSFP+光模块原理

3）40G LR4 PSM 光模块　40G LR4 PSM 光模块主要是根据 QSFP+多源协议设计的外观、光/电连接和数字诊断接口。作为一款高度集成 4 通道光模块，它拥有更高的端口密度的优势，同时，也为整个系统的运行节省了不少成本。这种光模块的光口采用了并行单模技术 PSM（Parallel Single Mode），利用 4 路并行设计的 MPO/MTP 接口，可实现 10000m 的有效传输。40G LR4 PSM 光模块的工作原理和 40G SR4 QSFP+光模块的工作原理相同，都是通过激光器阵列将电信号转换为光信号，再由光电检测器阵列将光信号转换为电信号。不同的是，40G LR4 PSM 光模块常用于与单模带状光纤接头相连，也就是说，并行的光信号是通过 8 根单模光纤进行平行发送的。

2. QSFP+光模块特点

QSFP+热插拔的收发器集成了 4 路传送通道和 4 路接收通道，每个通道传输速率为 10Gbps，从而使得更大的端口密度和整个系统的成本节约超过传统 SFP+产品。40 千兆以太网由 IEEE 802.3ba—2010 标准定义，以 40Gbps 速率传输以太网帧，涵盖了许多不同的以太网物理层（PHY）规范，包括 40GBASE-KR4、40GBASE-CR4、40GBASE-T、40GBASE-FR、40GBASE-ER4、40GBASE-SR4、40GBASE-LR4，应用于不同传输环境中的背板、双轴铜缆线、双绞线等。

1）QSFP+光模块的主要特点

● 现场试验验证的单纤双向 40G 模块解决方案。

● 利用现有 10G 网络向 40G 升级的经济有效的解决方案。

● 基于双纤 LC 连接器的方案，不是传统 QSFP+模块的 8 纤 QSFP+方案。

● 兼容 40 GbE IEEE 802.3ba—2010 XLPPI 电口规范。

● 兼容 QSFP+SFF-8436 规范。

2）SFP+和 SFP 的区别

● SFP 和 SFP+外观尺寸相同。

● SFP 协议规范：IEEE 802.3、SFF-8472。

3）SFP+和 XFP 的区别

● SFP+和 XFP 都是 10G 的光纤模块，且与其他类型的 10G 模块可以互通。

● SFP+比 XFP 外观尺寸更小。

● 因为体积更小，SFP+将信号调制功能、串行/解串器、MAC、时钟和数据恢复（CDR），以及电子色散补偿（EDC）功能从模块移到主板卡上。

● XFP 协议规范：XFP MSA 协议。

● SFP+协议规范：IEEE 802.3ae、SFF-8431、SFF-8432。

● SFP+是主流的设计。

3. QSFP+光模块应用

QSFP+具有高密度、高效率、低消耗的优点，作为一种 40G 光模块的低成本替代方案，QSFP+高速线缆已经被广泛应用于数据中心、超级计算机、云计算、企业核心服务器等高速领域。

40G SR4 QSFP+光模块适用于短距离的传输，在数据中心中常用来与 OM3/OM4 带状光缆一起连接以太网交换机。而 40G LR4 QSFP+光模块和 40G LR4 PSM 光模块则适用于长距离传输。单就这两个光模块相比较而言，40G LR4 QSFP+光模块更具性价比。因为在长距离传输中，40G LR4 QSFP+光模块仅仅只需要两根单模光纤，而 40G LR4 PSM 光模块需要 8 根单模光纤。

QSFP+光模块还可以与 QSFP+分支光缆相连，形成一种高密度的解决方案。根据光缆传输介质的不同，一般又将其分为有源光缆（Active Optical Cable，简称 AOC）和高速线缆（铜质电缆，DAC）。有源光缆 AOC 是主动式光纤缆线，也叫带芯片的光缆。AOC 有源光缆与传统铜缆相比有许多显著的优势，首先是传输功率更低，其次是体积更小，约为铜缆的一半左右，使得在布线系统中具有更好的空气流动性和散热性，另外高速信号传输距离更远，并且产品传输性能的误码率也更优。与一般的收发光模块相比，有源光缆 AOC 由于存在不外露的光接口，避免了光接口被污染的问题，使得传输系统的可靠性和稳定性大大提升，还降低了维护成本。相对于 40G DAC 铜缆，40G AOC 有源光缆在 7m 以上的数据传输环境下具备不可比拟的优势，包括体积更小，重量更轻，更容易弯曲，更容易管理，信号传输距离更长等。

基于光引擎技术的有源光缆产品是实现数据中心高速光互连的最佳解决方案，是一种芯片间的互连结构，如图 7-5 所示为 40G QSFP+ AOC 有源光缆。目前市场上主流光互连 AOC 产品包括 10G SFP+ AOC、40G QSFP+ AOC、56G QSFP+ AOC 及 120G CXP AOC 等。

QSFP+转 4 路 SFP+高速有源光缆，一端是 40Gbps 的 QSFP+接口，另一端是 4 个 10Gbps 的 SFP+接口，中间通过 12 芯的 MPO 高密度光缆连接，在 MPO 线缆间加入分支器，实现一路 40Gbps 光信号分为 4 路 10Gbps 信号。光缆一端采用 40G QSFP+连接头，符合 SFF-8436 要求，另一端采用 4 路 10G SFP+连接头，符合 SFF-8432 要求，是最经济简单的交换机端口转换，如图 7-6 所示。

图 7-5　40G QSFP+ AOC 有源光缆

图 7-6　40G QSFP+转 4 路 10G SFP+

4. 产品中 QSFP+应用

仿真项目 PCB Layout 结构为半长全高的 PCIe x8 板卡，QSFP+设计为前面板上的两路高速接口，直接通过 8 路 SerDes 与 FPGA 直连（无须外接 PHY），每个支持 40 千兆以太网或 4 个 10 千兆以太网接口，也可以选择性用作 SFP+。

本章仿真主要是 QSFP+光模块在 PCB 上的布线情况，即分析 PCB Layout 布线的插入损耗和回波损耗情况，并且通过信号传输的波形和眼图模拟仿真，分析信道是否满足规范要求。每个 QSFP+光模块分为 8 路 10G SFP+信号，PCB 布线主要分布在第三层，用了背钻工艺，减小过孔 STUB 对信号的影响，如图 7-7 中高亮部分所示。

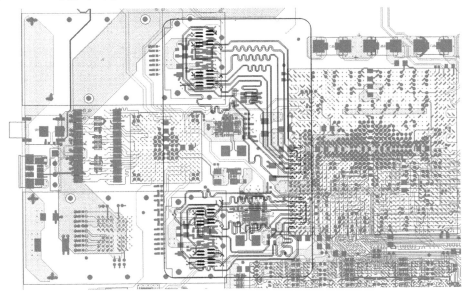

图 7-7　QSFP+信号 PCB 布线

7.2　QSFP+规范

仿真实例中 QSFP+光模块与 FPGA 芯片之间的高速串行信号一共有两组互连走线，每组信号共有 4 对 TX、4 对 RX，通过 8 路 SerDes 与 FPGA 直连，信号最高传输速率要求为 10Gbps，需满足接收芯片电气特性的要求。本次仿真实例是对 QSFP+信号经过光模块后与 FPGA 间的 PCB 布线进行仿真，模拟通道而非仿真实际 40Gbps 线缆。

1．频域特性要求

在频域仿真时，主要考查每路 10Gbps SFP+信号 PCB 布线的传输特性，高速信号的频域特性要求包括插入损耗和回波损耗。仿真实例 PCB 接口模拟链接 Cable 光缆，频域仿真部分的判定标准模拟采用 IEEE 802.3ba 规范中的 40GBASE-CR4 的标准对 PCB 布线进行判决。

1）信号插入损耗参考判断标准

$$\mathrm{IL}_{\mathrm{PCB}}(f) \leq \mathrm{IL}_{\mathrm{PCBmax}}(f) = (0.3)[20\log_{10}(\mathrm{e})(b_1\sqrt{f} + b_2 f + b_3 f^2 + b_4 f^3)] \quad (\mathrm{dB})$$

$$（10\ \mathrm{MHz} \leq f \leq 7500\ \mathrm{MHz}）$$

式中　f——信号频率（Hz）。

$\mathrm{IL}_{\mathrm{PCB}}(f)$——发送和接收 PCB 的插入损耗；

$\mathrm{IL}_{\mathrm{PCBmax}}(f)$——发送和接收 PCB 的最大插入损耗；

$b_1 \sim b_4$、e——特定常量参数，$b_1 = 2 \times 10^{-5}$，$b_2 = 1.1 \times 10^{-10}$，$b_3 = 3.2 \times 10^{-20}$，$b_4 = -1.2 \times 10^{-30}$，$\mathrm{e} \approx 2.71828$。

2）信号的回波损耗参考判标准

$$\mathrm{Return\_Loss}(f) \geq \begin{cases} 12 - 2\sqrt{f} & 0.05 \leq f < 4.1 \\ 6.3 - 13\log_{10}\left(\dfrac{f}{5.5}\right) & 4.1 \leq f \leq 10 \end{cases} \mathrm{dB}$$

式中　f——信号频率（GHz）；

$\mathrm{Return\_Loss}(f)$——信号在 f 频率点的回波损耗（dB）。

以上为 IEEE 802.3ba 规范中关于 PCB 的通道规范，本项目 S 参数的插入损耗及回波损耗均参考上面的频域判定标准，在后面的频域仿真中将会以红色判决曲线显示。

2．时域测试规范

由于 QSFP+连接器至 FPGA 方向的信号无激励源，为了模拟信号的传输特性，实例仿真中将采用 FPGA 处的高速 I/O 的 IBIS_AMI 模型进行时域的高速通道仿真模拟。简单地说，就是仿真时域波形和眼图时，光模块模拟端接 FPGA。

时域测试规范需要参考 FPGA 高速端口的规范要求，作为 PCB 布线性能的重要判断指标之一。参考芯片手册 stratix5_handbook.pdf，如图 7-8 所示。

- 接收端信号电平要求：最小眼高为 85mV，最大眼高为 800mV。
- P-P：峰-峰值，$V_{\mathrm{P-P}}$ 表示信号电压峰-峰值。

Symbol/ Description	Conditions	−1 Commercial Speed Grade			−2 Commercial/Industrial Speed Grade			−3 Commercial/Industrial Speed Grade			Unit
		Min	Typ	Max	Min	Typ	Max	Min	Typ	Max	
Receiver											
Supported I/O Standards		1.4V PCML, 1.5V PCML, 2.5V PCML, LVPECL, and LVDS									
Data rate (Standard PCS)	—	600	—	8500	600	—	8500	600	—	6500	Mbps
Data rate (10G PCS)	—	600	—	14100	600	—	12500	600	—	8500	Mbps
Absolute V_{MAX} for a receiver pin [3]	—	—	—	1.2	—	—	1.2	—	—	1.2	V
Absolute V_{MIN} for a receiver pin	—	−0.4	—	—	−0.4	—	—	−0.4	—	—	V
Maximum peak-to-peak differential input voltage V_{ID} (diff p-p) before device configuration	—	—	—	1.6	—	—	1.6	—	—	1.6	V
Maximum peak-to-peak differential input voltage V_{ID} (diff p-p) after device configuration	V_{CCR_GXB} = 1.0 V	—	—	1.8	—	—	0.8	—	—	1.8	V
	V_{CCR_GXB} = 0.85 V	—	—	2.4	—	—	2.4	—	—	2.4	V
Minimum differential eye opening at receiver serial input pins [4]	—	—	85	—	—	85	—	—	85	—	mV
Transmitter											
Supported I/O Standards		1.4V and 1.5V PCML									
Data rate (Standard PCS)	—	600	—	8500	600	—	8500	600	—	6500	Mbps
Data rate (10G PCS)	—	600	—	14100	600	—	12500	600	—	8500	Mbps
V_{OCM}	0.65V setting	—	650	—	—	650	—	—	650	—	mV
Differential on-chip termination resistors	85Ω setting	85			85			85			Ω
	100Ω setting	100			100			100			Ω
	120Ω setting	120			120			120			Ω
	150Ω setting	150			150			150			Ω
Rise time [5]	—	30	—	160	30	—	160	30	—	160	ps
Fall time [5]	—	30	—	160	30	—	160	30	—	160	ps

图 7-8　FPGA 高速端口时域测试要求

3. 眼图与模板

眼图是一系列的数字信号在示波器或图形软件中显示的图形,是通过大量的信号位叠加得到的,把一连串接收到的脉冲信号同时叠加在示波器或图形软件即可形成眼图。如图 7-9 所示为 8 位随机码叠成的眼图。

通过眼图可以看到信号波形的变化,如单调性、串扰、过冲、抖动等。随着信号传输速率越来越高,眼图成为了高速信号评估信号完整性的一个重要指标。

在很多总线的眼图判断中,会定义一个眼图模板来辅助查看信号问题。眼图模板相当于一个禁止区域,可以很简单和直观地观察信号是否满足质量要求。在眼图模板中,垂直方向标示信号幅值,总共分三个禁止区域,上下两个外禁止区定义了眼图波形幅值不能超过的最大值和最

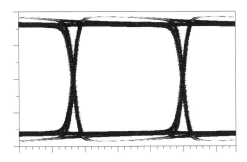

图 7-9　8 位随机码叠成的眼图

小值，内部闭合禁止区域定义了信号输入的最低高电平和输入最高低电平；在水平方向上标示了信号的抖动容限，模板的坐标通常以 UI 为单位来标识。

为了便于理解，下面以 1UI=10ns 为例来说明，假设差分信号抖动最大容忍度为 0.1UI，信号幅度最低 $V_{P\text{-}P}$ 值为 200mV，最大 $V_{P\text{-}P}$ 值为 1000mV，占空比为 50%，则参数设置如图 7-10 所示。

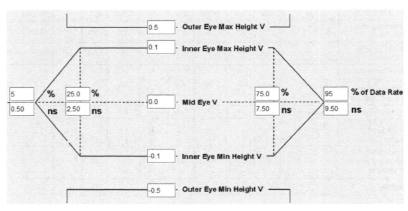

图 7-10　眼图模板设置

本次仿真实例 TX0 接收端眼图模板主要参考 40GBASE-SR4 的规范，RX0 眼图模板结合规范要求并参考 FPGA 端，各个对应参数如图 7-11 所示。

Symbol	Value	Units
T_X1	0.11	UI
T_X2	0.31	UI
T_Y1	95	mV
T_Y2	350	mV
R_X1	0.29	UI
R_X2	0.5	UI
R_Y1	85	mV
R_Y2	400	mV

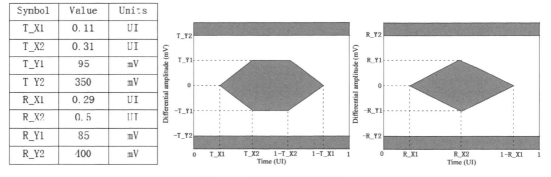

图 7-11　仿真信号眼图模板

7.3　仿真网络设置

打开第 6 章中已经设置好叠层和相关模型的 SPD 文件，对 QSFP+部分网络进行具体仿真参数设置，本次实例仿真还将对过孔进行背钻设置。

1. 差分信号定义

（1）在仿真软件界面的右边面板中，选择"Net Manager"选项卡。如果没有显示"Net Manager"选项卡，可以通过执行菜单命令【Setup】→【Net Manager】激活窗口，如图 7-12 所示。

（2）通过右板边下拉按钮，找到 QSFP+模块对应的差分信号。也可以在上方查找"Net"栏后面输入关键字查找所需网络。例如，输入"*qsfp*"搜索，与 qsfp 相关的网络会过滤显示在下方网络列表中。按住"Ctrl"键，点选 QSFP2_RX_N0 和 QSFP2_RX_P0 差分信号，然后右击，在弹出的快捷菜单中选择"Classify"→"As Diff Pair"，如图 7-13 所示，定义差分对 QSFP2_RX_P0/N0。

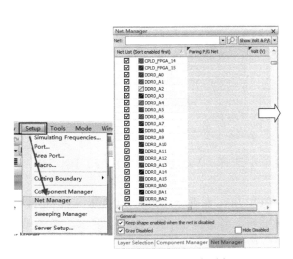

图 7-12　"Net Manager"选项卡

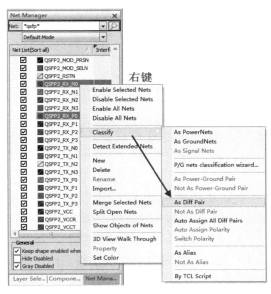

图 7-13　定义差分对 QSFP2_RX_P0/N0

（3）同理，重复上述步骤，分别选中对应的 P 端网络和 N 端网络，定义 QSFP2 光模块的差分信号属性。差分信号定义完成后，在差分网络对名称前面会有一个"["符号标注差分对，如图 7-14 所示。

2. 仿真网络过孔背钻设置

QSFP+光模块收发各 4 对 10Gbps 高速差分信号，为了减小过孔 STUB 线桩对信号的影响，需要对孔进行背钻处理。仿真实例的光模块接口在 TOP 层，主要布线在第三层，可以使孔背钻后最短，则过孔的背钻是从 BOTTOM 层到 TOP 层，下面以一对 QSFP2_RX_P0/N0 为例来具体说明。

（1）选取需要设置的差分网络，可以在网络面板任意处右击，在弹出的快捷菜单中选择"Disable All Nets"先关闭显示所有网络；然后选中 QSFP2_RX_P/N0，右击，在弹出的快捷菜单中选择"Enable Selected Nets"，此时界面会单独高亮显示 QSFP2_RX_P/N0 差分网络，如图 7-15 所示。

图 7-14　完成差分定义的 QSFP2 光模块信号

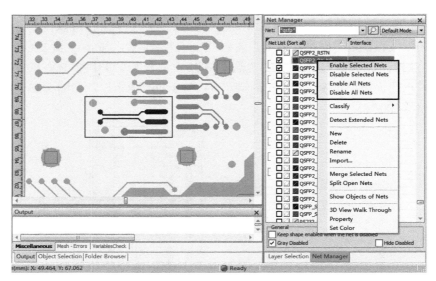

图 7-15　选取并高亮显示网络窗口

（2）选中网络过孔，右击，在弹出的快捷菜单中选择"Via1866∷QSFP2_RX_P0"，弹出"Via Editing"对话框，如图 7-16 所示。

可以明显看到过孔分成两部分，上部分连接 TOP 层，下部分直通 BOTTOM 层，布线在 ART03 层，则下部分就形成了很长的一个 STUB 线桩。根据背钻的工艺设计要求，参考第 5 章中的钻孔描述，背钻孔只能钻到第五层，如图 7-17 所示。

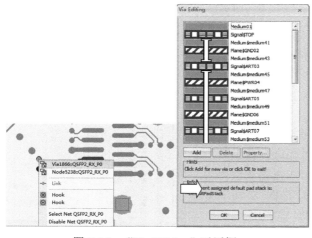

图 7-16　"Via Editing"对话框

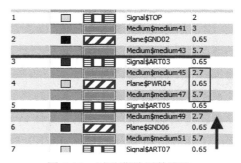

图 7-17　过孔背钻层数选取

（3）在"Via Editing"对话框过孔示意区域中，选中下部分过孔，单击【Delete】按钮，过孔下部分会被全部删掉；然后单击【Add】按钮，增加 ART03～ART05 层间的过孔，ART05 以下到 BOTTOM 层的孔被删除了，相当于"背钻"掉了，如图 7-18 所示。

（4）下面给新增加的半截孔设置 PadStack 属性。先选中孔，激活按钮【Property】，单击弹出"Via Properties"对话框。过孔的"Name"和"Net"按默认设置（注意，"Net"需要

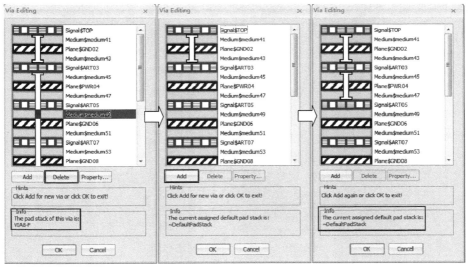

图 7-18　过孔"背钻"设置窗口

和原来网络名一致，如果不一致可以单击后面下拉菜单选择原网络名），在"List of PadStacks"窗口下选择孔类型（选择和原来一样类型的孔），设置为"VIA8-F"，然后单击【Assign PadStack】按钮赋予孔属性，如图 7-19 所示。

（5）单击【OK】按钮，完成属性设置，可见"Via Editing"对话框下部"Info"栏下方显示孔类型为"VIA8-F"。单击【OK】按钮，退出"Via Editing"对话框。然后用同样的方法对其他需要背钻的差分对过孔进行设置。

3. 设置 QSFP+信号网络端口

信号仿真对象主要针对端口进行分析，需要对仿真信号指定仿真端口。一对差分信号包含 P 和 N 两个网络，每个网络又有驱动端和接收端两个端口，则每对差分信号有 4 个网络端口。

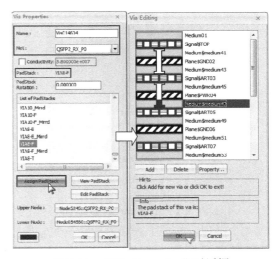

图 7-19　"Via Properties"对话框

（1）在设置端口前，必须保证所设置的网络和参考地是"Enable"状态，也就是网络前面标注"√"状态。本次实例 TX 和 RX 各选用一对来分析说明，如图 7-20 所示。

（2）可以在左边设置面板中的"Simulation Setup"下单击"Generate Port（s）"选项，用设置向导"Port Setup Wizard"设置网络端口，也可以通过菜单命令进入网络端口设置窗口。执行菜单命令【Setup】→【Port…】，如图 7-21 所示。

（3）在弹出的"Port"设置界面，可以看到 QSFP+光口模块网络连接的器件，实例仿真选取的是 QSFP2 器件 J2，与其连接的 FPGA 位号为 U1。分别选取 J2 和 U1，单击【Generate Ports】按钮，仿真软件会按默认方式自动生成输入和输出仿真端口，端口排列顺序按照选取器件的先后顺序来分别生成仿真 Port，如图 7-22 所示。

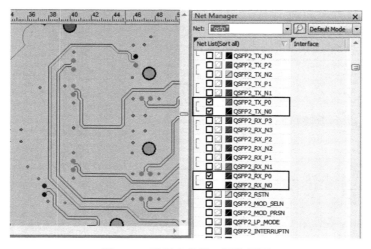

图 7-20　选择定义端口网络界面

图 7-21　设置 Port 菜单命令窗口

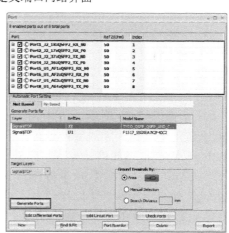

图 7-22　"Port"设置界面

（4）单击【Port Reorder】按钮，弹出"Customize Port Sequence"对话框，一对差分信号有 4 个端口，按照 P_{in}—P_{out}—N_{in}—N_{out} 的顺序对 Port 进行排序。选中 Port 后，可以通过单击右边的向上或向下箭头上升或下降排序，也可以用鼠标拖动 Port，如图 7-23 所示。

（5）单击【OK】按钮，完成排序操作，结果显示如图 7-24 所示。

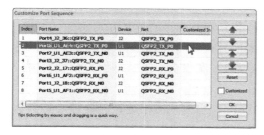

图 7-23　"Customize Port Sequence"对话框

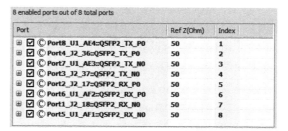

图 7-24　已排序完成的 Port 序列窗口

4. 仿真分析

（1）设置仿真扫描的频率范围，在左边面板中单击"Setup Simulation Frequencies"选项，弹出"Frequency Ranges"对话框。本次仿真 QSFP+光模块中与 FPGA 相连的高速差分速率为 10Gbps，则我们可以设置扫频到 30GHz，如图 7-25 所示。其他保留默认设置，单击【OK】按钮，进入下一环节。

（2）单击图标 💾 保存文件，会提示进行错误检查。在弹出的"PowerSI File Saving Options"对话框中选择检查选项，单击【OK】按钮，检查并保存文件，如图 7-26 所示。

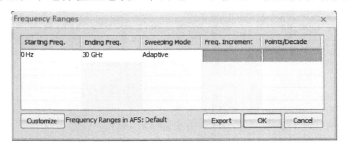

图 7-25 "Frequency Ranges"
对话框

图 7-26 "PowerSI File Saving Options"
对话框

（3）在"Net Manager"选项卡下右击，在弹出的快捷菜单中选择"Enable All Nets"，勾选所有网络，然后单击"Start Simulation"选项开始仿真分析，弹出仿真分析"Port Curves"界面，直到仿真分析完成。

仿真分析完成后，会显示"S Amplitude"界面，其右边窗口会自动显示出信号 S 参数仿真结果，此时为"Normal View"状态，底下"Output"窗口提示 AFS Finished，状态为绿色 标注，如图 7-27 所示。

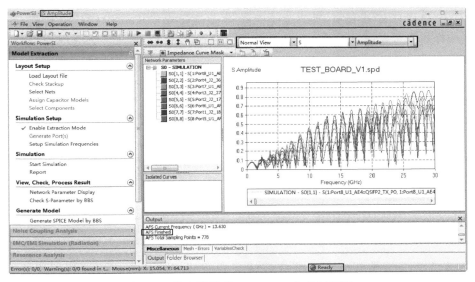

图 7-27 仿真结果"S Amplitude"显示界面

5. S 参数输出

仿真结果输出 S 参数文件，在输出结果前，需要检查 S 参数曲线是否有异常，是否符合常规的曲线波动趋势。如果显示的是非常规曲线，就需要返回 SPD 文件查找问题并加以修正，以保证后续结果输出的正确性。

（1）单击"Normal View"右边的下拉▾图标，切换到"Differential Channel View"—"S"—"Amplitude"状态，查看差分 S 参数，如图 7-28 所示。

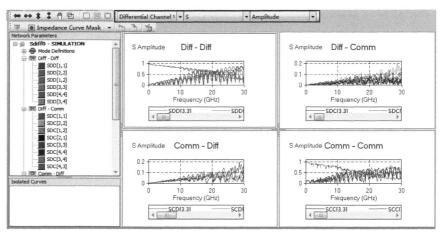

图 7-28　"Differential Channel View"显示界面

- Diff-Diff：SDD 表示差分信号输入、差分信号输出。
- Diff-Comm：SDC 表示共模信号输入、差分信号输出。
- Comm-Diff：SCD 表示差分信号输入、共模信号输出。
- Comm-Comm：SCC 表示共模信号输入、共模信号输出。

（2）双击"Diff-Diff"小窗口，放大显示波形图，在"Network Parameters"面板的"Diff-Diff"模式下，选择需要查看信号的插入损耗曲线或回波损耗曲线，如图 7-29 所示。

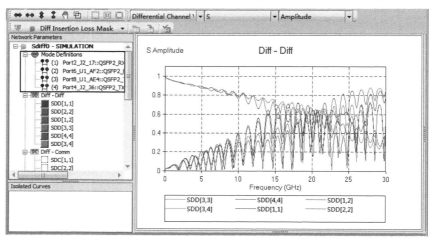

图 7-29　"Diff-Diff"显示窗口

说明：此处看的 Port 并不是前面设置的单线网络 Port，而是差分对的 Port，一个差分对有驱动和接收两个 Port，以图 7-29 中面板的"Mode Definitions"下的端口定义为准。

（3）在"Diff-Diff"窗口中右击，在弹出的快捷菜单中选择"Show Y-axis in log scale"选项，并且添加 Marker。仿真信号速率为 10Gbps，对应基频点为 5GHz，设置水平和垂直 Marker，单击【Edit Viewing Property】按钮可以对 Marker 的类型、线宽、颜色等进行参数设置，如 图 7-30 所示。

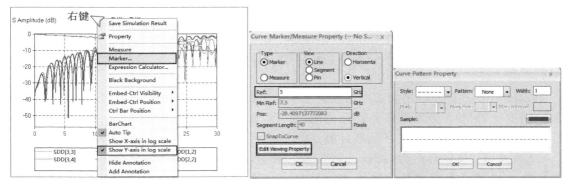

图 7-30 添加并设置 Marker 属性窗口

（4）在左边面板中分别选中端口显示信号插入损耗曲线和回波损耗曲线，结果如图 7-31 所示。可得仿真信号的插入损耗为 –0.951dB@5GHz、–1.182dB@5GHz，回波损耗为 –13.578dB@5GHz、–23.947dB@5GHz。

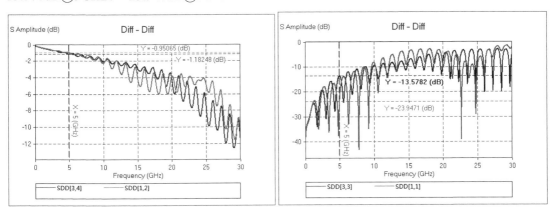

图 7-31 信号插入损耗和回波损耗仿真结果显示窗口

（5）在"Network Parameters"面板下右击，在弹出的快捷菜单中选择"Save Simulation Result"，弹出"Save Curves"对话框，可设置文件输出格式、路径和保存的文件名称，如 图 7-32 所示。

（6）单击【OK】按钮，保存输出 SnP 文件。本次仿真实例中只定义了 QSFP2 光模块的 TX0 和 RX0 差分对的 8 个 Port（如图 7-22 "Port"设置界面中的设置），则其后缀为.S8P。输出仿真结果命名为 QSFP2_TX0_RX0.S8P，便于与其他仿真结果区分（实际操作中也可以按照自己的习惯或者默认命名），如图 7-33 所示。

图 7-32 "Save Curves" 对话框

图 7-33 仿真结果 QSFP2_TX0_RX0.S8P 文件

7.4 QSFP+光模块链路在 ADS 中的仿真

PowerSI 仿真结果输出的 S 参数实际上也是仿真信号的频域仿真结果，如果要对链路进行额外的一些调整，则不是那么灵活；而要进行时域波形和眼图模拟仿真时，需要添加激励源，可以用 SystemSI 软件。不同软件侧重点不同，各有优势，可以灵活组合运用。

本次实例仿真的思路为用 PowerSI 提取 S 参数，用 ADS 进行通道仿真。以下把 S 参数导入到 ADS 中进行通道链路仿真，包括信号通道的频域仿真和时域仿真，并且可以根据仿真结果调整链路仿真条件，优化设计。

1. 建立 ADS 仿真工程

（1）双击桌面上的 ADS 图标，启动主程序，弹出"Getting Started with ADS"对话框，单击"Create a new workspace"选项，创建一个新项目组，如图 7-34 所示。

（2）弹出新建项目向导，在"Workspace name"栏后输入项目名称"QSFP2_TX0_RX0_wrk"（名称建议与 S 参数文件一致），在"Create in"栏后面选择项目的保存路径，如图 7-35 所示。

图 7-34 "Getting Started with ADS" 对话框

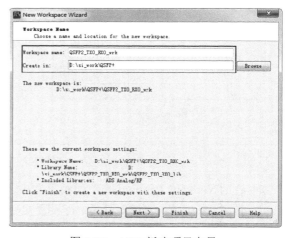

图 7-35 ADS 新建项目向导

（3）单击【Next】按钮，在"Add Libraries"窗口中选择仿真库，按默认设置即可。单击【Next】按钮进入下一步，如图 7-36 所示。

（4）在"Library Name"窗口中，推荐使用默认的库名，一般默认的库名称和项目名称是相同的，并且在窗口下方会有相关路径信息提示，如图 7-37 所示。

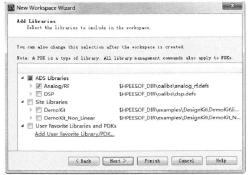

图 7-36　"Add Libraries"窗口　　　　　　图 7-37　库命名窗口

（5）单击【Next】按钮，进入下一步。在"Technology"窗口中，可以设置项目的单位、标准层定义等有关工艺的选项，这里按默认设置即可，如图 7-38 所示。

（6）最后单击【Finish】按钮完成新项目向导设置，建立"QSFP2_TX0_RX0_wrk"仿真工程项目，如图 7-39 所示。

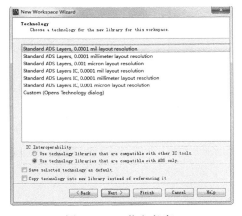

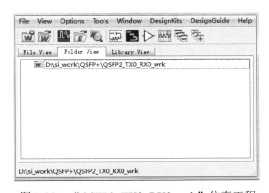

图 7-38　工艺定义窗口　　　　　　图 7-39　"QSFP2_TX0_RX0_wrk"仿真工程

2. SnP 仿真文件导入

（1）在项目"QSFP2_TX0_RX0_wrk"界面下，单击菜单栏原理图 图标，弹出"New Schematic"对话框，在"Cell"栏后面输入原理图名称"QSFP2_TX0_RX0"，如图 7-40 所示。

（2）单击【OK】按钮，弹出原理图编辑界面和向导，可以把向导关闭，我们现在是要手动建立原理图，编辑界面如图 7-41 所示。

说明：可以在菜单栏的"View"选项下，打开或者关闭各个功能窗口，如图 7-42 所示。

（3）在左边面板窗口下拉菜单中，选择"Data Items"，然后把一个 8 Port 的 S 参数符号模板添加到画图工作区域中去，如图 7-43 所示。

说明：SnP 表示有 n 个 Port，可以通过修改 n 值来快速增减 Port。假如放进来的是一个 4Port 的模板，可以单击"S4P"模板直接修改为我们需要的"S8P"，如图 7-44 所示。

图 7-40 "New Schematic"对话框

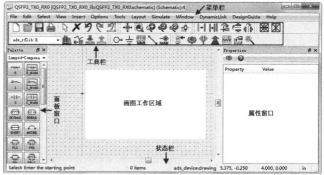

图 7-41 原理图编辑界面

图 7-42 "View"选项

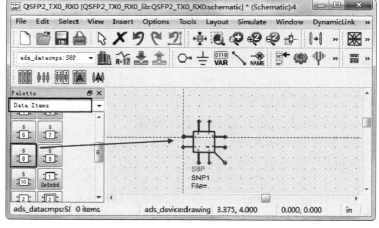

图 7-43 添加一个 8 Port 的 S 参数符号模板

（4）双击 S 参数符号模板，弹出"8-Port S-parameter File"对话框，在"File Name"路径下选择并打开已经保存的 S 参数文件 QSFP2_TX0_RX0.S8P，单击【OK】按钮，进入下一环节，如图 7-45 所示。

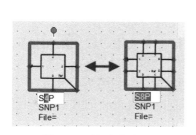

图 7-44 快速增减 Port

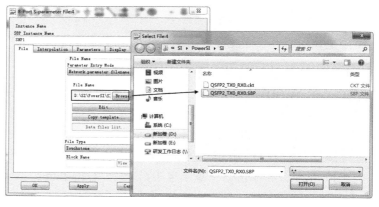

图 7-45 加载 S 参数窗口

3. ADS 创建仿真 Symbol

（1）单击工具栏图标 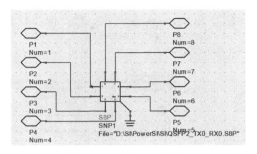 增加 PIN，并且和模板 Port 一一对应链接起来，另一个 Ref 连接脚需要接参考地，如图 7-46 所示。

（2）此时需要注意的是，S 参数在前面提取时是经过排序了的，自动生成的名称已不能表征其顺序，通过网络名也很难区分开来，具体需按照实际顺序来一一对应。双击 S 参数符号模板，在弹出的"8-Port S-parameter File"对话框中单击

图 7-46　连接 PIN 网络

【Edit…】按钮，可以通过查看 S 参数文档和 PCB 网络对应起来，如图 7-47 所示。

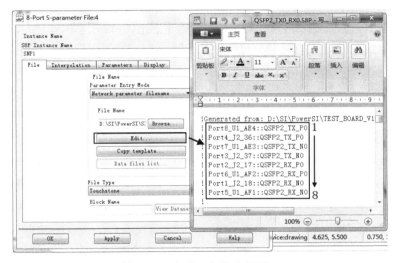

图 7-47　查看 S 参数文档窗口

（3）PIN 名称建议参考 S 参数文档，修改为能表征网络名的。双击 PIN 符号 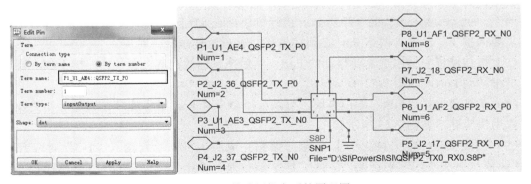，在弹出的"Edit Pin"对话框中修改，也可以直接从 S 参数文档中复制过来修改即可，如图 7-48 所示。

图 7-48　修改网络名后的原理图

（4）执行菜单命令【Window】→【Symbol】，弹出"New Symbol"对话框，Symbol 名称需要和 Schematic 名称一致，保持默认设置即可，如图 7-49 所示。

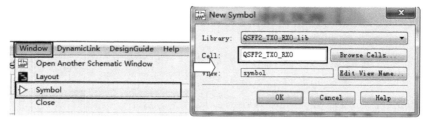

图 7-49 "New Symbol"对话框

（5）单击【OK】按钮，弹出"Symbol Generator"对话框，在这里设置 PIN 的排列方式及 Symbol 的一些参数，一般保持默认设置即可，如图 7-50 所示。

（6）单击【OK】按钮，在编辑区域内可以看到 PIN 按照图 7-48 所示的顺序自动生成 Symbol，这个只是对应了 Port，但是没有对差分对的 P/N 和输入/输出进行对应排序，如图 7-51 所示。

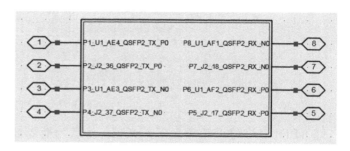

图 7-50 "Symbol Generator"对话框   图 7-51 生成 Symbol

说明：为了和差分对模板 Port 对应起来，需要对 Symbol 内的 PIN 进行重新排序，也就是按照 P_{in}—P_{out}—N_{in}—N_{out} 的顺序对 Port 进行排序；如果在图 7-48 中已经排好顺序，则这里就不需要调整了。总之，网络 Port 必须按仿真 Port 设置要求一一对应。

（7）按住鼠标左键框选需要移动的 Port，然后把鼠标放在其上面按住左键不放，通过移动鼠标来移动 Port，如图 7-52 所示。

（8）单击菜单栏"Edit"下拉菜单，可以选择命令对 Port 进行旋转、镜像等相关操作，也可以用快捷键，如图 7-53 所示。

（9）按照 P_{in}—P_{out}—N_{in}—N_{out} 的顺序调整完成后，可以看到输入"1-3"对应着输出"2-4"，依次下去"5-7"对应着"6-8"，与 S 参数差分 Port 模板是对应的，最终的 Symbol 如图 7-54 所示。

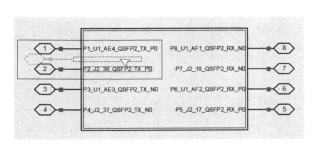

图 7-52　选中并按住鼠标左键移动 Port　　　　图 7-53　"Edit" 下拉菜单

（10）单击 图标保存文件，然后关闭 Symbol 编辑窗口，可以在工程目录下看到新生成的 Symbol 文件，如图 7-55 所示。

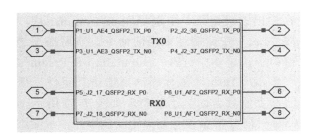

图 7-54　完成排序的 Symbol　　　　　　图 7-55　工程目录显示窗口

4．ADS 频域仿真

对于前面已经生成的 S 参数 Symbol，可以作为一个器件直接调用，在后面编辑原理图搭建仿真链路时不需要重新导入和连接 PIN 设置，运用较灵活而且一目了然。

（1）在工程目录窗口下，单击菜单栏新建原理图 图标，按照上一节所述步骤新建名称为"QSFP2_TX0_RX0_S"的原理图，如图 7-56 所示。

（2）双击打开"QSFP2_TX0_RX0_S"原理图编辑界面，单击工具栏中的 图标，或者执行菜单命令栏【Insert】→【Component】→【Component Library…】，如图 7-57 所示。

（3）在弹出的"Component Library"对话框中，展开库"Workspace Libraries"，选中其下的"QSFP2_TX0_RX0_lib"库文件，在右边面板中选中"QSFP2_TX0_RX0"控件，双击把它放到画图工作区域中来，如图 7-58 所示。

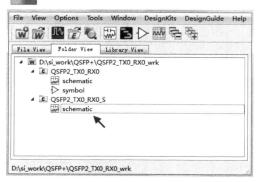

图 7-56　新建"QSFP2_TX0_RX0_S"文件

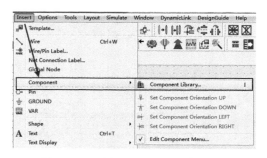

图 7-57　调用 Component 操作界面

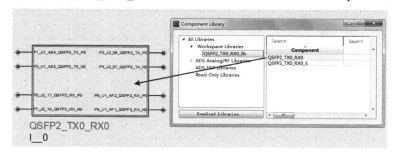

图 7-58　调用"QSFP2_TX0_RX0"控件窗口

（4）单击工具栏中的 图标，或者右击，在弹出的快捷菜单中选择"End Command"，或者按"Esc"快捷键结束当前命令。然后在左边面板窗口下拉菜单中选择"Simulation-S_Param"选项，单击"Term"图标拖动添加仿真组件，鼠标停留在上面会自动显示解析，如图 7-59 所示。

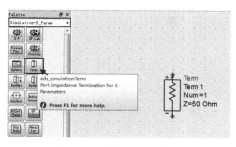

图 7-59　添加 Term 窗口

（5）根据 S 参数差端口定义的顺序，继续添加 Term 组件，然后单击工具栏中的 图标增加相应数量的地，并且单击工具栏中的 图标与前面调进来的 Symbol "QSFP2_TX0_RX0"连接，最后单击右边面板上方的 图标增加 S 参数仿真器。其设定为：起始频率为 0MHz，截止频率为 20GHz，频率扫描步进为 10MHz，通道频域仿真电路如图 7-60 所示。

说明：端口设置推荐遵循 P_{in}—P_{out}—N_{in}—N_{out} 的规则定义，即"1"和"2"为一个网络，"3"和"4"为另一个网络，则在差分端口定义中：

PORT1——"1-3"是差分输入端。

PORT2——"2-4"是差分输出端。

（6）单击工具栏中的仿真图标，运行仿真分析，如图 7-61 所示。

（7）仿真完成后，会弹出仿真结果显示界面，这是还没有添加信号图形、公式参数等信息的空白窗口，如图 7-62 所示。

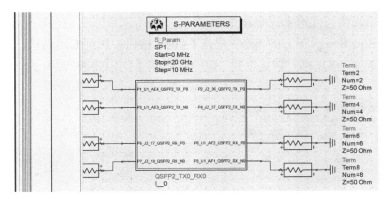

图 7-60　"QSFP2_TX0_RX0_S"通道频域仿真电路

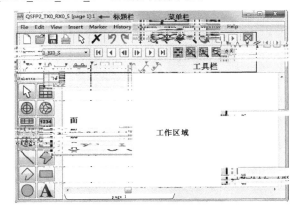

图 7-61　"Simulate"操作命令　　　　图 7-62　仿真结果显示界面

（8）在调用显示面板前需要编辑下相关差分 S 参数公式，单击"Eqn"图标，弹出"Enter Equation"对话框，分别输入插损公式和回损公式，如图 7-63 所示。

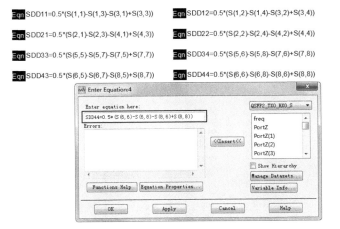

图 7-63　"Enter Equation"对话框

（9）编辑完公式后，在左边面板中单击 ▦ 图标，弹出"Plot Trace & Attributes"对话框，在"Plot Type"选项卡下的"Datasets and Equations"下拉菜单中选择"Equations"，其下方

窗口会列出前面添加的公式名称，如图 7-64 所示。

（10）选择"Equations"下方的参数，单击【Add】按钮添加到右边窗口，或者双击选择，弹出"Complex Data"对话框，默认选择"dB"，单击【OK】按钮进入下一环节，如图 7-65 所示。

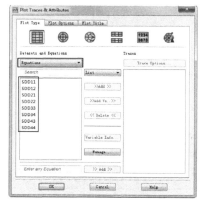

图 7-64　"Plot Trace & Attributes"对话框　　　　图 7-65　"Complex Data"对话框

（11）单击 图标添加新的 Plot，分别设置添加 TX0 差分网络和 RX0 差分网络的插入损耗和回波损耗参数。单击工具栏中的 图标，分别点选窗口中的曲线，给频域曲线添加 Marker。光模块与 FPGA 连接的高速差分信号速率为 10Gbps，其对应基频点为 5GHz，频域仿真曲线如图 7-66 所示，其中图 7-66（a）、（c）为信号插入损耗：TX0_IL=-1.182dB@5GHz，RX0_IL=-0.951dB@5GHz；图 7-66（b）、（d）为信号回波损耗：TX0_RL=-13.578dB@5GHz，RX0_RL=-21.689dB@5GHz。

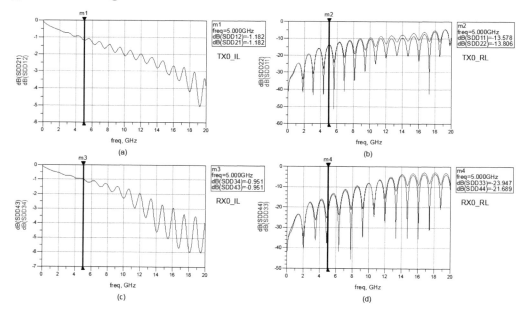

图 7-66　"QSFP2_TX0_RX0_S"频域仿真曲线

5. ADS 时域仿真

在时域反射曲线中，通道中的接口、过孔、焊盘等都是造成阻抗不连续的原因。时域仿真一般使用信号波形和眼图仿真，通过时域反射特性曲线可方便了解通道内特性。

（1）新建一个原理图文件，可以通过复制"QSFP2_TX0_RX0_S"原理图后修改。在工程目录窗口中选中"QSFP2_TX0_RX0_S"原理图，右击，在弹出的快捷菜单中选择"Copy Cell..."，如图 7-67 所示。

（2）在弹出的"Copy Files"对话框中，把"New Name"改为"QSFP2_TX0_RX0_Channel"，其他保持默认设置，如图 7-68 所示。

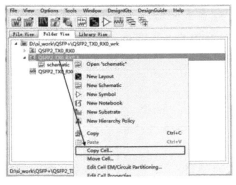

图 7-67　"Copy Files"操作窗口

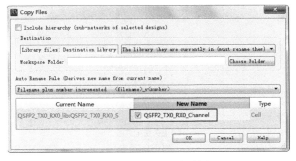

图 7-68　"Copy Files"对话框

（3）单击【OK】按钮，系统会在工程目录下生成新的线路图文件，如图 7-69 所示。

（4）双击原理图，进入编辑界面，在左边面板窗口下拉菜单中选择"Simulation-ChannelSim"选项，单击图标添加通道仿真器，分别单击图标添加驱动端和接收端，单击图标在输出端添加示波器。先仿真 TX0 差分信号，RX0 差分信号可以先添加端连接起来，如图 7-70 所示。

图 7-69　新增"QSFP2_TX0_RX0_Channel"
原理图文件

（5）双击原理图中已连接的 Tx AMI 图标，弹出"Tx AMI"设置对话框，添加激励模型。单击"IBIS File"路径后面的【Select IBIS File...】按钮，把 s5gx_ami_tx.ibs 模型加载进来。在"Pin"选项卡下，可以看到已经加载进来的 AMI_TX 模型，下面列举了"Signal Name"、"Model Name"及"Model Selector"等信息。参考规范，本次仿真实例选择"S5GX_R100_10mA_30ps"，如图 7-71 所示。

（6）单击"AMI"选项卡，可以看到输出端的各种设置，包括预加重等，本次仿真实例此处为默认设置，如图 7-72 所示。

（7）单击"PRBS"选项卡，设置"Bit rate"为 10Gbps；单击"Encoder"选项卡，根据规范设置编码方式为"64B66B"，其他各项保持默认设置，如图 7-73 所示。

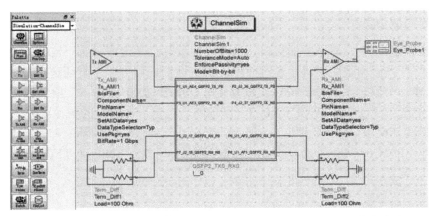

图 7-70 未设置的 AMI 模型的"QSFP2_TX0_RX0_Channel"仿真电路

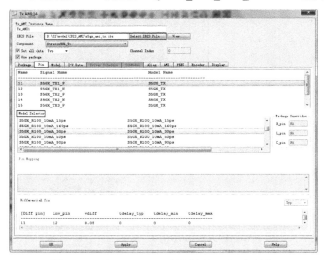

图 7-71 "Tx AMI"对话框"Pin"选项卡

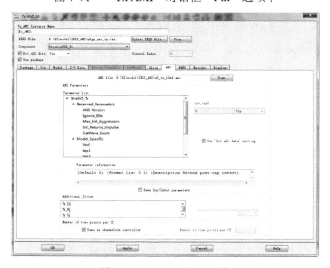

图 7-72 "AMI"选项卡

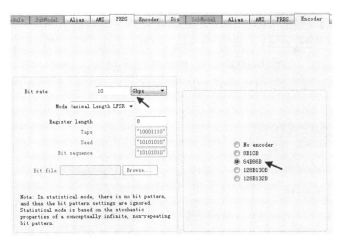

图 7-73　"PRBS"和"Encoder"选项卡

（8）单击【OK】按钮，退出"Tx AMI"对话框，进入下一环节。

（9）双击原理图中已连接的 Rx AMI 图标，弹出"Rx AMI"设置对话框，添加接收端模型。单击"IBIS File"路径后面的【Select IBIS File…】按钮，把 s5gx_ami_rx.ibs 模型加载进来。在"Pin"选项卡下，可以看到已经加载进来的 AMI_TX 模型，下面列举了"Signal Name"、"Model Name"及"Model Selector"等信息。本次仿真实例选择"stratix5_gx_rx_100"，如图 7-74 所示。

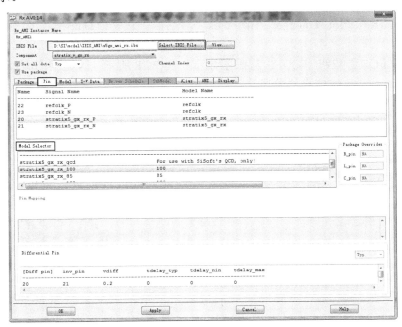

图 7-74　"Rx AMI"对话框"Pin"选项卡

（10）单击"AMI"选项卡，可以对接收端进行均衡等参数设置。本次仿真实例按默认设置，可不用修改，即接收端无均衡设置。

（11）单击【OK】按钮，退出"Rx AMI"设置对话框，进入下一环节。

（12）双击仿真器 ，弹出"Channel Simulation"对话框，设置为"Bit-by-bit"模式，"Number of bits"设置为 10000，其他保持默认设置，如图 7-75 所示。

（13）已设置 AMI 模型的"QSFP2_TX0_RX0_Channel"通道 TX0 仿真电路如图 7-76 所示。

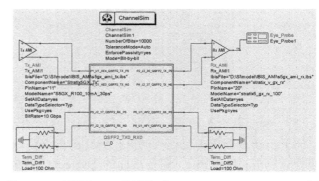

图 7-75 "Channel Simulation"对话框

图 7-76 已设置 AMI 模型的"QSFP2_TX0_RX0_Channel"通道 TX0 仿真电路

（14）单击仿真运行 图标，仿真分析完成后会弹出一个空的显示界面。单击左边面板中的 图标，弹出"Plot Trace & Attributes"对话框，选择"Density"增加眼图信息，如图 7-77 所示。

（15）单击【OK】按钮，TX0 信号眼图显示如图 7-78 所示，可见眼图眼睛张开度大，信号噪声低，抖动小，可知信号传输质量很好，单击图标 保存文件。

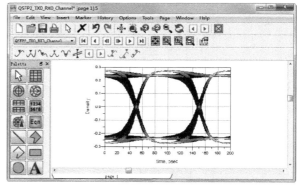

图 7-77 添加眼图操作对话框

图 7-78 通道"QSFP2_TX0_RX0_Channel"的 TX0 信号眼图显示

（16）把 TX0 和 RX0 端口的连接电路交换一下，仿真 RX0 通道，修改电路如图 7-79 所示。

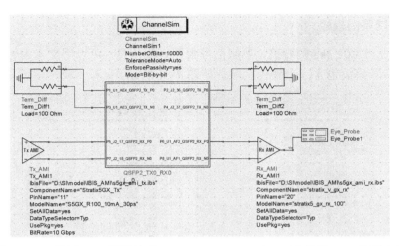

图 7-79　已设置 AMI 模型的"QSFP2_TX0_RX0_Channel"通道 RX0 仿真电路

（17）单击仿真运行图标，在结果显示界面，原来的 TX0 眼图信息自动更新为 RX0 眼图信息，如图 7-80 所示。可见眼图眼睛张开度大，信号噪声低，抖动小，可知信号传输质量很好。

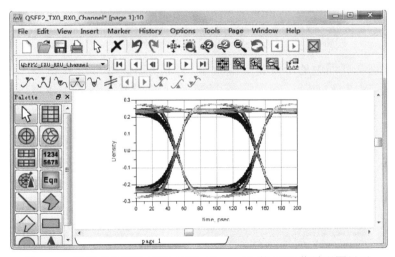

图 7-80　通道"QSFP2_TX0_RX0_Channel"的 RX0 信号眼图显示

7.5　仿真结果分析

信号完整性仿真分析注重的并不是波形的完美，而是系统的稳定性。从前面信号的规范可以得出，仿真信号需要满足规范的判断标准要求。

7.5.1　添加信号判断标准

频域曲线、时域波形及眼图体现出信号质量的好坏。把信号判断曲线和 Mask 眼图模板添加到结果中，通过对比可以简单直观地判断仿真结果是否满足信号质量要求。

1．添加时域眼图模板

根据 IEEE_Std_802.3ba 的规范，参照信号眼图模板信息，可以用文本编辑器编辑眼图模板。一般的信号模板包含三个禁止区域，如图 7-81 所示。

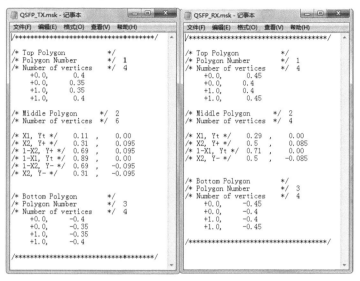

图 7-81　编辑眼图模板界面

（1）双击原理图界面中的示波器图标，弹出"Eye_Probe"对话框，在"Parameters"选项卡中勾选"Use Eye Mask"选项，在其路径栏单击【Browse】按钮把已经编辑好的模板文件加载进来，其他保持默认设置，添加 TX 模板如图 7-82 所示。

图 7-82　"Eye_Probe"对话框

（2）打开"Eye_Probe"对话框的"Measurements"选项卡，增加信号测量参数，把左边列表中的"Waveform"增选到右边列表中，如图 7-83 所示。

（3）单击【OK】按钮，退出示波器设置，单击工具栏中的图标重新运行仿真分析。

在结果显示界面双击眼图框图，在"Plot Traces & Attributes"对话框中增加"Mask"信息，如图 7-84 所示。

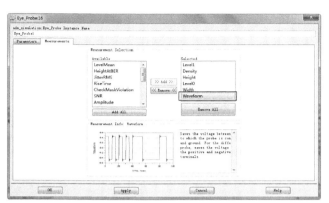

图 7-83　添加"Waveform"对话框　　　　图 7-84　添加眼图 Mask

（4）在左边面板单击■图标增加信号波形图，单击■图标添加测量的眼高 Height 和眼宽 Width 信息，另外双击波形曲线，可以设置其线宽和颜色等，如图 7-85 所示。

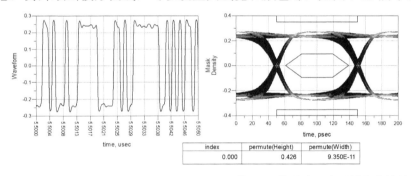

index	permute(Height)	permute(Width)
0.000	0.426	9.350E-11

图 7-85　通道"QSFP2_TX0_RX0_Channel"的 TX0 信号波形和眼图仿真结果

说明：在实际应用中有些仿真眼图一般只添加中间禁止区域，模板编辑可按顺序编辑坐标，以 TX 为例，结果如图 7-86 所示。

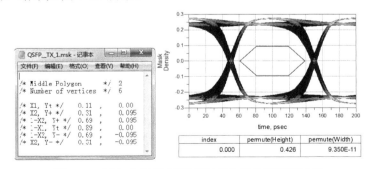

index	permute(Height)	permute(Width)
0.000	0.426	9.350E-11

图 7-86　添加中间禁止区域的 TX0 信号模板和眼图

（5）同理，给 RX 信号添加 Mask，结果如图 7-87 所示。

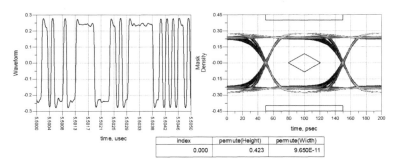

index	permute(Height)	permute(Width)
0.000	0.423	9.650E-11

图 7-87　通道"QSFP2_TX0_RX0_Channel"的 RX0 信号波形和眼图仿真结果

通过添加模板，很显然仿真的眼图可以满足规范的要求。在测量框图中可以得出接收端 TX0 信号的眼高和眼宽分别是 426mV 和 93.5ps，RX0 信号的眼高和眼宽分别是 423mV 和 96.5ps。

2. 添加频域判决曲线

频域判决曲线主要是指插损特性要求公式和回损特性要求公式。

（1）双击打开工程目录下的"QSFP2_TX0_RX0_S.dds"文件，单击左边面板中的"Eqn"图标，弹出"Enter Equation"对话框，添加频域判决曲线公式，如图 7-88 所示。

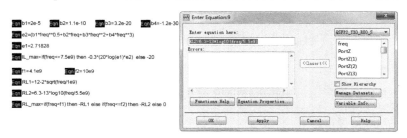

图 7-88　添加频域判决曲线公式

说明：需要注意参数的单位转换，超出规范中测试频率范围的其他频率点不作为参考。

（2）分别双击频域曲线图，在"Equations"列表下对应增加插入损耗公式"IL_max"和回波损耗公式"RL_max"判决曲线，如图 7-89 所示。

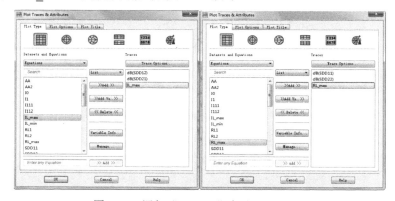

图 7-89　添加"IL_max"和"RL_max"

（3）在"Plot Traces & Attributes"对话框中选择"Plot Options"选项卡，修改 X 坐标和 Y 坐标参数，单击【OK】按钮，结果显示如图 7-90 所示，可知信号满足要求。

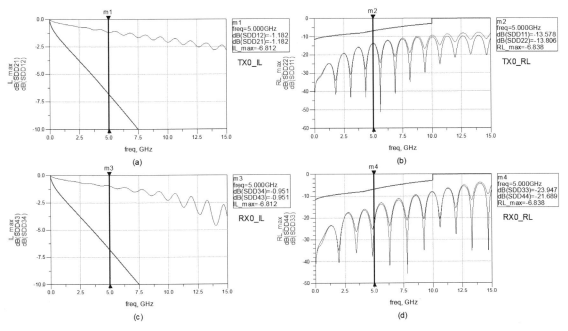

图 7-90　"QSFP2_TX0_RX0_S"频域仿真结果

图 7-90（a）、（c）为插入损耗，图 7-90（b）、（d）为回波损耗。

7.5.2　TX0 与 RX0 差分信号回环仿真分析

回环仿真是指把信号的 TX0 输出模拟端接 RX0 输入端，回环连接结构如图 7-91 所示。

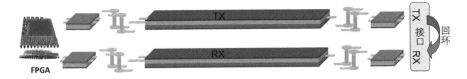

图 7-91　信号回环连接结构

（1）在工程目录界面下复制"QSFP2_TX0_RX0_S"原理图新建一个回环仿真电路，命名为"QSFP2_TX0_RX0_Loop"，右击，在弹出的快捷菜单中选择"Copy Cell"，原理图改为图 7-92 所示电路。

（2）单击工具栏中的 图标运行仿真分析，在弹出的结果窗口中，把 QSFP2_TX0_RX0_S.dds 窗口中的插损、回损公式及信号判决公式用快捷键"Ctrl+C"复制过来，然后在左边面板单击 图标增加信号波形图，如图 7-93 所示。

图 7-93 中左边为插入损耗，右边为回波损耗。

（3）单击坐标轴数值，或者双击曲线框图，在弹出的"Plot Traces & Attributes"对话框中选择"Plot Options"选项卡，修改 X 坐标和 Y 坐标参数，如图 7-94 所示。

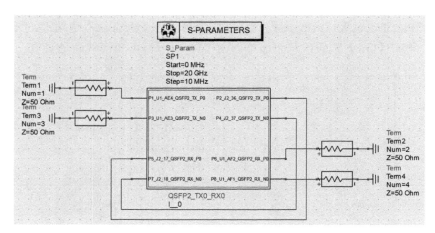

图 7-92 "QSFP2_TX0_RX0_Loop" 回环频域仿真电路

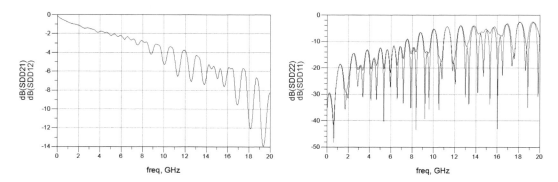

图 7-93 "QSFP2_TX0_RX0_Loop" 回环频域仿真曲线

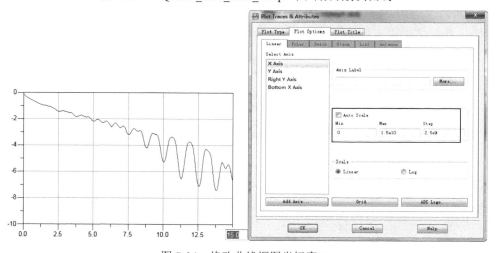

图 7-94 修改曲线框图坐标窗口

（4）在结果显示窗口中分别增加信号判决曲线和标注，结果如图 7-95 所示。可知回环信号的插入损耗为−2.199dB@5GHz，回波损耗为−12.382dB@5GHz。

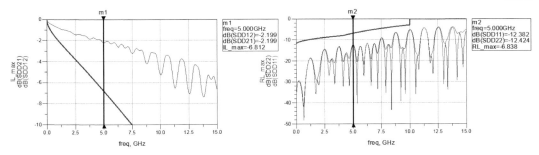

图 7-95　"QSFP2_TX0_RX0_Loop"回环频域仿真结果

（5）新建回环时域仿真原理图，添加时域仿真控件，并按照前述步骤设置 AMI 模型和示波器参数，时域仿真电路修改为如图 7-96 所示。

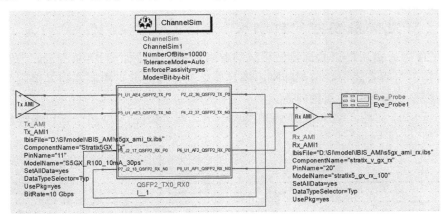

图 7-96　"QSFP2_TX0_RX0_Loop"回环时域仿真电路

（6）单击工具栏中的 图标重新运行仿真分析，在弹出的窗口中单击 图标增加信号波形图，信号回环波形和眼图如图 7-97 所示。

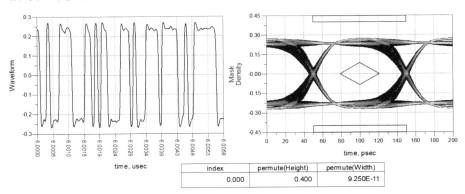

index	permute(Height)	permute(Width)
0.000	0.400	9.250E-11

图 7-97　"QSFP2_TX0_RX0_Loop"回环时域仿真结果

由图 7-97 可知，回环信号满足规范要求，其眼图的眼高为 400mV，眼宽为 92.5ps。

7.6 PCB 优化设计比较与建议

在大多数 PCB 设计中，常规阻抗控制线的线宽一般都会比焊盘小很多，当阻抗线按照 50Ω设计时，在焊盘处的阻抗还会是 50Ω吗？如果把焊盘当作一个加粗了线宽的走线来看待，那么很显然它的阻抗是变小了的。阻抗的突变是引起信号完整性问题的重要因素。

为了保持阻抗的连续性，把焊盘做成和阻抗线一样的宽度是不合规范的，最基本的元器件焊接得优先保证。在 PCB 设计中一般有两种处理方法。一种是增大阻抗线的线宽，同时就要增大到相应参考层的间距，这个还要考虑板厚以及对其他阻抗线的影响，如果为了满足某几个阻抗网络而把其他的线宽也设计得很宽，则布线难度可想而知。除了特定的叠层阻抗设计外，常规做法还是应避免，应用起来会受到多种限制。另一种是隔层参考，通过掏空相邻参考的平面层，使信号参考次相邻层，以满足阻抗控制的要求。

7.6.1 焊盘隔层参考分析比较

产品 PCB 中光模块接口的焊盘做了隔层参考处理，布线如图 7-98 所示。当然，叠层设计完成后，并不是所有隔层参考都能刚好满足要求的，需要把它控制在误差范围内，以减少由于阻抗的突变引起的信号质量问题。

（1）打开 SPD 文件，缩放 PCB 到光模块下第二层，如图 7-99 所示，可见焊盘下方平面做了挖空处理。

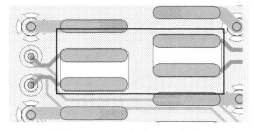

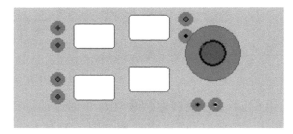

图 7-98 PCB 焊盘隔层参考 　　　　　　　　　　图 7-99 挖开的第二层平面

（2）在工具栏 编辑铜皮命令中，单击 图标增加方形铜皮覆盖住挖空区域，然后单击 选中铜皮，右击，在弹出的快捷菜单中选择设置铜皮属性，弹出"Box Properties"对话框，在"Net"下拉列表中选择"GND"网络，如图 7-100 所示，单击【OK】按钮退出对话框，进入下一环节。

（3）单击工具栏图标 执行"Shape Process"，新增加的铜皮与第二层地平面合为一体，原来挖空的区域已经被填充为完整平面，如图 7-101 所示。

（4）单击 图标检查并保存文件，无误后单击"Start Simulation"，仿真并保存新的 S 参数文件，命名为 QSFP2_TX0_RX0_NP.S8P。

（5）打开 Symbol 控件原理图，双击 S8P 模板，在弹出的"8-Port S-parameter File"对话框中把新 S 参数文件 QSFP2_TX0_RX0_NP.S8P 加载进来，如图 7-102 所示。

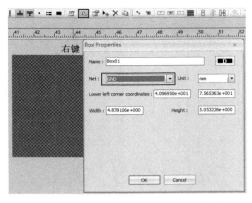

图 7-100　在"Box Properties"对话框中
设置铜皮 GND 属性

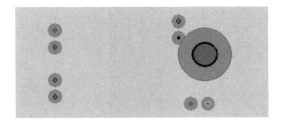

图 7-101　填充的第二层完整地平面

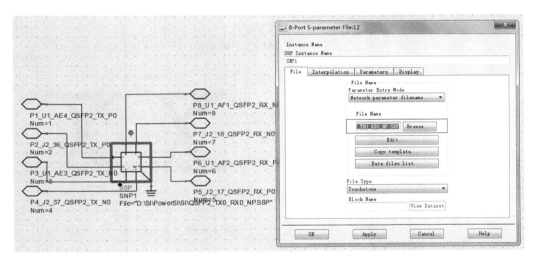

图 7-102　加载 QSFP2_TX0_RX0_NP.S8P 文件

（6）打开"QSFP2_TX0_RX0_S"原理图仿真界面，单击图标重新运行仿真分析，结果如图 7-103 所示，其中图 7-103（a）、（c）为信号插入损耗：TX0_IL=−1.582dB@5GHz，RX0_IL=−1.182dB@5GHz；图 7-103（b）、（d）为信号回波损耗：TX0_RL=−9.003dB@5GHz，RX0_RL=−12.536dB@5GHz。

（7）打开"QSFP2_TX0_RX0_Channel"原理图，单击图标分别仿真分析 TX0 和 RX0，信号波形和眼图如图 7-104 所示，可知上边 TX0 眼图的眼高为 418mV，眼宽为 89.5ps；下边 RX0 眼图的眼高为 419mV，眼宽为 95ps。

（8）仿真调用的是同一个"QSFP2_TX0_RX0"控件，新的 S 参数只更新一次即可。打开回环仿真原理图"QSFP2_TX0_RX0_Loop"，运行回环电路频域仿真分析，结果如图 7-105 所示。可知未隔层参考时，回环信号的插入损耗为−3.226dB@5GHz，回波损耗为−6.991dB@5GHz。

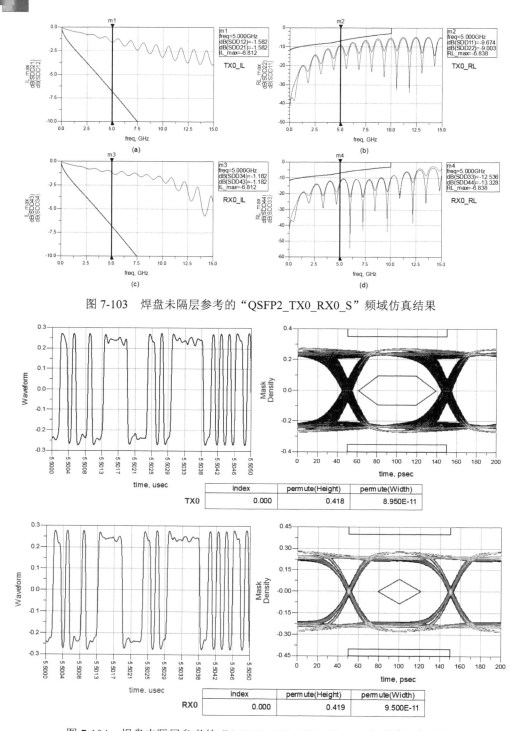

图 7-103 焊盘未隔层参考的"QSFP2_TX0_RX0_S"频域仿真结果

	index	permute(Height)	permute(Width)
TX0	0.000	0.418	8.950E-11

	index	permute(Height)	permute(Width)
RX0	0.000	0.419	9.500E-11

图 7-104 焊盘未隔层参考的"QSFP2_TX0_RX0_Channel"时域仿真结果

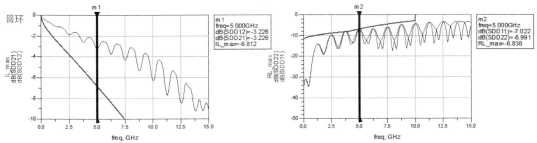

图 7-105　焊盘未隔层参考的"QSFP2_TX0_RX0_Loop"信号频域仿真结果

（9）打开回环时域电路仿真原理图，运行回环电路时域仿真分析，结果如图 7-106 所示。由时域眼图测量可知未隔层参考时，回环信号眼图的眼高为 390mV，眼宽为 91ps。

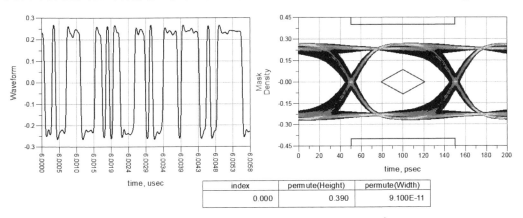

index	permute(Height)	permute(Width)
0.000	0.390	9.100E-11

图 7-106　焊盘未隔层参考的"QSFP2_TX0_RX0_Loop"信号仿真结果

由图 7-103 与图 7-90 对比可以看出，传输线信号质量变差，单通道回波损耗相比前面隔层参考的仿真结果，最大相差 10dB 左右；图 7-105 回环链路的回波损耗曲线已经触碰到判决曲线；另外，由图 7-104 和图 7-106 可知，无论是单通道还是回环仿真分析，焊盘未隔层参考的信号眼图张开度均变小，即眼高变低，眼宽变小。可见优化信号链路阻抗对传输线信号质量有很大的改善。

7.6.2　高速差分不背钻过孔分析比较

过孔会影响传输线的信号质量，高速差分信号在打孔换层处由于 Stub 的影响，会使得信号质量变差。一般的高速信号在换层时都会推荐对过孔进行一定的仿真优化处理，本次仿真实例 QSFP+光模块布线在第三层，相对于主器件在 TOP 层来说 Stub 很长，高速差分过孔需做背钻处理。

如果过孔不做背钻处理，传输线的信号质量会变得怎样呢？以下进行简单的对比分析。

（1）双击桌面快捷方式启动 PowerSI 程序，打开原始未做背钻处理的 SPD 文件，按照前面提取 S 参数的操作步骤，设置相同的网络并保存未背钻的 S 参数文件 QSFP2_TX0_RX0_ND.S8P。此处需要注意的是，网络端口排序需要和前面的仿真模板一致，

信号、电源完整性仿真设计与高速产品应用实例

那样就可以用现有的仿真电路，而不需要重新建立工程，也就是说保证新提取的 S 参数的差分对是按照 P$_{in}$—P$_{out}$—N$_{in}$—N$_{out}$ 的顺序，参照图 7-47 的 S 参数文档排序的。

（2）在 ADS 工程目录界面下，双击打开"QSFP2_TX0_RX0_S"原理图，选中 Symbol组件，然后单击工具栏图标，进入 Symbol 的原理图编辑界面，如图 7-107 所示。

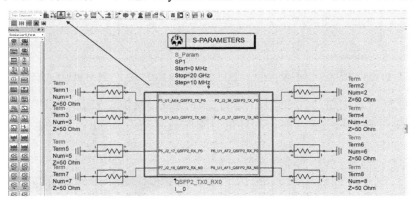

图 7-107　进入 Symbol 原理图快捷命令

（3）在弹出的原理图编辑窗口中，双击 S 参数模板，弹出"8-Port S-parameter File"对话框，在"File Name"路径下选择加载新提取的未背钻 S 参数文件QSFP2_TX0_RX0_ND.S8P，单击【OK】按钮，然后单击图标保存文件，单击工具栏图标退出原理图编辑界面，如图 7-108 所示。

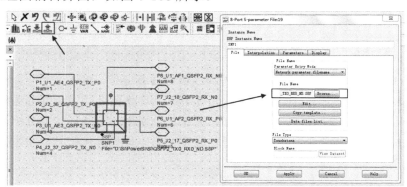

图 7-108　加载新的 S 参数文件窗口

（4）单击工具栏图标运行仿真分析，结果如图 7-109 所示，可见信号插入损耗和波形线性度变差（见图 7-109(a)、(c)），TX0_IL=−1.865dB@5GHz，RX0_IL=−1.109dB@5GHz；回波损耗和波形已触碰到信号判决曲线（见图 7-109(b)、(d)），TX0_RL=−7.703dB@5GHz，RX0_RL=−15.786dB@5GHz。与背钻差分过孔的仿真结果图 7-90 相比较，信号回波损耗最大相差 7dB 左右。

（5）双击打开回环仿真电路图"QSFP2_TX0_RX0_Loop"，单击图标重新进行仿真分析，频域仿真结果如图 7-110 所示，可见信号插入损耗波形线性变差，回波损耗波形已超出判决曲线。

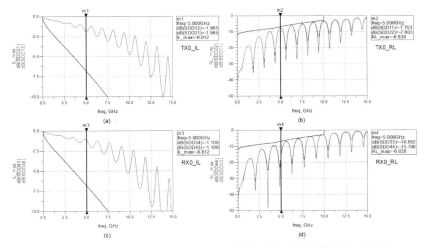

图 7-109　"QSFP2_TX0_RX0_S"通道过孔未背钻的频域仿真结果

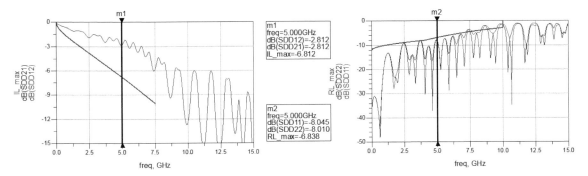

图 7-110　"QSFP2_TX0_RX0_Loop"通道过孔未背钻的回环频域仿真结果

（6）打开回环时域电路仿真原理图，单击 图标运行回环电路时域仿真分析，结果如图 7-111 所示。由时域眼图测量可知过孔未背钻时，回环信号眼图的眼高为 370mV，眼宽为 84ps。

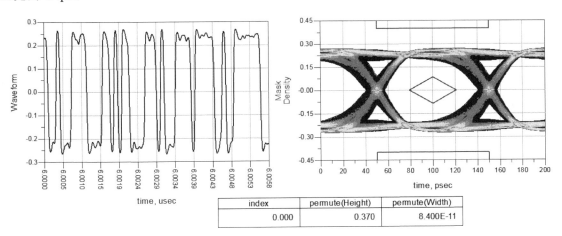

index	permute(Height)	permute(Width)
0.000	0.370	8.400E-11

图 7-111　"QSFP2_TX0_RX0_Loop"通道过孔未背钻的回环时域仿真结果

（7）双击打开"QSFP2_TX0_RX0_Channel"，单击工具栏图标分别仿真 TX0 和 RX0 时域波形和眼图，结果如图 7-112 所示。可见信号过孔未背钻时，TX0 眼图的眼高为 407mV，眼宽为 89.5ps，RX0 眼图的眼高为 407mV，眼宽为 93ps。

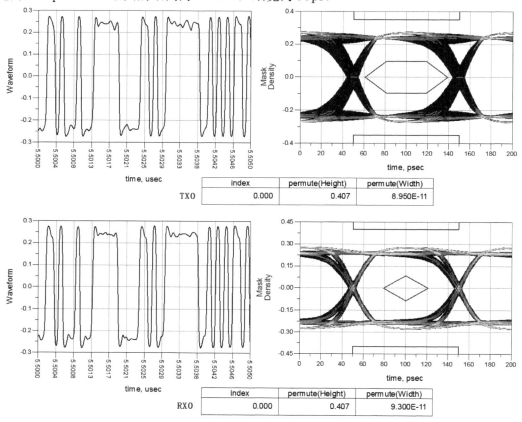

	index	permute(Height)	permute(Width)
TX0	0.000	0.407	8.950E-11

	index	permute(Height)	permute(Width)
RX0	0.000	0.407	9.300E-11

图 7-112　"QSFP2_TX0_RX0_Channel"通道过孔未背钻的时域仿真结果

由以上分析可知，信号过孔未背钻时 Stub 线桩对高速差分的影响是很大的。由图 7-109 可见频域回波损耗波形已触碰到判决曲线，图 7-110 的回环回波损耗曲线已超出判决曲线，图 7-111 的回环眼图的轨迹增粗，抖动变大。将图 7-112 与图 7-86 和图 7-87 相比可得，时域眼图轨迹变粗，抖动增大，同时眼高变低，眼宽变小。可见，对于高速信号，优化差分过孔有助于改善信号传输质量。

7.6.3　QSFP+布线通用要求

PCB 产品中 QSFP+收发器支持 40 千兆以太网或 4 个 10 千兆以太网接口，在 PCB Layout 时，需要重点关注信号阻抗的连续性、参考面的完整性及信号间的串扰等问题。为保证 QSFP+光模块设计正常工作，建议在 PCB Layout 时遵循以下规则：

- 差分布线，QSFP+收发器可以简单理解为 4 通道的 SFP+，允许 4×10Gbps 的数据速率。
- 差分对内等长，建议差分走线长度差别应小于 5mil。

- 控制传输线阻抗，QSFP+收发器差分对的差分阻抗通常控制为 $100\Omega \pm 10\%$。
- 保持阻抗的连续性，传输线阻抗的突变会引起信号的反射，引起信号完整性问题。
- 差分信号最好同层布线，尽量少打孔。如果要换层必须对称，保证走线长度一致，并且适当加些回流地过孔。
- 差分过孔适当掏空做容性补偿，有条件的建议做高速过孔优化仿真。
- 控制布线间距，差分信号线对的走线不能太靠近，建议走线间距至少大于 3 倍差分线距。
- 保持完整的参考平面，优先参考地平面，避免平面被切断或布线经过挖空的区域。
- 差分布线尽量走粗线，减少信号损耗。
- 布线过孔 Stub 线尽量短，必要时可做背钻处理，减小 Stub 线桩对信号的影响。

第8章 SATA 信号仿真

8.1 SATA 信号简介

SATA 是 Serial Advanced Technology Attachment 的缩写，即串行 ATA，这是一种完全不同于并行 ATA 的新型硬盘接口类型。

SATA1.0 的传输率是 1.5Gbps，SATA2.0 的传输率是 3.0Gbps，SATA3.0 最大的改进之处，就是将总线最大传输带宽提升到 6Gbps。它们的接口规格都一样，只是传输速度不同，如表 8-1 所示。

表 8-1　SATA 传输速度对比

SATA 版本	带　宽	速　度
SATA1.0	1.5Gbps	150MBps
SATA2.0	3Gbps	300MBps
SATA3.0	6Gbps	600MBps

串行 ATA 功能分为 4 层，从下到上依次是物理层、链路层、传输层和应用层。传输层和链路层控制全部操作，应用层设计为与并行 ATA 相同，从而保持了软件的兼容性，物理层则处理与设备之间的高速串行通信，如图 8-1 所示。

串行 ATA 能传输所有 ATA 和 ATAPI 协议，并设计为与将来 ATA 标准前向兼容。

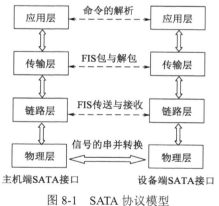

图 8-1　SATA 协议模型

1. SATA 信号常用环境

近年来，随着信息技术的突飞猛进、网络及多媒体技术的普及，使得数据的快速交换和信息的海量存储成为用户的首要考虑。

SATA 总线使用嵌入式时钟信号，具备更强的纠错能力，与以往相比其最大的区别在于能对传输指令（不仅仅是数据）进行检查,如果发现错误会自动矫正,这在很大程度上提高了数据传输的可靠性。

SATA 作为一种新兴的接口技术，以其结构简单、传输速率快、支持热插拔、支持 NCQ（Native Command Queuing，原生命令队列）及端口多路器（Port Multiplier）、交错启动（Staggered Spin-up）等特性，得到广泛的应用。随着需求的不断增加，信号的传输要求越来越高，SATA 也向着更高传输速率的方向发展以满足市场的需求，如图 8-2 所示。

在技术方面，目前 SATA 已经发展到 SATA3.0，读写速度突破到 6Gbps；在市场方面，许多主板提供了 SATA 接口的支持，如图 8-3 所示。另外还有不少性能良好的 SATA 扩展卡产品。随着 SATA 接口技术的不断发展，各类支持 SATA 的新产品还会不断出现。

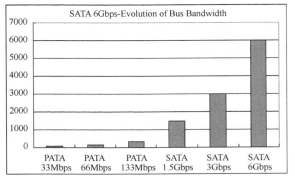

图 8-2　SATA 的发展

图 8-3　主板上的 SATA 接口

SATA 接口使用 4 根电缆传输数据，其结构图中 Tx+、Tx−表示输出差分数据线，对应地，Rx+、Rx−表示输入差分数据线，如图 8-4 所示。

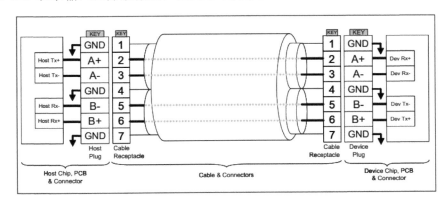

图 8-4　SATA 接口结构

目前大多数产品均以 SATA 为主要接口，主要应用于存储系统的数据传输，可以直接与外部大存储设备相连接。例如，现阶段固态硬盘（Solid State Disk，SSD）的发展，广泛取代传统的 IDE（Integrated Drive Electronics）硬盘将是时代的趋势，其接口协议就是应用的 SATA 接口，这也是未来发展的趋势，如图 8-5 所示。

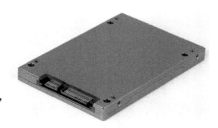

图 8-5　SATA 接口在 SSD 的应用

2. 产品中 SATA 信号的应用

串行接口主要应用了差分信号传输技术，具有功耗低、抗干扰强、速度快的特点，理论上串行接口的最高传输速率可达 10Gbps 以上。

SerDes 是一种主流的时分多路复用（TDM）、点对点（P2P）的串行通信技术。即在发送端多路低速并行信号被转换成高速串行信号，经过传输媒体（光缆或铜线），最后在接收端高速串行信号重新转换成低速并行信号。这种点对点的串行通信技术充分利用传输媒体的信道容量，减少所需的传输信道和器件引脚数目，提升信号的传输速度，从而大大降低通信成本。

SerDes 的结构大致可以分为四类：

（1）并行时钟 SerDes：将并行宽总线串行化为多个差分信号对，传送与数据并联的时钟。这些 SerDes 比较便宜，在需要同时使用多个 SerDes 的应用中，可以通过电缆或背板有效地扩展宽总线。

（2）8B/10B 编码 SerDes：将每个数据字节映射到 10b 代码，然后将其串行化为单一信号对。10b 代码是这样定义的：为接收器时钟恢复提供足够的转换，并且保证直流平衡（即发送相等数量的"1"和"0"）。这些属性使 8B/10B SerDes 能够在有损耗的互连和光纤传输中以较小的信号失真高速运行。

（3）嵌入式时钟 SerDes：将数据总线和时钟串化为一个串行信号对。两个时钟位，一高一低，在每个时钟循环中内嵌串行数据流，对每个串行化字的开始和结束成帧，因此这类SerDes 也可称为"开始-结束位 SerDes"，并且在串行流中建立定期的上升边沿。由于有效负载夹在嵌入式时钟位之间，因此数据有效负载字宽度并不限定于字节的倍数。

（4）位交错 SerDes：将多个输入串行流中的位汇聚为更快的串行信号对。

用采用 SerDes 技术的高速串行接口来取代传统的并行总线架构，基于 SerDes 的设计增加了带宽，减少了信号数量，同时带来了诸如减少布线冲突、降低开关噪声、更低的功耗和封装成本等许多好处。而 SerDes 技术的主要缺点是需要非常精确、超低抖动的元件来提供用于控制高数据速率串行信号所需的参考时钟。即使严格控制元件布局，使用长度短的信号并遵循信号走线限制，这些接口的抖动余地仍然是非常小的。

仿真项目基于 Altera 公司高带宽、低功耗的 Stratix V GX/GS FPGA 设计，在 FPGA 中有两组 SerDes（串行器/解串器）接口设计为 SATA3.0 接口，使外部存储设备可以提供板对板的直接通信，并且使得高速串行能够带来更高的性能、更低的成本和更简化的设计。本节仿真SATA 在 PCB 上的布线，产品 PCB 有双路 SATA 接口，与 FPGA 直连，具体如图 8-6 所示。

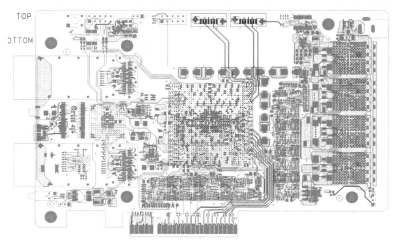

图 8-6　产品中 SATA 信号 PCB 布线

8.2　SATA 信号规范

任何一种接口的设计，首先要搞清楚系统中传输的是什么信号，也就是驱动器能发出什么样的信号，接收器能接收和判决什么样的信号。信号完整性要求也是信号质量的要求，不仅仅是对信号波形的要求，更主要的是系统的稳定性。

仿真项目接口设计为 SATA3.0 标准，最大传输速率可达 6Gbps，信号在输出、接收端需要满足 SATA3.0 的电气规范。对于本次仿真实例项目，主要应满足以下两个方面：接收端差分信号的时域规范和频域规范。

为了更好地理解 SATA 仿真设计过程，了解 SATA 的规范要求，下面将从设计规范要求角度来说明如何通过仿真判断 PCB 设计是否满足设计要求。

1．频域测试规范

频域仿真时，SATA3.0 信号速率为 6Gbps，其对应的基频点为 3GHz，传输线通道的损耗需满足各频点对应的损耗要求。

SATA 信号的 TX 和 RX 各自的频域规范标准不一样，具体如图 8-7 所示。

Parameters	Units	Limit	Electrical Specification						
			Gen1i	Gen1m	Gen1x	Gen2i	Gen2m	Gen2x	Gen3i
RL$_{DD11,TX}$, TX Differential Mode Return Loss (All Values Min)	dB	75～150MHz	14	14	-	-	-	-	-
		150～300 MHz	8	8	-	14	14	-	-
		300～600 MHz	6	6	-	8	8	-	-
		600MHz～1.2 GHz	6	6	-	6	6	-	-
		1.2～2.4 GHz	3	3	-	6	6	-	-
		2.4～3.0 GHz	1	-	-	3	3	-	-
		3.0～5.0 GHz	-	-	-	1	-	-	-
RL$_{DD11,TX}$, TX Differential Mode Return Loss Start for slope	dB	Min at 300MHz	-	-	-	-	-	-	14
Slope of TX Differential Mode Return Loss	dB/dec	Nom	-	-	-	-	-	-	-13
TX Differential Mode Return Loss Max Frequency	GHz	Max	-	-	-	-	-	-	3

Parameter	Units	Limit	Electrical Specification						
			Gen1i	Gen1m	Gen1x	Gen2i	Gen2m	Gen2x	Gen3i
RL$_{DD11,RX}$, RX Differential Mode Return Loss (all values Min)	dB	75～150MHz	18	18	-	-	-	-	-
		150～300 MHz	14	14	-	18	18	-	-
		300～600 MHz	10	10	-	14	14	-	-
		600MHz～1.2 GHz	8	8	-	10	10	-	-
		1.2～2.4 GHz	3	3	-	8	8	-	-
		2.4～3.0 GHz	1	-	-	3	3	-	-
		3.0～5.0 GHz	-	-	-	1	-	-	-
RL$_{DD11,RX}$, RX Differential Mode Return Loss Start for slope	dB	Min at 300MHz	-	-	-	-	-	-	18
Slope of RX Differential Mode Return Loss	dB/dec	Nom	-	-	-	-	-	-	-13
RX Differential Mode Return Loss Max Frequency	GHz	Max	-	-	-	-	-	-	6.0

图 8-7　SATA 规范中 TX 和 RX 的回波损耗特性

由 SATA3.0 规范要求可知，SATA 信号的 TX 和 RX 差分回波损耗在不同频段对应不同的 dB 值。相对来说，TX 信号初始值为 14dB，最高测试频点为 3GHz，判决曲线斜率为 −13dB/dec；RX 信号初始值为 18dB，最高测试频点为 6GHz，判决曲线斜率也为−13dB/dec。

TX 和 RX 回波损耗判决曲线如图 8-8 所示，图中纵坐标做了镜像显示，实际调用时需要镜像处理。在对应的测试频率范围内，可得 SATA3.0 回波损耗判决公式如下：

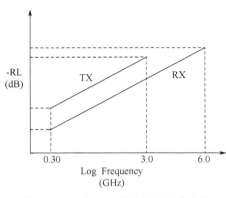

图 8-8　TX 和 RX 回波损耗判决曲线

$$RL_{TX}(f) = 14 - 13\log_{10}\left(\frac{f}{f_0}\right)dB \qquad 0.3 \leqslant f \leqslant 3$$

$$RL_{RX}(f) = 18 - 13\log_{10}\left(\frac{f}{f_0}\right)dB \qquad 0.3 \leqslant f \leqslant 6$$

式中，f 为信号频率（GHz）；f_0 为最小测试频率点，取为 0.3GHz。

如果信号仿真曲线在判决曲线下方，便是满足规范要求的；如果信号仿真曲线超出判决曲线上方，便是不满足规范要求的，需要优化修改，直到满足要求为止。

2. 时域测试规范

在时域仿真时，SATA 信号对应的眼图需要满足 Mask 的眼宽和眼高要求。简单来说，参考规范文件 SerialATA_Revision_3_0.pdf，传输信号需要满足 SATA 信号在接收端的电气特性要求，如图 8-9 所示。

Parameter	Units	Limit	Gen1i	Gen1m	Gen1x	Gen2i	Gen2m	Gen2x	Gen3i
V_{diffRX}, RX Differential Input Voltage	mVppd	Min	325	240	275	275	240	275	-
		Min	-	-	-	-	-	-	240
		Nom	400	-	-	-	-	-	-
		Max	600	-	1600	750	750	1600	-
		Max	-	-	-	-	-	-	1000
$t_{20-80RX}$, RX Rise/Fall Time	ps (UI)	Min 20%~80%	100 (.15)		67 (.10)	67 (.20)			-
		Min	-	-	-	-	-	-	62 (0.37)
		Max	273 (.41)		136 (.41)				-
		Max 20%~80%	-	-	-	-	-	-	75 (0.45)
UI$_{lvminRX}$, RX Minimum Voltage Measurement Interval	UI		-	-	0.5		0.5		-
			-	-	-	-	-	-	0.5
t_{skewRX}, RX Differential Skew	ps	Max	-	-	80	50	75	30	
$V_{cm,acRX}$, RX AC Common Mode Voltage	mVp-p	Max	100		150	100	150	100	

Parameter	Units	Limit	Gen1i	Gen1m	Gen1x	Gen2i	Gen2m	Gen2x	Gen3i
Jitter Transfer Function Low Frequency Attenuation (Gen3)	dB	Min	=	=	=	=	=	=	35.2
		Nom	=	=	=	=	=	=	38.2
		Max	=	=	=	=	=	=	41.2
Jitter Transfer Function Low Frequency Attenuation Measurement Frequency (Gen3)	kHz		=	=	=	=	=	-	420±1%
TJ after CIC, Clk-Data, f$_{BAUD}$/1667	UI	Max	-		0.55			0.55	-
DJ after CIC, Clk-Data, f$_{BAUD}$/1667	UI	Max	-		0.35			0.35	-
TJ before and after CIC, Clk-Data JTF Defined	UI	Max	-						RJ p-p meas. + 0.34
RJ before CIC, MFTP Clk-Data JTF Defined	UI	Max	-						0.18 p-p (2.14 ps 1 sigma)

图 8-9　SATA 时域测试要求

- 接收端信号电平要求：V_{ppd}=240mV，最小眼高为 240mV，最大眼高为 1000mV。
- 信号 jitter 最大容忍度为（0.18+0.34）UI，因此最小眼宽为 0.48UI（80ps）。

3. 眼图模板要求

通过添加眼图模板，可以很简单和直观地观察信号是否满足质量要求。在模板上的表现形式是以 UI 为单位的坐标点。参考 FPGA 端高速口接收信号规范和 SATA 信号测试规范要求可知，SATA3.0 的 RX 信号眼图模板如图 8-10 所示。

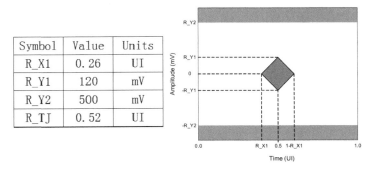

Symbol	Value	Units
R_X1	0.26	UI
R_Y1	120	mV
R_Y2	500	mV
R_TJ	0.52	UI

图 8-10　SATA3.0 RX 信号眼图模板

8.3　仿真网络设置

打开第 6 章中已经设置好叠层和相关模型的 SPD 文件，对 SATA 部分网络进行具体仿真参数设置。PCB 设计中 SATA 信号串接了电容，设置网络时需要分别设置，避免遗漏。

1. 定义 SATA 差分信号

（1）在仿真软件界面的右边面板里选中"Net Manager"选项卡，在"Net"查找选项后面添加"sata*"快速定位查找 SATA 信号，如图 8-11 所示。

（2）按住"Ctrl"键，点选 SATA 差分信号，右击，在弹出的快捷菜单中选择"Classify"→"As Diff Pair"，如图 8-12 所示，定义 SATA0_RX_P/N 差分网络。

图 8-11　快速查找 SATA 信号

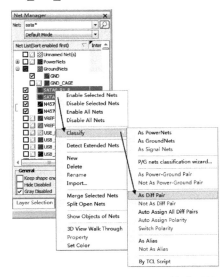

图 8-12　定义 SATA0_RX_P/N 差分网络

（3）按照上述步骤完成剩下 SATA 差分信号的定义，定义完成后，在网络名称前面会有一个"["符号标注网络差分对属性，如图 8-13 所示。

2. 设置 SATA 信号网络端口

信号仿真对象主要针对端口进行分析，需要对仿真信号指定仿真端口。前面章节简述了从驱动端到接收端的 4_Ports 设置仿真方式，而 SATA 网络串接有 AC 耦合电容，也可以按照第 6 章的方法通过添加模型直接提取 S 参数。

本节主要讲述分别提取耦合电容前后端布线通道 S 参数的方法，在搭建仿真链路时，可以根据需要修改电容值，以下网络设置选用 SATA0_RX_P/N 链路进行仿真说明。

（1）在设置端口前，必须保证所设置的网络和参考地是"Enable"状态，也就是网络前面标注"√"的状态，如图 8-14 所示。

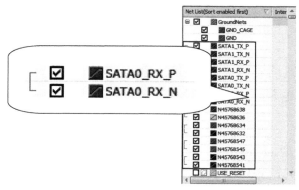

图 8-13　完成差分定义的 SATA 信号

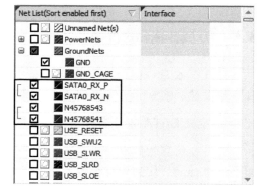

图 8-14　选择定义 Ports 网络界面

（2）单击"Generate Port（s）"选项，弹出"Port Setup Wizard"设置向导，选择"Define ports manual"，单击【Finish】按钮，弹出"Port"设置界面，可以看到 SATA 网络连接的所有器件。分别选中 U3 和 U1，单击【Generate Ports】按钮，生成驱动端和接收端仿真端口，如图 8-15 所示。

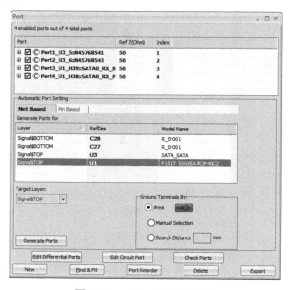

图 8-15　"Port"设置界面

说明： 元器件有 GND 引脚时，可以用软件自动生成 Port，如上述的 U1 和 U3；而对没有参考 GND 引脚的器件，可以手动添加 Port，如 C27 和 C28 需要手动设置 Port。

（3）点选 C27，器件为高亮选中状态，单击【New】按钮，在 Port 列表下面会新增一个 Port，双击修改为能表征网络端口的名称，按顺序命名为"Port5_C27_U3_RX_N"，如图 8-16 所示。

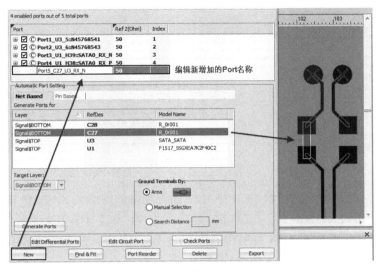

图 8-16　新增 Port 窗口

（4）选中新加的灰色状态的 Port，鼠标移动到 C27 前端网络端口，右击，在弹出的快捷菜单中选择" Hook "关联信号，选中最近的 GND 网络，右击，在弹出的快捷菜单中选择" Hook "关联 GND，如图 8-17 所示。

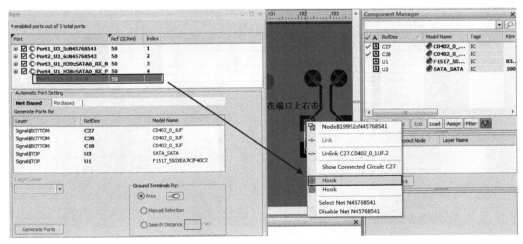

图 8-17　"Hook" Port 窗口

（5）单击 Port 前面的"+"号展开 Port，对比查看端口设置。可见 C27 前端网络布线已经设置了前后两个端口，Port1 和 Port5 是网络 N45768541（对应 SATA0_RX_N）的两端，

Port1 为连接 SATA 接口 U3 的端口，Port5 为连接 C27 的端口，如图 8-18 所示。

（6）相应地新增 Port6、Port7 和 Port8，分别对 C27 连接 U1 的另一端以及 C28 进行相关 Port 设置，SATA0_RX_P/N 差分链路前后两段网络共 8 个单端端口，如图 8-19 所示。

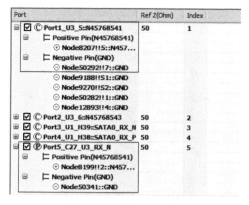

图 8-18　查看 Port 信息

图 8-19　完成 8-Port 设置

注意：端口网络要对应，产品 PCB 中 C27 耦合端接的网络为 SATA0_RX_N，C28 耦合端接的网络为 SATA0_RX_P。C27 前端可命名为 C27_U3_RX_N，后端可命名为 C27_U1_RX_N，相应地可把 C28 前端命名为 C28_U3_RX_P，后端命名为 C28_U1_RX_P，表示各自的连接关系，这样在后面仿真连接整个链路时会一目了然。

（7）完成 Port 设置后，单击界面右上角 ✕ 图标退出，进入下一环节。

（8）在右边面板"Component Manager"上，按住"Ctrl"键用鼠标分别选中 C27 和 C28，右击，在弹出的快捷菜单中选择"Disable Selected Components"，使器件 C27 和 C28 无效，如图 8-20 所示。

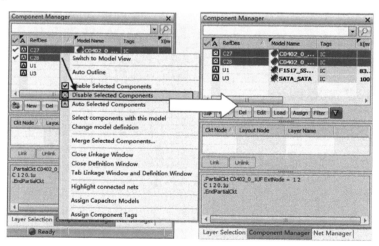

图 8-20　"Disable Selected Components"操作窗口

实际上 U1 和 U3 也需要进行无效设置，只是现在这两个器件的模型还没有，本身就是无效的。

3. 仿真分析

在开始仿真前，先设置仿真扫描的频率范围，并检查 SPD 文件的正确性。

（1）在左边面板中单击"Setup Simulation Frequencies"选项，弹出"Frequency Ranges"对话框。设置扫描频率时，本次仿真实例 SATA3.0 速率为 6Gbps，可以设置扫频到 20GHz，其他保持默认设置，单击【OK】按钮，进入下一环节，如图 8-21 所示。

（2）设置完相关参数后，保存文件，会弹出"PowerSI File Saving Options"对话框提示进行错误检查，如图 8-22 所示，复选检查选项，单击【OK】按钮，检查并保存文件。如果有错误，界面输出状态栏下会有错误显示，按要求修改即可。

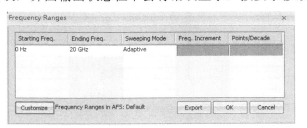

图 8-21　"Frequency Ranges"对话框　　图 8-22　"PowerSI File Saving Options"对话框

（3）在"Net Manager"选项卡下右击，在弹出的快捷菜单中选择"Enable All Nets"使能所有网络，然后单击"Start Simulation"开始仿真分析，弹出仿真分析"Port Curves"界面，直到仿真完成。

4. S 参数输出

仿真分析完成后，会显示为"S Amplitude"界面，其右边窗口会自动显示出信号 S 参数仿真结果，此时为"Normal View"状态，底下状态为绿色 Ready 标注，如图 8-23 所示。

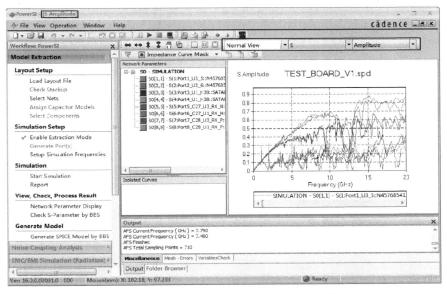

图 8-23　仿真结果"S Amplitude"显示界面

（1）单击"Normal View"右边的下拉图标 ⌄ ，切换到"Differential Channel View"—"S"—"Amplitude"状态，查看差分 S 参数，如图 8-24 所示。

● Diff-Diff：SDD 表示差分信号输入、差分信号输出。

● Diff-Comm：SDC 表示共模信号输入、差分信号输出。

● Comm-Diff：SCD 表示差分信号输入、共模信号输出。

● Comm-Comm：SCC 表示共模信号输入、共模信号输出。

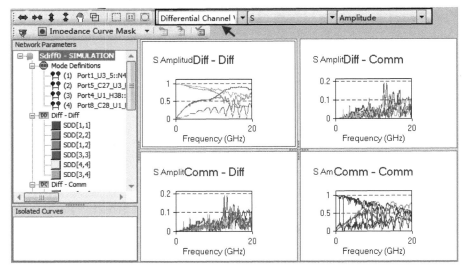

图 8-24　"Differential Channel View"显示界面

（2）在左边"Network Parameters"面板下，可以复选不同的 S 参数，右边会显示相应的曲线。

查看差分对端口时，以"Mode Definitions"下定义的为准，如图 8-25 所示。

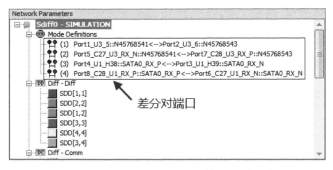

图 8-25　"Mode Definitions"差分对端口窗口

说明： Port1～Port8 对应前面单端网络 Port 设置。Port1-Port2 组成差分对端口 1，Port5-Port7 组成差分对端口 2，Port4-Port3 组成差分对端口 3，Port8-Port6 组成差分对端口 4。

（3）用鼠标双击"Diff-Diff"小窗口，放大显示曲线图，右击，在弹出的快捷菜单中选择"Show Y-axis in log scale"，如图 8-26 所示。

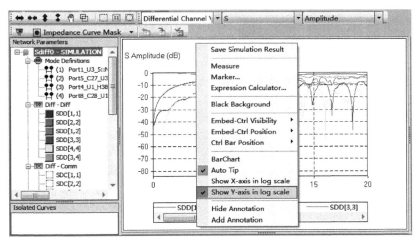

图 8-26　"Show Y-axis in log scale"命令窗口

（4）在"Network Parameters"面板的"Diff-Diff"模式下，选择需要查看的信号频域曲线是否有异常。本次网络被分成两段来设置，因此会有两段差分网络的 S 参数，如图 8-27 所示。其中图 8-27（a）、（b）分别为电容前端网络的插入损耗和回波损耗，图 8-27（c）、（d）分别为电容后端网络的插入损耗和回波损耗。

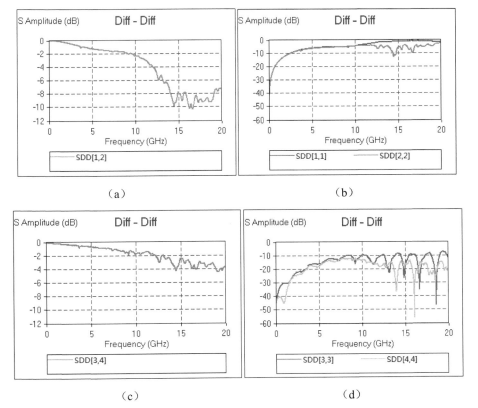

（a）　　　　　　　　　　　　　　　（b）

（c）　　　　　　　　　　　　　　　（d）

图 8-27　SATA0_RX 信号频域曲线显示界面

（5）在"Network Parameters"面板下右击，在弹出的快捷菜单中选择"Matrix Operations"→"Rearrange Port"，在弹出的"Customize Port Sequence"对话框中，根据"U3→电容→U1"的顺序排序，如图 8-28 所示。单击【OK】按钮，进入下一环节。

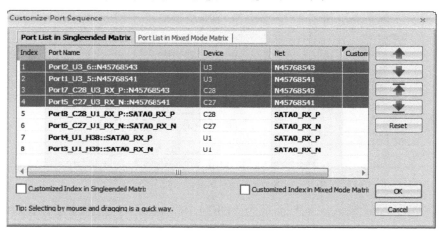

图 8-28　"Customize Port Sequence"对话框

（6）在"Network Parameters"面板下右击，在弹出的快捷菜单中选择"Matrix Operations"→"Reduction"，在弹出的"Port Reduction"对话框中按住"Shift"键多选 Port，把电容到U1 的 Port 在"Connection Status"的下拉列表中设置为"Open"，如图 8-29 所示。

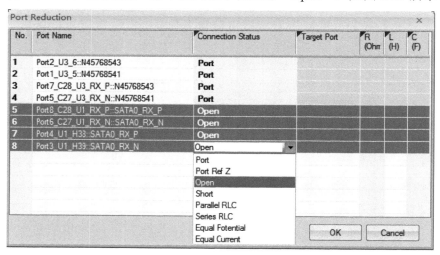

图 8-29　"Port Reduction"对话框

（7）单击【OK】按钮，在"Network Parameters"面板下生成新分配的仿真端口组 S1，如图 8-30 所示。

（8）同理，在右键快捷菜单中选择"Reduction"命令，设置接口 U3 到电容的端口，在"Connection Status"的下拉列表中将前面 No.1～4 设置为"Open"，后面 No.5～8 设置为"Port"，如图 8-31 所示。

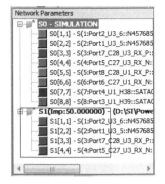

图 8-30　分配端口组 S1

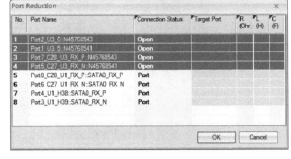

图 8-31　设置 "Connection Status" 选项

（9）单击【OK】按钮，在 "Network Parameters" 面板下生成新分配的仿真端口组 S2，如图 8-32 所示。其中 S1 为 U3 与电容间的 S 参数端口，S2 为电容与 U1 间的 S 参数端口，原来的 8-Port 端口被分成了两个 4-Port 端口。

（10）在 "Network Parameters" 面板下，分别右击端口组 S1 和端口组 S2，在弹出的快捷菜单中选择 "Save As"，弹出 "Save Curves" 对话框，根据端口类型分别设置输出格式、路径和保存的文件名称，单击【OK】按钮，分别保存输出两个 S4P 文件，如图 8-33 所示。

图 8-32　分配端口组 S2

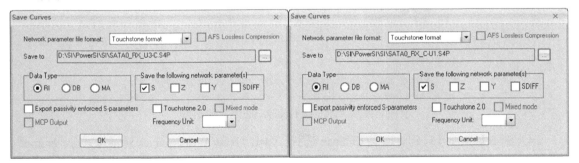

图 8-33　保存输出 S4P 文件

说明：本次输出的两个 4-Port 的 S 参数为从一个 8-Port 的 S 参数分配的，实际仿真时也可单独设置耦合电容前后两端的 Port，然后分别仿真输出两个 S 参数文件。

8.4　SATA 信号链路在 SystemSI 中的仿真

上述 PowerSI 仿真输出结果为信号耦合电容前后两段网络的，并不是整个链路的。由于只提取布线 S 参数，虽然相对于驱动和接收两端口设置较烦琐，但是在后期搭建仿真通道时，对不确定的电路进行仿真分析有很大的帮助。

SystemSI 常用于信号通道仿真，下面简单介绍用 SystemSI 来仿真 SATA 通道信号。

8.4.1 建立 SystemSI 仿真工程

（1）在桌面"开始"菜单的程序列表中，选择 Cadence Sigrity 程序启动 SystemSI，如 图 8-34 所示。

（2）弹出 SystemSI 主界面，如图 8-35 所示。

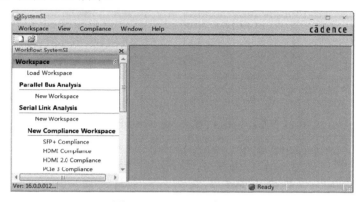

图 8-34 启动 SystemSI　　　　　　　　图 8-35 SystemSI 主界面

（3）在"Serial Link Analysis"选项下单击"New Workspace"新建串行仿真工程，弹出"Choose License Suites"对话框，勾选"SystemSI-SLA II"，如图 8-36 所示。

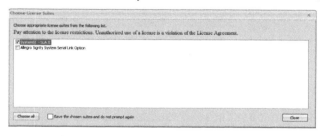

图 8-36 "Choose License Suites"对话框

（4）单击【Close】按钮，退出 License 选择，弹出"New Workspace"对话框，在"Name"文本框中填入名称"SATA0_RX"，在"Location"选项中选择保存路径，如图 8-37 所示。

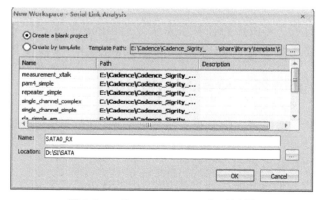

图 8-37 "New Workspace"对话框

（5）完成设置后，单击【OK】按钮，新建 SATA0_RX 工作空间主界面，如图 8-38 所示。

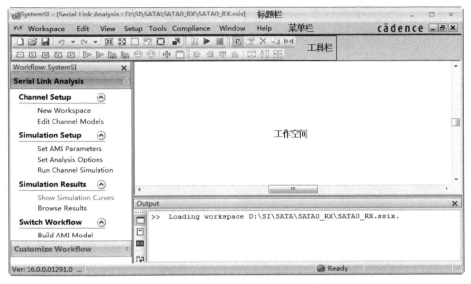

图 8-38　新建 SATA0_RX 工作空间主界面

8.4.2　创建仿真链路

（1）单击工具栏中 S 参数图标　，添加元件 S 参数模块，如图 8-39 所示。

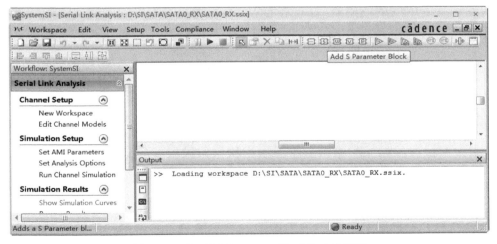

图 8-39　"Add S Parameter Block" 命令按钮

（2）分别添加仿真元件 "Tx1"、"S1"、"S2"、"Rx1"，如图 8-40 所示。

（3）单击选中元件模块 "Tx1"，在右键快捷菜单中选择 "Add Connection Between" →
"S1" 命令，连接 "Tx1" 与 "S1" 模块，如图 8-41 所示。

（4）同理，依次选中 "S1"、"S2"、"Rx1"，在右键快捷菜单中选择 "Add Connection
Between" 命令，连接 "S1→S2" 和 "S2→Rx1"，完成所有模块间的互连，如图 8-42 所示。

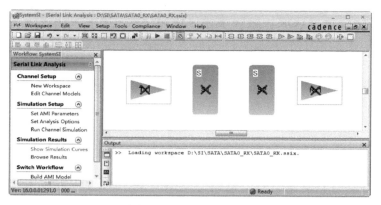

图 8-40　添加仿真元件

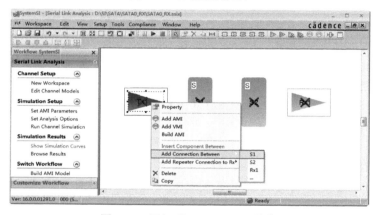

图 8-41　添加 "Tx1→S1" 互连线

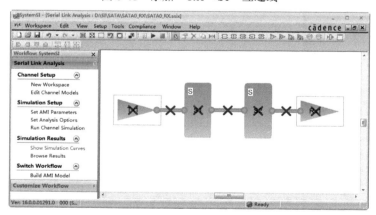

图 8-42　互连仿真通道

8.4.3　添加仿真模型

（1）双击 "Tx1"，给 "Tx1" 添加 IBIS 模型。在工作主界面下方显示的 "Property" 属性窗口中单击【Load IBIS...】按钮，如图 8-43 所示。

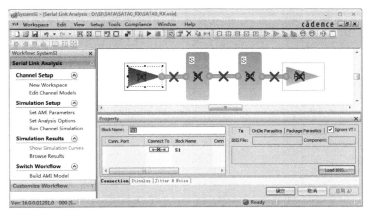

图 8-43　添加 IBIS 模型

（2）在弹出的"Load IBIS"窗口中单击查找路径 按钮，选择驱动端的 IBIS_AMI 模型文件 s5gx_ami_tx.ibs，如图 8-44 所示。

图 8-44　添加"s5gx_ami_tx.ibs"模型

（3）单击【打开】按钮加载模型，如图 8-45 所示，可以看到加载进来的模型情况。在"Diff Pin"选项卡下要勾选一对差分网络作为驱动，单击【OK】按钮，进入下一环节。

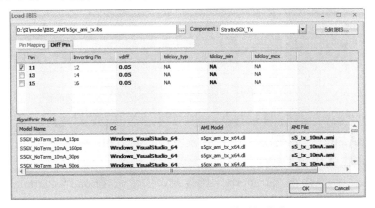

图 8-45　"s5gx_ami_tx.ibs"模型加载窗口

（4）单击"Property"属性窗口中的【应用】按钮，将"Tx1"模型加载进来，由于它是AMI模式的，所以自动添加了AMI属性模块，并且Tx1的红色"×"标示已消除，如图8-46所示。

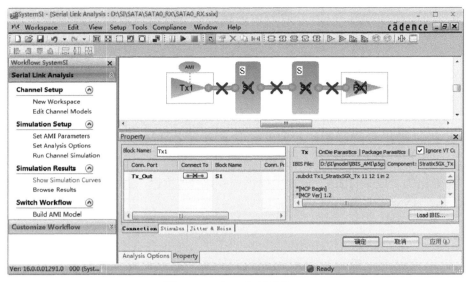

图8-46　"Tx1"属性窗口

（5）选择"Property"属性窗口中的"Stimulus"选项，设置"Data Rate"为"6Gbps"，"Data Coding"为"8b10b"格式，如图8-47所示。单击【确定】按钮，进入下一环节。

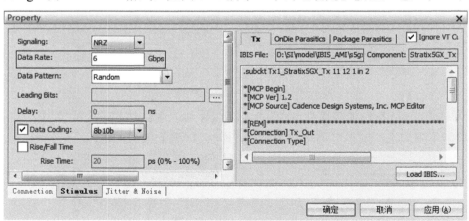

图8-47　"Stimulus"属性设置

（6）双击"Tx1"的"AMI"，显示其属性窗口，单击查找路径按钮，在"AMI Parameter"栏选择"s5_tx_10mA.ami"作为驱动端的AMI模型，在"AMI dll"栏选择"s5gx_ami_tx_x64.dll"，如图8-48所示。单击【确定】按钮，进入下一环节。

（7）双击"S1"元件，在"Property"属性窗口中单击【Load S Parameters】按钮，添加"S1"元件的S参数文件，如图8-49所示。

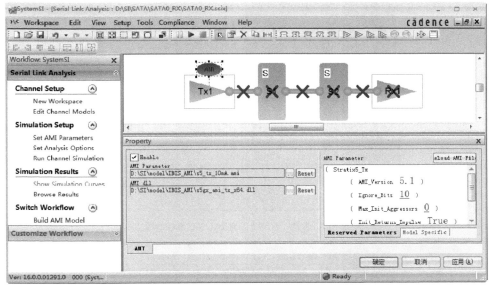

图 8-48　"Tx1" 的 AMI 属性窗口

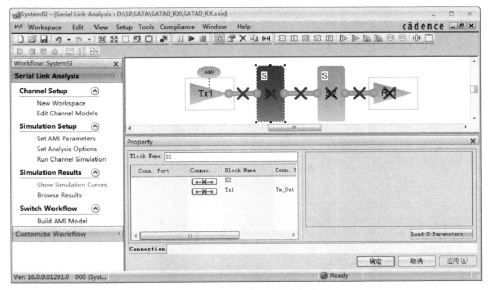

图 8-49　"S1" 加载 S 参数文件窗口

（8）在弹出的 "Load S Parameters" 对话框中，选择 SATA 信号从接口 U3 到电容的 4-Port S 参数文件，如图 8-50 所示，单击【打开】按钮，进入下一环节。

（9）单击【应用】按钮，"S1" 模块的红色 "×" 标示已消除，如图 8-51 所示。

（10）同理，双击 "S2" 元件，在 "Property" 属性窗口中单击【Load S Parameters】按钮，添加 "S2" 元件的 S 参数文件，如图 8-52 所示。

（11）在弹出的 "Load S Parameters" 对话框中，选择 SATA 信号从电容到 U1 的 4-Port S 参数文件，如图 8-53 所示，单击【打开】按钮，进入下一环节。

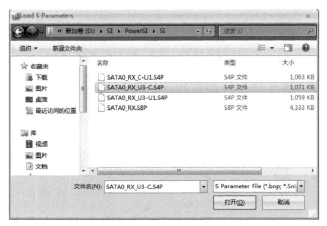

图 8-50　选择"SATA0_RX_U3-C.S4P"文件

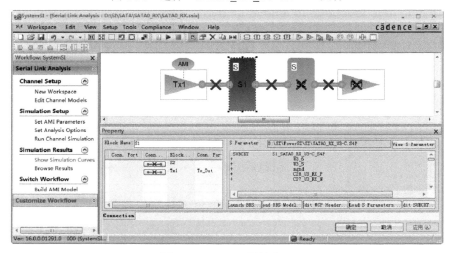

图 8-51　"S1"属性窗口

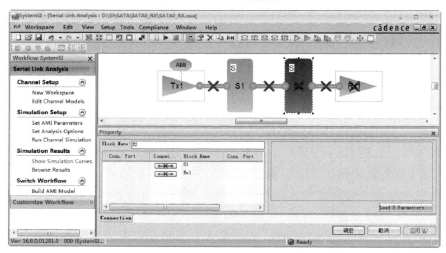

图 8-52　"S2"加载 S 参数文件窗口

图 8-53　选择"SATA0_RX_C-U1.S4P"文件

（12）单击【应用】按钮，"S2"模块的红色"×"标示已消除，如图 8-54 所示。

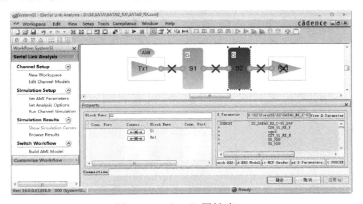

图 8-54　"S2"属性窗口

（13）双击"Rx1"，给"Rx1"添加 IBIS 模型。在工作主界面下方显示的"Property"属性窗口中单击【Load IBIS】按钮，如图 8-55 所示。

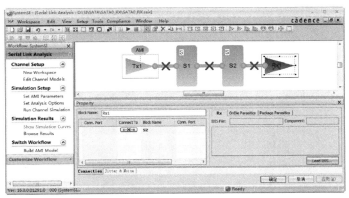

图 8-55　添加 IBIS 模型

（14）在弹出的"Load IBIS"窗口中单击查找路径 按钮，选择接收端的 IBIS_AMI 模型文件 s5gx_ami_rx.ibs，如图 8-56 所示。

图 8-56　添加"s5gx_ami_rx.ibs"模型

（15）单击【打开】按钮加载模型，可以看到加载进来的模型情况。在"Diff Pin"选项卡下勾选"20-21"差分网络，如图 8-57 所示，单击【OK】按钮，进入下一环节。

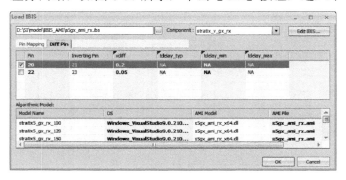

图 8-57　"s5gx_ami_rx.ibs"模型加载窗口

（16）单击"Property"属性窗口中的【应用】按钮，"Rx1"模型加载进来，由于它是 AMI 模式的，所以自动添加了 AMI 属性模块，并且 Rx1 的红色"×"标示已消除，如图 8-58 所示。

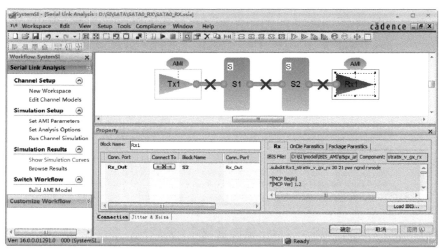

图 8-58　"Rx1"属性窗口

（17）双击"Rx1"的"AMI"，显示其属性窗口，单击查找路径 按钮，在"AMI Parameter"栏选择"s5gx_ami_rx.ami"作为接收端的 AMI 模型，在"AMI dll"栏选择"s5gx_ami_rx_x64.dll"，如图 8-59 所示。单击【确定】按钮，进入下一环节。

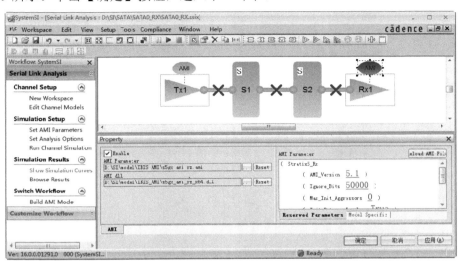

图 8-59　"Rx1"的 AMI 属性窗口

8.4.4　设置链接属性

在设置链接属性前，先确认元件"S1"和"S2"的节点关系。

（1）双击"S1"元件，显示其"Property"属性窗口，单击【Editor MCP Header】按钮，弹出"MCP Header Editor"对话框，其中详细列出了"S1"元件的 S 参数节点信息，如图 8-60 所示。

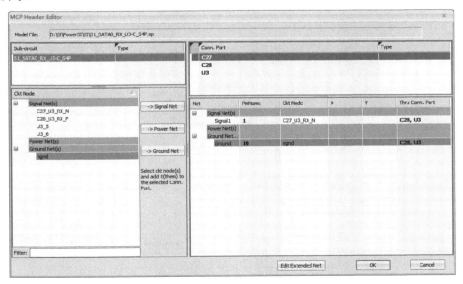

图 8-60　"S1"元件的 S 参数节点属性窗口

（2）在"Conn.Port"窗口中，新建链接端口"S1_C"，把"S1"中与电容连接的节点所对应的网络和地从"Ckt Node"中添加过来，如图 8-61 所示。单击【OK】按钮，进入下一环节。

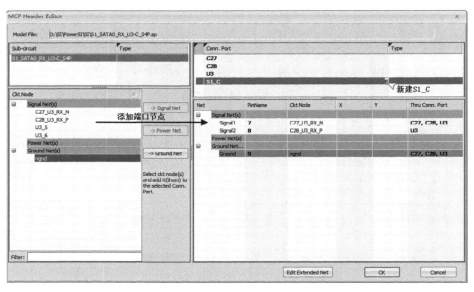

图 8-61 编辑"S1_C"端口节点

（3）同理，双击"S2"元件，显示其"Property"属性窗口，单击【Editor MCP Header】按钮，弹出"MCP Header Editor"对话框，其中详细列出了"S2"元件的 S 参数节点信息，如图 8-62 所示。

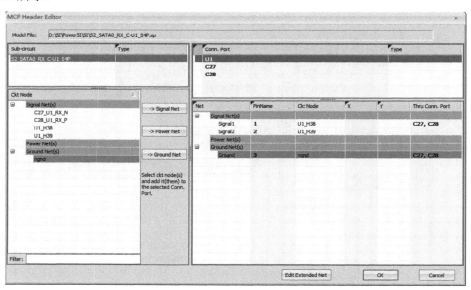

图 8-62 "S2"元件的 S 参数节点属性窗口

（4）在"Conn.Port"窗口中，新建链接端口"S2_C"，把"S2"中与电容连接的节点所对

应的网络和地从 "Ckt Node" 中添加过来，如图 8-63 所示。单击【OK】按钮，进入下一环节。

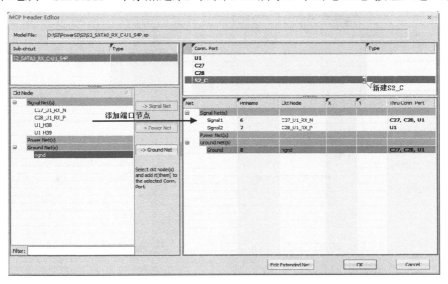

图 8-63　编辑 "S2_C" 端口节点

（5）双击 "Tx1" 与 "S1" 之间的连线，弹出其 "Property" 属性窗口，在 "Tx1" 的 "Conn.Port" 中选择 "Tx_Out"，在 "S1" 的 "Conn.Port" 中选择接口 "U3"，根据信号连接关系选择对应网络，在右键快捷菜单中选择 "Connect" 命令连接起来，如图 8-64 所示。如果要消除连接关系，可以通过在右键快捷菜单中选择 "Disconnect" 命令断开连接。

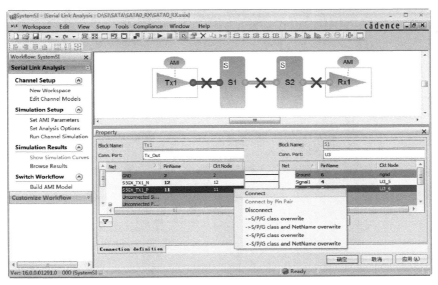

图 8-64　连接 "Tx1" 与 "S1"

（6）同理，双击 "S1" 与 "S2" 之间的连线，弹出其 "Property" 属性窗口，在 "S1" 的 "Conn.Port" 中选择 "S1_C"，在 "S2" 的 "Conn.Port" 中选择接口 "S2_C"，根据信号连接关系选择对应网络，在右键快捷菜单中选择 "Connect" 命令连接起来，如图 8-65 所示。

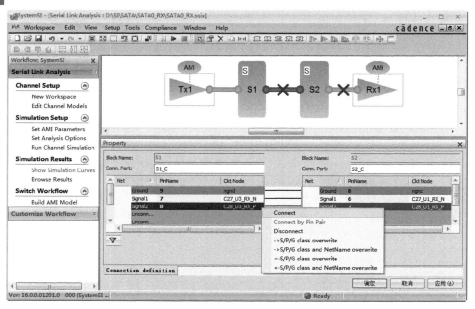

图 8-65　连接"S1"与"S2"

（7）双击"S2"与"Rx1"之间的连线，弹出其"Property"属性窗口，在"S2"的"Conn.Port"中选择"U1"，在"Rx1"的"Conn.Port"中选择接口"Rx_Out"，根据信号连接关系选择对应网络，在右键快捷菜单中选择"Connect"命令连接起来，如图 8-66 所示。

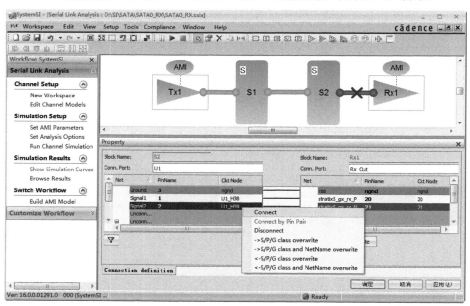

图 8-66　连接"S2"与"Rx1"

（8）单击【确定】按钮，至此，串行链路中所有模块都已连接起来，互连线上的红色"×"标示消失，如图 8-67 所示。

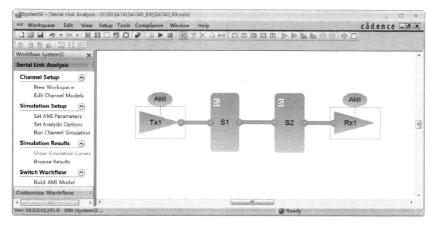

图 8-67　串行仿真链路

8.4.5　设置仿真参数

（1）单击左边面板"Simulation Setup"下的"Set Analysis Options"选项，弹出"Analysis Options"属性窗口，如图 8-68 所示。

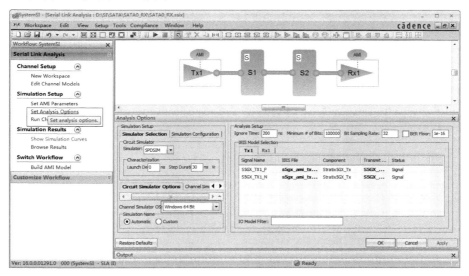

图 8-68　"Analysis Options"属性窗口

注意："Channel Simulator OS"选项要和模型支持的格式相匹配，本次仿真选择的是和所用的 IBIS_AMI 模型匹配的"Windows 64 Bit"。

（2）单击"Analysis Setup"下的"Tx1"选项卡，在"Transmit IO Model"的下拉列表中可以选择不同的驱动模型，本次仿真实例选择"S5GX_R100_10mA_30ps"，如图 8-69 所示。

（3）单击"Analysis Setup"下的"Rx1"选项卡，在"Receive IO Model"的下拉列表中选择"Stratix5_gx_rx_100"，如图 8-70 所示。

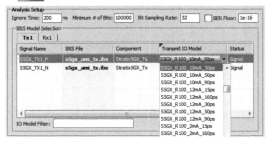

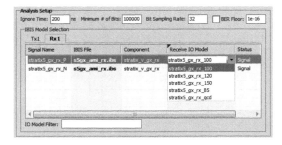

图 8-69　选择"S5GX_R100_10mA_30ps"　　　图 8-70　选择"Stratix5_gx_rx_100"

（4）单击【OK】按钮，单击 图标保存文件，进入下一环节。

8.4.6　仿真分析

（1）单击左边面板"Simulation Setup"下的"Run Channel Simulation"命令，开始仿真分析，如图 8-71 所示。

（2）仿真结束后，仿真结果以多种形式呈现出来，包括 2D 眼曲线图、3D 眼图、仿真报告，如图 8-72 所示。

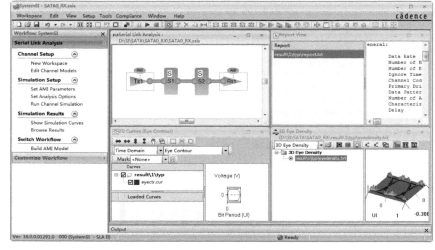

图 8-71　仿真分析命令窗口　　　　　　图 8-72　仿真结果显示窗口

8.5　结果分析与建议

信号的仿真结果通常要求查看的是时域波形、眼图及频域曲线。通过时域和频域的仿真分析，来评估传输线的信号传输质量。

1. 时域波形和眼图

（1）在仿真结果显示窗口中选择"2D Curves"窗口，选择"Time Domain"查看时域曲线，选择"Eye Contour"查看 2D 眼曲线图，如图 8-73 所示。

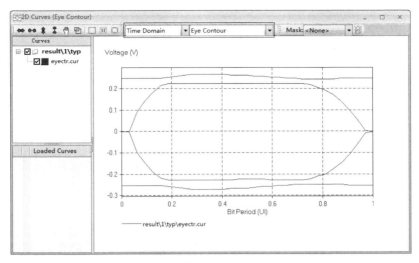

图 8-73　2D 眼曲线"Eye Contour"

（2）单击"Mask"下拉列表，选择"Define"定义新模板，弹出"Mask Library Editor"对话框。在"Mask Name"下设置此模板名称为"sata"，根据接收端信号模板信息（参见　　图 8-10）选择"Mask Type"为"Diamond"类型，并且设置相关参数，如图 8-74 所示。单击【Save】按钮保存，单击【OK】按钮退出眼图模板设置，进入下一环节。

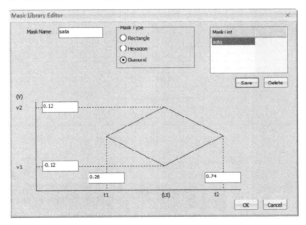

图 8-74　设置"sata"模板

（3）单击"Mask"下拉列表，选择刚设置的"sata"模板，结果如图 8-75 所示。可见仿真信号眼睛的张开度大于模板的最小规范要求。

（4）选择"Time Domain"—"Waveform"查看信号时域波形，如图 8-76 所示。可以通过单击工具栏 ⬌ ⬌ ↕ ↕ 图标，对仿真信号波形进行缩放操作。

（5）仿真结果的 3D 眼图和报告分别在"3D Eye Density"和"Report View"窗口中查看，如图 8-77 和图 8-78 所示。可知该仿真信号时域眼图的眼睛张开度大，眼高和眼宽均满足要求。

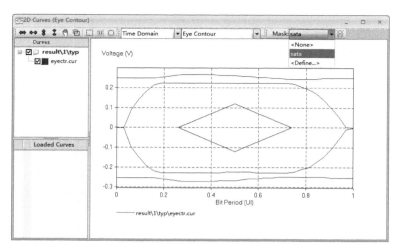

图 8-75　选择"sata"模板

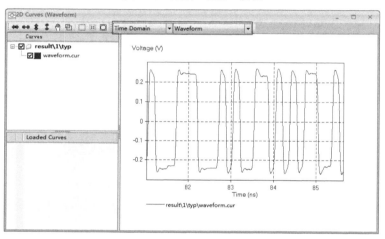

图 8-76　信号时域波形

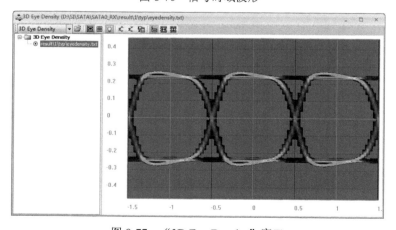

图 8-77　"3D Eye Density"窗口

图 8-78　"Report View"窗口

2. 频域曲线

信号仿真通道主要通过耦合电容的前后端 S 参数搭建而成，整个通道的 S 参数需要在 SystemSI 中重新提取。

（1）执行菜单命令【Tools】→【S Parameter Extraction】，如图 8-79 所示。

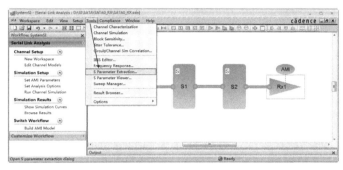

图 8-79　选择"S Parameter Extraction"命令

（2）在弹出的"S Parameter Extraction"对话框中，根据界面左下角的操作提示，分别设置差分对仿真网络端口 Diff_Port，如图 8-80 所示。

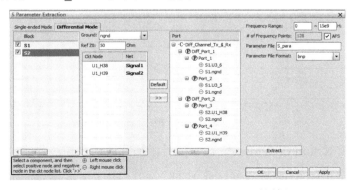

图 8-80　"S Parameter Extraction"对话框

（3）单击【Extract】按钮，弹出仿真分析状态窗口，如图 8-81 所示。

图 8-81　仿真分析状态窗口

（4）仿真完成后，结果显示窗口如图 8-82 所示，与 PowerSI 的结果显示窗口基本一致。

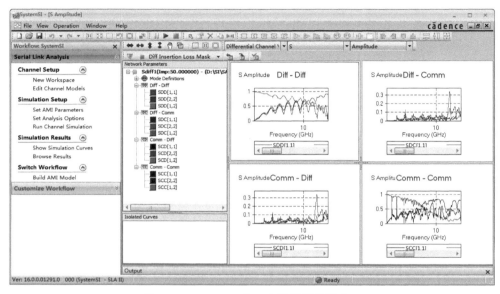

图 8-82　SystemSI 中 S 参数结果显示窗口

（5）双击"Diff-Diff"窗口，选择想要显示的曲线参数，并添加标注，结果如图 8-83 所示。其中左边为信号插入损耗曲线，右边为信号回波损耗曲线，可知"SATA0_RX"仿真信号通道的插入损耗为−1.1396dB@3GHz，回波损耗为−8.313dB@3GHz。

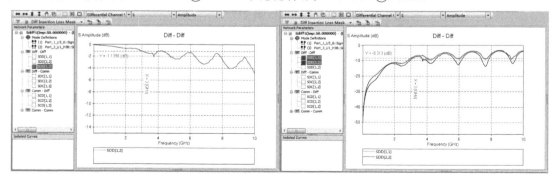

图 8-83　标注频域曲线

（6）单击"Diff Return Loss Mask"，给信号添加回波损耗判决曲线，如图 8-84 所示。

（7）在弹出的"Differential Return Loss Mask"对话框中，单击 ···· 按钮导入 Mask 文件，信号判决曲线由多个不同频点连接而成，也可以单独设置，如图 8-85 所示。

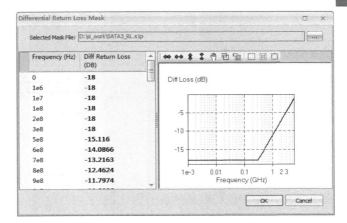

图 8-84　选择"Diff Return Loss Mask"　　　　图 8-85　添加 Mask

（8）单击【OK】按钮，结果如图 8-86 所示，可知信号回波损耗满足要求。

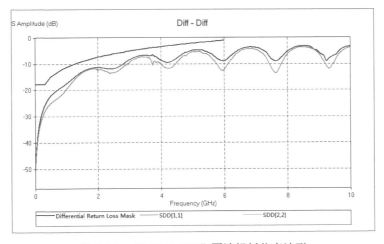

图 8-86　"SATA0_RX"回波损耗仿真波形

3. SATA 布线通用要求

日常 PCB 的 SATA 设计中，为了保证设计的质量，建议遵循以下规则：

● 差分对内等长，建议差分走线长度控制在 ±5mil。

● 差分信号同层布线，尽量少打孔。如果必须要布不同层，打孔换层时必须对称，保证走线长度一致，并且适当加回流地过孔。

● 控制传输线阻抗，SATA 差分对的差分阻抗控制在 $100\Omega \pm 10\%$。

● 链路上保持阻抗的连续性。

● 控制布线间距，差分信号线对间的间距建议至少大于 3 倍差分线距。

● 保持完整的参考平面，差分布线的参考平面避免被切断或有挖空的区域。

● 在保证阻抗的前提下，差分布线尽量走粗线，减少信号损耗。

● 端接器件线宽与焊盘宽度有差别处需要优化以减小阻抗的突变。

第9章 DDRx 仿真

9.1 DDRx 简介

到目前为止，DDR 家族中共产生了 4 代主要的 DDR，分别为 DDR1、DDR2、DDR3 及 DDR4。图 9-1 所示为 DDR 的内存条的变化进程。

新一代 DDR 的发展趋势是，随着制程能力的提升，耐压降低，芯片集成度变高，速率和容量增加。信号的传输速率越来越高，功耗却越来越低。DDR 发展趋势如图 9-2 所示。

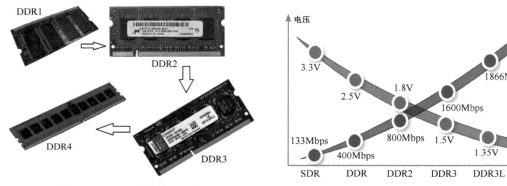

图 9-1 DDR 家族发展进程　　　　　图 9-2 DDR 发展趋势

由于产品中使用的主要为 DDR3 内存颗粒，下面对现在用量较大的 DDR3 做一个详细的说明及仿真。

DDR3 总线信号大致分为地址信号、命令信号、时钟信号、数据信号、使能信号。图 9-3 所示为 DDR3 总线与控制器的信号连接示意图。

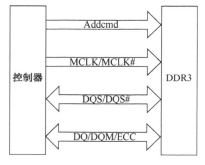

图 9-3 DDR3 总线与控制器的信号
连接示意图

Addcmd 为地址命令总线，在 CLK 时钟的上升沿有效，主要包括的命令信号为 CS、RAS、CAS、WE，由这几个信号的不同状态来表示不同的操作命令；ODT 用于控制片上终端匹配电阻，CKE 用于控制 CLK 使能。

DQS、DQS#、DQ、DQM、ECC 共同组成 Data 信号组。DQS 和 DQS#是源同步时钟，DQM 为数据掩码信号，ECC 为附加的数据校验信号，部分 DDR3 芯片无此信号。在接收端使用 DQS 来读出相应的 DQ、DQM、ECC，上升沿和下降沿都有效。DDR1 总线中，DQS 是单端信号；对于 DDR3 总线，DQS 是差分信号。DQS 和 DQ 都是三态信号，在 PCB 走线上双向传输，读操作时，DQ 信号的边沿在时序上与 DQS 的边沿处对齐，而写操作时，DQ 信号的边沿在时序上与 DQS 的中心处对齐。

相比于 DDR2 SDRAM，DDR3 的针脚数有所增加，8b 芯片采用 78 球 FBGA 封装，16b 芯片采用 96 球 FBGA 封装。DDR3 SDRAM 在达到高带宽的同时，其功耗反而降低，其核心工作电压从 DDR2 的 1.8V 降为 1.5V，其功耗将比 DDR2 节省 30%。DDR3 的起始传输速率为 800Mbps，最高可达 2133Mbps。

9.2　项目介绍

本项目中主控芯片为 Altera Stratix V GX FPGA，DDR 芯片为 Micron 的 MT41K512M8 芯片，为小功率的 DDR 颗粒，信号的传输电平为 SSTL-135。

本项目包含两个小功率的 DDR3 通道，每个通道有 8 个 DDR3 颗粒，布局为正反贴，地址、控制及时钟信号为一驱八结构，数据信号为点对点的结构，该组信号在 PCB 上的位置如图 9-4 所示。

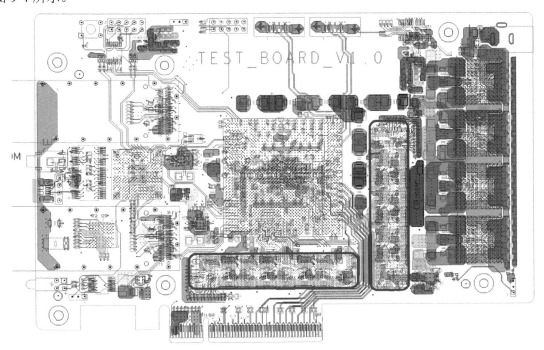

图 9-4　DDR3 总线在 PCB 上的摆放位置

1. 项目仿真所需输入文件

开始项目前需要准备仿真所需要的输入文件，主要包含下面几个：

1）**仿真信号相关器件的 datasheet 及设计参考文档**　文件主要用来查阅及确认仿真相关参数的设置，另外，最终结果的判定需要参考接收端的 DataSheet。

2）**PCB 文件**　文件为仿真必需文件，仿真需要将实际的设计文件导入到仿真软件中，来提取真实的仿真参数，从而得到准确的模拟结果。

3）PCB 叠层参数文件　为了提高仿真精确度，叠层使用生产时的实际使用参数。

4）器件的模型（IBIS 模型、SPICE 模型、S 参数模型等）　器件仿真模型的准确度对仿真精度及结果的正确与否起到决定性的作用，因此仿真所用模型的准确度很重要。

5）原理图文件（PDF 即可）　文件主要用于检查及对照 PCB 以确认拓扑及连接关系的准确度。

2. DDR3 参考标准介绍

仿真前需要先明确 DDR 的参考规范，主要关注的是电气特性规范。本项目中小功率 DDR3 采用 SSTL-135 的电平规范，由于 DDR 分为读写两种模型，因此不仅要参考 DDR 端的电平规范，也要参考主控芯片端的规范。

1）信号在 DDR 颗粒端的完整性参考规范　当信号处于写状态时，由 FPGA 发送、DDR 接收，则信号在传输到接收端时需要保证满足 DDR 颗粒的接收端规范要求，这部分规范分为单端接收规范要求（地址控制信号和数据信号）和差分接收规范要求（时钟信号和 DQS 信号）。

（1）单端信号接收端规范：DDR3 规范对信号完整性的高低电平引入了 AC 和 DC 电平值，当信号向上穿过 $V_{IH(AC)}$ 后并保持在 $V_{IH(DC)}$ 以上，为高电平；反之，当信号向下穿过 $V_{IL(AC)}$ 后并保持在 $V_{IL(DC)}$ 以下，为低电平，因此，在 DDR 的电气规范中，会针对 AC/DC 电平进行定义。图 9-5 所示为 DDR3 总线 AC/DC 电平及波形示意图，左图为最小的电平规范波形，右图为带振铃的电平规范波形。

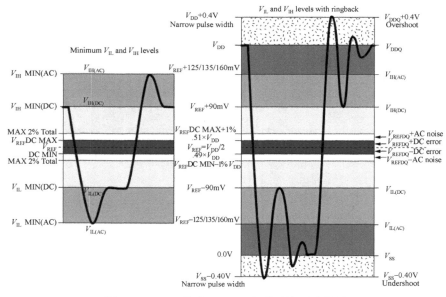

图 9-5　DDR3 总线 AC/DC 电平及波形示意图

图 9-6 和图 9-7 所示分别为 DDR3 芯片手册上对地址信号和数据信号的 AC、DC 定义的规范。

Table 10: Input Switching Conditions – Command and Address

Parameter/Condition	Symbol	DDR3L-800/1066	DDR3L-1333/1600	DDR3L-1866	Units
Input high AC voltage: Logic 1	$V_{IH(AC160)min}$[1]	160	160	—	mV
Input high AC voltage: Logic 1	$V_{IH(AC135)min}$[1]	135	135	135	mV
Input high AC voltage: Logic 1	$V_{IH(AC125)min}$[1]	—	—	125	mV
Input high DC voltage: Logic 1	$V_{IH(DC90)min}$	90	90	90	mV
Input low DC voltage: Logic 0	$V_{IL(DC90)min}$	−90	−90	−90	mV
Input low AC voltage: Logic 0	$V_{IL(AC125)min}$[1]	—	—	−125	mV
Input low AC voltage: Logic 0	$V_{IL(AC135)min}$[1]	−135	−135	−135	mV
Input low AC voltage: Logic 0	$V_{IL(AC160)min}$[1]	−160	−160	—	mV

图 9-6 DDR3 总线地址信号接收端 AC/DC 定义——DDR 端

Table 11: Input Switching Conditions – DQ and DM

Parameter/Condition	Symbol	DDR3L-800/1066	DDR3L-1333/1600	DDR3L-1866	Units
Input high AC voltage: Logic 1	$V_{IH(AC160)min}$[1]	160	160	—	mV
Input high AC voltage: Logic 1	$V_{IH(AC135)min}$[1]	135	135	135	mV
Input high AC voltage: Logic 1	$V_{IH(AC130)min}$[1]	—	—	130	mV
Input high DC voltage: Logic 1	$V_{IH(DC90)min}$	90	90	90	mV
Input low DC voltage: Logic 0	$V_{IL(DC90)min}$	−90	−90	−90	mV
Input low AC voltage: Logic 0	$V_{IL(AC130)min}$[1]	—	—	−130	mV
Input low AC voltage: Logic 0	$V_{IL(AC135)min}$[1]	−135	−135	−135	mV
Input low AC voltage: Logic 0	$V_{IL(AC160)min}$[1]	−160	−160	—	mV

图 9-7 DDR3 总线数据信号接收端 AC/DC 定义

规范中对于 1600Mbps 的信号速率，AC 的逻辑电平提供了两种选择，分别为 AC160 和 AC135，DC 的逻辑电平为 DC90。

（2）差分接收规范：差分信号的高低电平接收端规范如图 9-8 所示，其定义了差分输入信号如时钟和 DQS 的差分接收规范。

Table 12: Differential Input Operating Conditions (CK, CK# and DQS, DQS#)

Parameter/Condition	Symbol	Min	Max	Units
Differential input logic high – slew	$V_{IH,diff(AC)slew}$	180	N/A	mV
Differential input logic low – slew	$V_{IL,diff(AC)slew}$	N/A	−180	mV
Differential input logic high	$V_{IH,diff(AC)}$	$2 \times (V_{IH(AC)} - V_{REF})$	V_{DD}/V_{DDQ}	mV
Differential input logic low	$V_{IL,diff(AC)}$	V_{SS}/V_{SSQ}	$2 \times (V_{IL(AC)} - V_{REF})$	mV
Single-ended high level for strobes	V_{SEH}	$V_{DDQ}/2 + 160$	V_{DDQ}	mV
Single-ended high level for CK, CK#		$V_{DD}/2 + 160$	V_{DD}	mV
Single-ended low level for strobes	V_{SEL}	V_{SSQ}	$V_{DDQ}/2 - 160$	mV
Single-ended low level for CK, CK#		V_{SS}	$V_{DD}/2 - 160$	mV

图 9-8 DDR3 总线差分信号接收端 AC/DC 定义——DDR 端

2）信号在 FPGA（主控芯片）端的完整性参考规范 当信号处于读状态时，由 DDR 发送、FPGA 接收，信号在传输到接收端的时候需要保证信号满足 FPGA 的接收端规范要求，这部分规范分为单端接收规范要求（数据信号）和差分接收规范要求（DQS 信号）。

（1）单端信号接收端规范：在 FPGA 芯片手册上，信号的接收规范是以电平类别定义的，本项目中 DDR 的电平为 SSTL-135，可以从图 9-9 看到，SSTL-135 对应的 AC 的逻辑电平为 AC160，DC 的逻辑电平为 DC90。

（2）差分信号接收端规范如图 9-10 所示。

Table 19. Single-Ended SSTL, HSTL, and HSUL I/O Standards Signal Specifications for Stratix V Devices (Part 1 of 2)

I/O Standard	$V_{IL(DC)}$ (V)		$V_{IH(DC)}$ (V)		$V_{IL(AC)}$ (V)	$V_{IH(AC)}$ (V)	V_{OL} (V)	V_{OH} (V)	I_{ol} (mA)	I_{oh} (mA)
	Min	Max	Min	Max	Max	Min	Max	Min		
SSTL-2 Class I	−0.3	$V_{REF}-0.15$	$V_{REF}+0.15$	$V_{CCIO}+0.3$	$V_{REF}-0.31$	$V_{REF}+0.31$	$V_{TT}-0.608$	$V_{TT}+0.608$	8.1	−8.1
SSTL-2 Class II	−0.3	$V_{REF}-0.15$	$V_{REF}+0.15$	$V_{CCIO}+0.3$	$V_{REF}-0.31$	$V_{REF}+0.31$	$V_{TT}-0.81$	$V_{TT}+0.81$	16.2	−16.2
SSTL-18 Class I	−0.3	$V_{REF}-0.125$	$V_{REF}+0.125$	$V_{CCIO}+0.3$	$V_{REF}-0.25$	$V_{REF}+0.25$	$V_{TT}-0.603$	$V_{TT}+0.603$	6.7	−6.7
SSTL-18 Class II	−0.3	$V_{REF}-0.125$	$V_{REF}+0.125$	$V_{CCIO}+0.3$	$V_{REF}-0.25$	$V_{REF}+0.25$	0.28	$V_{CCIO}-0.28$	13.4	−13.4
SSTL-15 Class I	—	$V_{REF}-0.1$	$V_{REF}+0.1$	—	$V_{REF}-0.175$	$V_{REF}+0.175$	$0.2*V_{CCIO}$	$0.8*V_{CCIO}$	8	−8
SSTL-15 Class II	—	$V_{REF}-0.1$	$V_{REF}+0.1$	—	$V_{REF}-0.175$	$V_{REF}+0.175$	$0.2*V_{CCIO}$	$0.8*V_{CCIO}$	16	−16
SSTL-135 Class I, II	—	$V_{REF}-0.09$	$V_{REF}+0.09$	—	$V_{REF}-0.16$	$V_{REF}+0.16$	$0.2*V_{CCIO}$	$0.8*V_{CCIO}$	—	—
SSTL-125 Class I, II	—	$V_{REF}-0.85$	$V_{REF}+0.85$	—	$V_{REF}-0.15$	$V_{REF}+0.15$	$0.2*V_{CCIO}$	$0.8*V_{CCIO}$	—	—
SSTL-12 Class I, II	—	$V_{REF}-0.1$	$V_{REF}+0.1$	—	$V_{REF}-0.15$	$V_{REF}+0.15$	$0.2*V_{CCIO}$	$0.8*V_{CCIO}$	—	—

图 9-9　DDR3 总线地址信号接收端 AC/DC 定义——FPGA 端

Table 20. Differential SSTL I/O Standards for Stratix V Devices

I/O Standard	V_{CCIO} (V)			$V_{SWING(DC)}$ (V)		$V_{X(AC)}$ (V)			$V_{SWING(AC)}$ (V)	
	Min	Typ	Max	Min	Max	Min	Typ	Max	Min	Max
SSTL-2 Class I, II	2.375	2.5	2.625	0.3	$V_{CCIO}+0.6$	$V_{CCIO}/2-0.2$	—	$V_{CCIO}/2+0.2$	0.62	$V_{CCIO}+0.6$
SSTL-18 Class I, II	1.71	1.8	1.89	0.25	$V_{CCIO}+0.6$	$V_{CCIO}/2-0.175$	—	$V_{CCIO}/2+0.175$	0.5	$V_{CCIO}+0.6$
SSTL-15 Class I, II	1.425	1.5	1.575	0.2	(1)	$V_{CCIO}/2-0.15$	—	$V_{CCIO}/2+0.15$	0.35	—
SSTL-135 Class I, II	1.283	1.35	1.45	0.2	(1)	$V_{CCIO}/2-0.15$	$V_{CCIO}/2$	$V_{CCIO}/2+0.15$	$2(V_{IH(AC)}-V_{REF})$	$2(V_{IL(AC)}-V_{REF})$
SSTL-125 Class I, II	1.19	1.25	1.31	0.18	(1)	$V_{CCIO}/2-0.15$	$V_{CCIO}/2$	$V_{CCIO}/2+0.15$	$2(V_{IH(AC)}-V_{REF})$	
SSTL-12 Class I, II	1.14	1.2	1.26	0.18	—	$V_{REF}-0.15$	$V_{CCIO}/2$	$V_{REF}+0.15$	−0.30	0.30

注：(1) 表示未确定下来的特性。

图 9-10　DDR3 总线差分信号接收端 AC/DC 定义——FPGA 端

9.3　DDR3 前仿真

地址、控制及时钟走线均为一驱八的模式，因此拓扑结构对于信号完整性来说比较重要。DDR3 由于有 Write leveling 功能，主控芯片到各个 DDR3 芯片不用进行等长，所以 DDR3 常见的拓扑结构为 FLY-BY 结构，这种拓扑结构有助于保持信号的完整性，并利于布线。在布局之前，首先对拓扑结构进行验证，当然需要结合整体的结构尺寸来进行拓扑的搭建。

前仿真选用的是 Hyperlynx 软件，首先新建一个 linesim 工程文件，如图 9-11 所示，依次选择 New→New SI Schematic。

1. 拓扑结构搭建

根据该项目的结构尺寸（在确认过程中，需要与 PCB 设计人员进行沟通，确保建议的拓扑结构在 PCB 布线设计中可以实现），以地址信号为例，搭建的拓扑结构如图 9-12 所示。

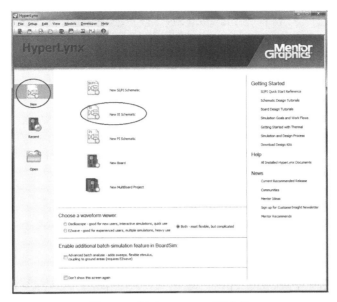

图 9-11 新建 linesim 工程文件

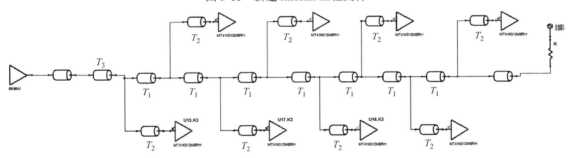

图 9-12 地址信号拓扑结构前仿真

2. 走线长度预估

由于颗粒和颗粒之间的间距问题，可以预估一个颗粒到另一个颗粒的最小间距为 400mil（单面两个颗粒挨在一起的情况下），因此设定最小的颗粒之间的长度 T_1 为 400mil；FLY-BY 的分支点最小的长度为扇孔的走线长度 T_2，为 22mil；考虑到摆放间距，主干道长度 T_3 最小为 1000mil；端接电阻 R 的阻值要根据仿真结果来确定。因此就有了 4 个变量，下面分别对这 4 个变量进行分析。

首先确定实验的前提条件。

● 主控芯片的模型为 Stratix5.ibs-sstl135_ctpio_r40c（根据 FPGA 的配置），DDR 的模型为 v80a_1p35.ibs-INPUT_1600。

● T_1 的默认值取为 500mil。

● T_2 的默认值取为 50mil。

● T_3 的默认值取为 1500mil。

● 端接电阻的默认值为 50Ω。

在实验之前，先学习 HyperLynx 一个比较常用的参数扫描的功能。在工具栏上单击按钮，或在菜单栏上选择 SI 仿真（Simulation SI），运行交互扫描仿真（Run Interactive Sweep），即弹出扫描管理器对话框，如图 9-13 所示。

在管理器中可以看到有五大类参数可以扫描，包括叠层、电源、IC 模型、无源器件和传输线。选中其中一个变量，如选中无源器件中的 R1，如图 9-14 所示，选中后，器件会变成红色。

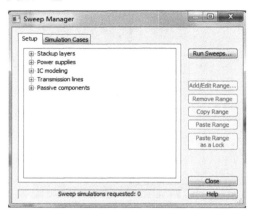

图 9-13　扫描管理器对话框

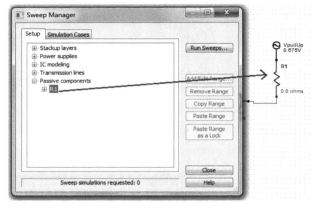

图 9-14　选择扫描仿真对象

单击【Add/Edit Range】按钮，弹出"Sweeping…"对话框，编辑参数扫描范围，如图 9-15 所示。

有 3 种扫描模式可以选择，第一种是设置初始值和终点值，再设置仿真的步长或次数（两者二选一）；第二种是设置目标值和公差，再设置仿真的步长或次数；最后一种是设置各个需要仿真的单点值，值与值之间用空格隔开。在实际使用过程中，可以根据应用来灵活选择扫描模式。

设置完成后，如图 9-16 所示，可以看到在电阻 R1 的左侧已经勾选，说明会对此参数进行扫描仿真。单击【Run Sweeps】按钮，即可进行仿真。

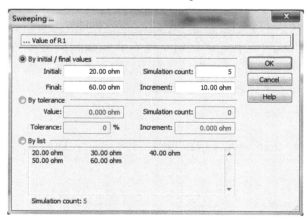

图 9-15　编辑参数扫描范围

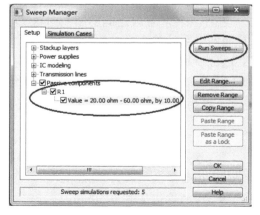

图 9-16　设置好参数的扫描管理器

下面分别对选定的 4 个变量进行仿真实验。

1）**仿真实验一：主干道长度 T_3 对整体信号的影响**   通过扫描 T_3 的长度，观察信号的变化趋势，扫描范围为 1000～4000mil，步长为 500mil。

说明：图 9-17 和图 9-18 对应的分别是对主干道长度进行扫描后，信号在最近的 DDR 颗粒和最远的 DDR 颗粒的接收端波形，从左到右主干道长度递减。从仿真结果上看，主干道的长度对信号的影响较小，走线长度越长，振铃的回振幅度越小。

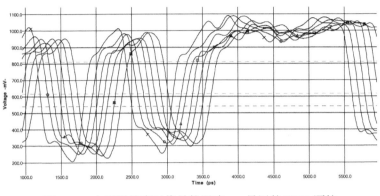

图 9-17   主干道长度对信号的影响——最近的 DDR 颗粒

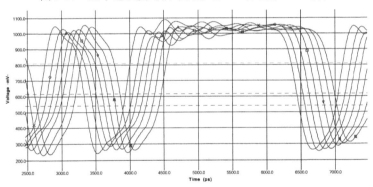

图 9-18   主干道长度对信号的影响——最远的 DDR 颗粒

2）**仿真实验二：颗粒之间的长度 T_1 对整体信号的影响**   通过扫描 T_1 的长度，观察信号的变化趋势，扫描范围为 400～800mil，步长为 200mil。

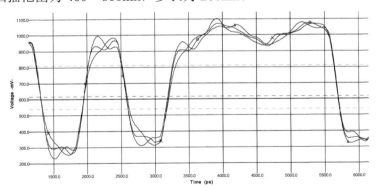

图 9-19   颗粒之间的长度对信号的影响——最近的 DDR 颗粒

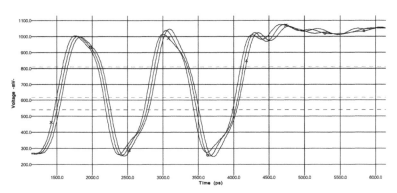

图 9-20　颗粒之间的长度对信号的影响——最远的 DDR 颗粒

说明：图 9-19 和图 9-20 是对 DDR 颗粒间长度进行扫描后，信号在最近的 DDR 颗粒和最远的 DDR 颗粒的接收端波形，从左到右颗粒之间的长度递减。从仿真结果上看，颗粒之间的长度对信号的影响较小，跟主干道趋势一致，相对来讲走线长度越长，振铃的回振幅度越小。

3）**仿真实验三：分支长度 T_2 对整体信号的影响**　通过扫描 T_2 的长度，观察信号的变化趋势，扫描点分别为 50mil、100mil 和 200mil。

说明：图 9-21 和图 9-22 是对分支长度进行扫描后，信号在最近的 DDR 颗粒和最远的 DDR 颗粒的接收端波形，从左到右分支长度递减。从仿真结果上看，分支长度对信号的影响较大，分支长度越短，信号质量越好。

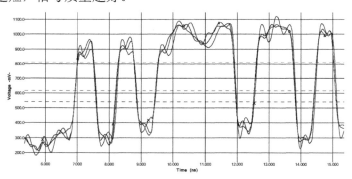

图 9-21　分支长度对信号的影响——最近的 DDR 颗粒

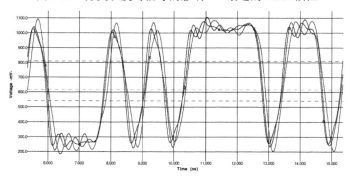

图 9-22　分支长度对信号的影响——最远的 DDR 颗粒

4）仿真实验四：端接电阻 R 对整体信号的影响　通过扫描端接电阻的阻值，观察信号的变化趋势，扫描点分别为 20Ω、40Ω、50Ω和 60Ω。

说明：图 9-23 和图 9-24 是对 DDR 端接电阻进行扫描后，信号在最近的 DDR 颗粒和最远的 DDR 颗粒的接收端波形。从仿真结果上看，端接电阻的阻值对信号的影响较大，考虑到各个接收端 DDR 信号的影响，需要进行折中选择。从仿真波形的结果来看，当端接电阻的阻值为 40Ω左右时，信号到各个颗粒的波形综合表现较好，因此建议端接电阻在 40Ω左右。

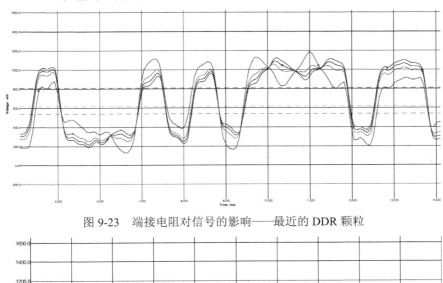

图 9-23　端接电阻对信号的影响——最近的 DDR 颗粒

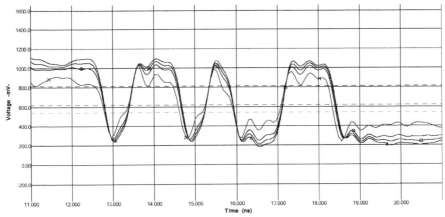

图 9-24　端接电阻对信号的影响——最远的 DDR 颗粒

通过上面几个实验可以看到，FLY-BY 的拓扑结构可以满足信号传输的要求，走线时建议主干道可以适当增加长度，分支的长度越小越好，另外，端接电阻推荐的电阻值为 40Ω。

确定好走线的拓扑结构以后，就可以开始进行器件布局，DDR 由于使用 FLY-BY 结构，而且受空间限制，项目中采用了正反贴的布局方式，终端的端接电阻在最后一个 DDR 颗粒旁边。时钟信号 P/N 间的并联电阻也需要放在最后一个 DDR 颗粒处。图 9-25 所示为布局完成后的 PCB。

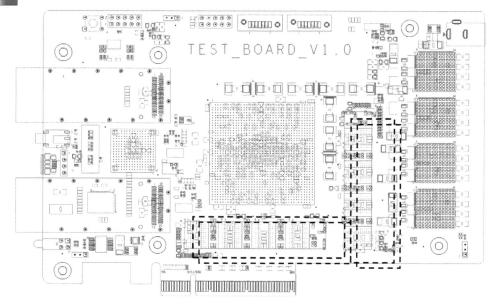

图 9-25　布局完成后的 PCB

9.4　DDR3 后仿真

DDR3 后仿真使用 Sigrity 的 Speed2000 模块，下面将使用 Speed2000 仿真项目中 DDR3 部分。

9.4.1　仿真模型编辑

该项目使用的主控芯片 FPGA 为可自定义 Pin 的芯片，在 FPGA 仿真模型里，Pin 的定义是按照电平类型来排布的，如图 9-26 所示。

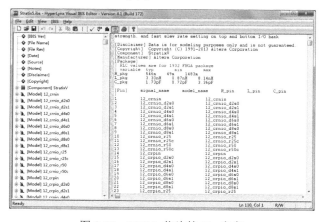

图 9-26　FPGA 芯片的 Pin 定义

由于该模型为通用的模型，对于不同的项目应用时需要对 Pin 进行重新编辑，所以在仿真之前需要对仿真模型进行再编辑。主要是将项目定义好的 Pin 更新到 FPGA 的模型中，模型的编辑主要分下面几步。

1. 提取项目中的 Pin 定义

在 Allegro 软件中选中想要提取的器件，查看属性，在跳出的"Show Element"窗口中，可以看到器件每个 Pin 对应的信息，如图 9-27 所示。

2. 对芯片 Pin 进行编辑

复制"Pin IO Information"中的内容，在"Show Element"窗口中直接"Copy"（复制）需要的引脚、网络信息，如图 9-28 所示。

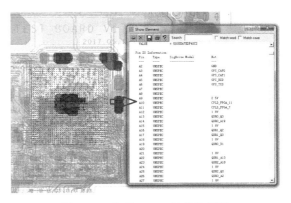

图 9-27　查看 FPGA 芯片的属性

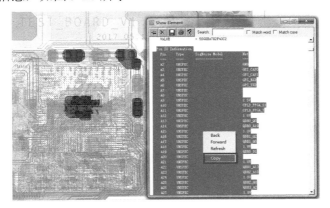

图 9-28　复制"Pin IO Information"

新建一个 Excel 文件，并将复制的内容粘贴在 Excel 表中。

图 9-29 为按 IBIS 格式整理好的信息，此时在 Excel 表中对数据分列和排序，筛选出仿真所需要的信号（DDR3 信号）和电源、地，并附上对应的模型，整理好后如图 9-30 所示。

Pin	Type	SigNoise Model	Net
A2	UNSPEC		GND
A3	UNSPEC		GPS_CAP0
A4	UNSPEC		GPS_CAP1
A5	UNSPEC		GPS_RXD
A6	UNSPEC		GPS_TXD
A7	UNSPEC		
A8	UNSPEC		
A9	UNSPEC		2.5V
A10	UNSPEC		CPLD_FPGA_11
A11	UNSPEC		CPLD_FPGA_7
A12	UNSPEC		1.8V
A13	UNSPEC		QDR0_Q0
A14	UNSPEC		QDR0_A19
A15	UNSPEC		1.8V
A16	UNSPEC		QDR1_Q2
A17	UNSPEC		QDR1_Q0
A18	UNSPEC		1.8V
A19	UNSPEC		QDR0_D1
A20	UNSPEC		
A21	UNSPEC		1.8V
A22	UNSPEC		QDR1_A13
A23	UNSPEC		QDR2_A18

图 9-29　将"Pin IO Information"粘贴到 Excel 表中

AM32	1.5V	power
H8	1.5V	power
H32	1.5V	power
P19	1.5V	power
P21	1.5V	power
R13	1.5V	power
R28	1.5V	power
U5	1.5V	power
U35	1.5V	power
Y11	1.5V	power
Y29	1.5V	power
AM16	DDR0_A0	sstl135_crpio_r40c
AU16	DDR0_A1	sstl135_crpio_r40c
AV19	DDR0_A10	sstl135_crpio_r40c
AU17	DDR0_A11	sstl135_crpio_r40c
AG19	DDR0_A12	sstl135_crpio_r40c
AR19	DDR0_A13	sstl135_crpio_r40c
AU18	DDR0_A14	sstl135_crpio_r40c
AD23	DDR0_A15	sstl135_crpio_r40c
AG16	DDR0_A2	sstl135_crpio_r40c
AN16	DDR0_A3	sstl135_crpio_r40c
AH19	DDR0_A4	sstl135_crpio_r40c
AH18	DDR0_A5	sstl135_crpio_r40c
AN17	DDR0_A6	sstl135_crpio_r40c
AF16	DDR0_A7	sstl135_crpio_r40c
AF17	DDR0_A8	sstl135_crpio_r40c
AJ19	DDR0_A9	sstl135_crpio_r40c
AJ17	DDR0_BA0	sstl135_crpio_r40c
AK17	DDR0_BA1	sstl135_crpio_r40c
AT17	DDR0_BA2	sstl135_crpio_r40c
AM19	DDR0_CAS_B	sstl135_crpio_r40c
AW17	DDR0_CK_N	dsstl135_ctio_r40c

图 9-30　整理好的 Pin 数据

3. 模型中 Pin 的替换

删除原有的"Pin"关键字下面的内容，将整理好的 Pin 数据替换到仿真模型的 Pin 关键字下方，如图 9-31 所示。

图 9-31　模型中 Pin 数据的替换

编辑差分 Pin，保存并进行模型语法检查，并确认通过。图 9-32 为检查后无错误信息的模型，至此模型编辑完成。

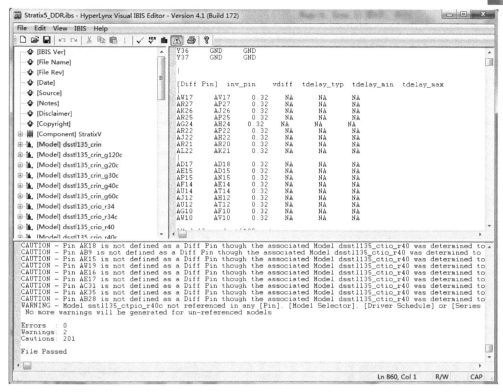

图 9-32　模型编辑完成并进行语法检查

9.4.2　PCB 的导入过程

仿真需要将 PCB 设计好的文件导入到仿真软件中，PCB 设计文件为 Cadence 的 Allegro 的文件格式，可以通过 Sigrity 自带的文件转换工具 SPDLinks 对 PCB 设计文件进行转换，将其转换成仿真所需要的 SPD 文件。图 9-33 为 SPDLinks 的界面。

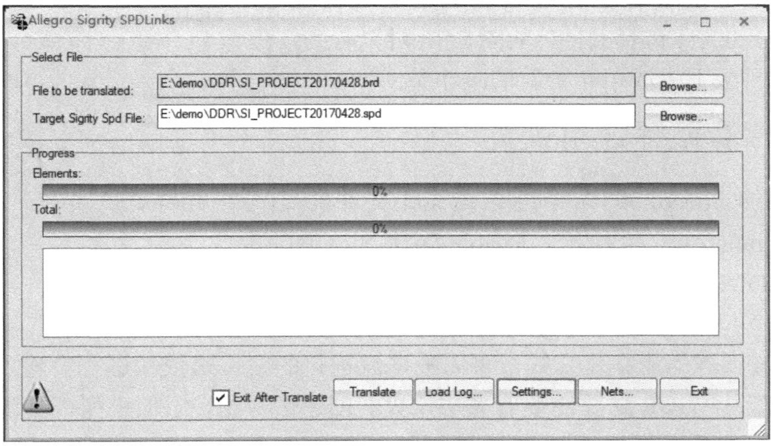

图 9-33　转换软件界面

在"File to be translated"中选择需要进行转换的 PCB 设计文件，在"Target Sigrity Spd File"中选择需要保存的目录和文件名，如果没有特别指定，默认与 PCB 设计文件在相同的目录，并有相同名称。如果需要对转换的文件进行设置，可以单击【Settings】按钮，弹出设置窗口，如图 9-34 所示。

在"Settings"项中，通常按照默认设置就可以了，有特殊要求的，也可以对应勾选相应的选项。该项目中按照默认设置，单击【OK】按钮进行转换，可以看到对应的转换进度条，见图 9-35。

图 9-34　转换软件设置界面　　　　　　　　图 9-35　转换软件进度

转换完成后，回到 PCB 所在的文件夹，可以看到新生成了一个转换好的.spd 仿真文件。从图 9-36 可以看到，在与 PCB 相同的目录下生成了一个新的.spd 文件。

9.4.3　仿真软件通用设置

用 Sigrity 的 Speed2000 将新生成的.spd 文件打开，选择"DDR Simulation"，单击"Enable DDR Simulation Mode"，启动 DDR 的仿真流程，此时可以看到该选项前有一个绿色的"√"，如图 9-37 所示。

图 9-36　转换好的文件示意

Sigrity 仿真步骤为流程化方式，可以根据流程化的窗口来依次进行设置。从 DDR 仿真的流程上可以看到，DDR 仿真主要有叠层设置、创建信号组、添加模型、仿真参数设置这几个步骤。

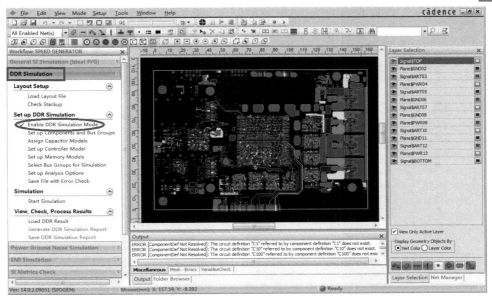

图 9-37　仿真文件视图

1. 叠层设置

单击"Check Stackup"选项，如图 9-38 所示，会出现"Layer Manager"窗口，根据实际生产的叠层文件，对叠层的厚度、材料的介电常数、损耗因子等进行编辑，使其与生产的参数一致（示例数据可参考图 9-39）。

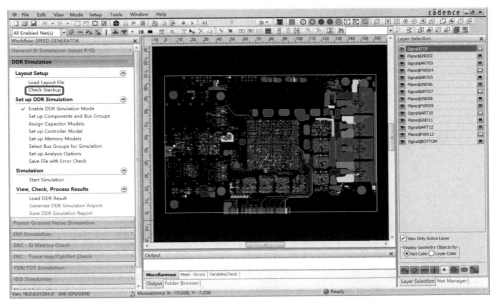

图 9-38　叠层设置

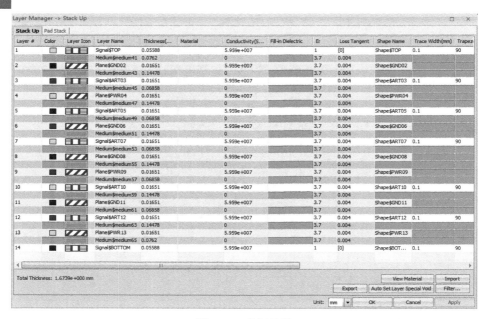

图 9-39　叠层编辑

叠层设置完以后，单击"Apply"按钮，然后单击"OK"按钮退出。

2. 创建信号组

单击仿真流程中的"Set up Componens and Bus Groups"选项（见图 9-40），弹出 DDR
信号组创建向导窗口，如图 9-41 所示。

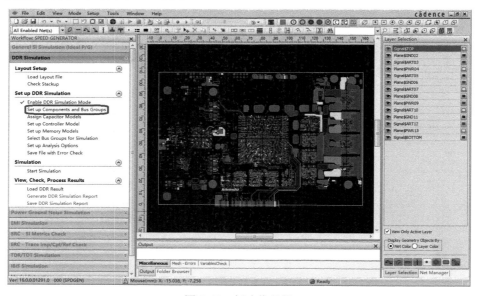

图 9-40　创建信号组

1）**选择主控器件**　本项目中用到的主控器件为 Altera 的 FPGA，位号为 U1，因此在此项中选择 U1，如图 9-42 所示。

图 9-41　DDR 信号组创建向导窗口　　　　　图 9-42　选择主控器件

2）**选择存储颗粒**　仿真的项目工程中共有两个 DDR3L 的通道，每个通道有 8 颗 DDR3L 芯片，选择其中的一个通道来进行仿真。例如，本次仿真选择板子左侧的通道，则对应的 DDR 存储颗粒为 U5～U12，如图 9-43 所示。

3）**选择用到的阻容器件**　在本次 DDR 仿真中，地址控制及时钟信号都有对应的端接电阻，因此这些电阻需要包含在仿真通道中。在此项中，需要将这些电阻选中并附上相应的值，如地址控制信号的上拉电阻为 40.2Ω，则在对应的电阻的"Value"一栏中输入 40.2（电阻默认单位为欧姆），如图 9-44 所示。

4）**设置电源模块**　在 VRM 的设置界面中，设置项目仿真用到的电源模块。比如，在该 DDR 总线中共用到两个电源，一个是芯片的供电电源 1.35V，另一个则是地址控制信号的上拉电源 0.65V。选择 VRM 器件，也就是电源芯片输出的位置，并在该器件的"Voltage"一栏中输入对应的电压值。如图 9-45 所示，1.35V 和 0.65V 电源的输出位置分别在器件 V_VDD1V35 和 V_VTT 处，需要选中这两个器件，并附上对应的电压值。如若板上没有建立相应的 VRM 器件，需要先进行器件的创建。

5）**设置 DDR 网络分类**　Sigrity 软件会根据网络的命名自动分类，如果自动分类有问题，则需要进行手动分类。这里面共有 4 种类别，分别为 AddCmd、Ctrl、Clk 及 Data 组，其中时钟信号为地址、控制及命令信号的参考信号，DQS 信号为 DQ 的参考信号。图 9-46 所示为已经分好类别的 DDR 信号组。

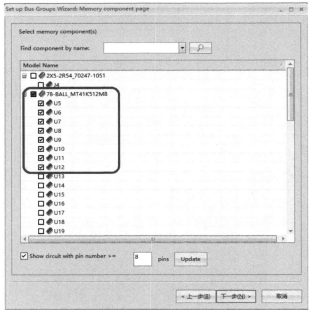

图 9-43　选择 DDR 存储颗粒

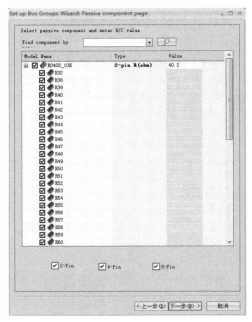

图 9-44　选择用到的阻容器件

图 9-45　设置电源模块

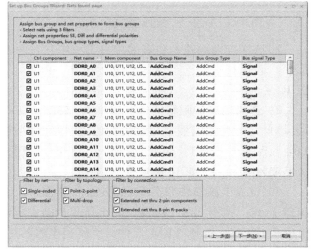

图 9-46　设置 DDR 网络分类

　　6）**其他网络的选择**　如图 9-47 所示，在此项中选择跟 DDR 网络相关的其他网络。比如，有的时钟芯片有一些端接网络（RC 端接），则需要包含在仿真中。当然，如果所有的 DDR 相关网络均在组定义中包含了进去，则这一项也可以不做选择，直接单击【下一步】按钮进入下一环节。

　　7）**信号组的预览**　通过信号组预览，可以看到当前项目中共有 1 个时钟信号组、1 个地址控制信号组、1 个命令组及 8 个数据组（每颗 DDR 芯片一个数据组），如图 9-48 所示。

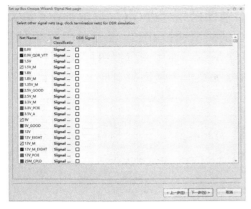

图 9-47　其他网络的选择

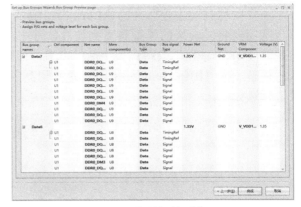

图 9-48　信号组的预览

至此，信号组设置完成，单击【完成】按钮退出。退出后可以看到在界面的底部会出现一个 "BUS Groups" 窗口（见图 9-49），可以在这个窗口中对仿真的信息进行选择和调整。

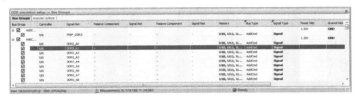

图 9-49　设置好的信号组的窗口

3. 添加模型

DDR 仿真中需要添加的模型分为有源模型和无源模型，有源模型主要是主控芯片的模型和 DDR 颗粒的模型，无源模型主要是 DDR 电源相关去耦电容的模型（连接在 DDR 走线相关的电阻、电容已经在 DDR 信号组创建过程中完成了添加）。

1）**主控模型的添加**　单击仿真流程中的 "Set up Controller Model"（见图 9-50），给 DDR 的主控芯片添加模型。

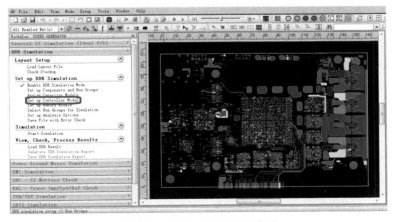

图 9-50　设置主控芯片的模型

项目中用到的主控芯片为 Altera Stratix V GX，前面已经对 FPGA 的模型进行了编辑，该步骤需要将编辑好的模型导入到仿真软件中。模型的类型选择 IBIS，然后单击图 9-51 窗口中的【OK】按钮，会跳出一个新的窗口，如图 9-52 所示，通过浏览按钮可以选择需要导入的模型，在"IBIS Component"中选择用到的器件（如果一个模型只对应一个器件则不需要进行选择）。

图 9-51　选择主控芯片模型文件　　　　　　　　图 9-52　主控芯片模型设置

在导入的窗口中可以看到软件会根据"Pin Name"来对节点进行匹配，而定义的"Bus Group"也会显示出来。导入后，单击【Auto Pin Mapping】按钮，软件会自动地将信号 IO 的上、下拉的电平关联到对应的电源地 Pin，然后单击【OK】按钮，此时会跳出一个窗口，如图 9-53 所示，询问是否要保存一个备份的模型，通常会确认保存备份，而不更改原始文件。

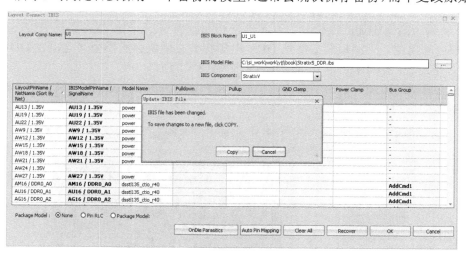

图 9-53　模型文件备份

单击【Copy】按钮，软件会自动生成一个 IBIS 的文件目录，如图 9-54 所示，用于存放模型文件。

2）DDR 颗粒模型的添加　在主控模型添加完成后，回到软件界面，在"DDR Bus Tree"中 U1 芯片下面会出现一个器件连接的图，如图 9-55 所示。

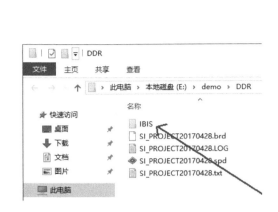

图 9-54　模型文件存放路径

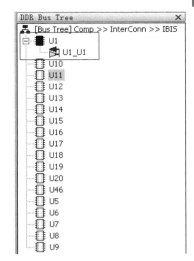

图 9-55　DDR 总线树

因为仿真涉及的 DDR 颗粒比较多，可以直接单击"DDR Bus Tree"中的器件进行模型的添加，添加的方式与主控芯片模型添加的方式一致。由于 DDR 模型里包含了多个芯片，所以在"Layout Connect IBIS"窗口下需要选择对应的器件，如图 9-56 所示。

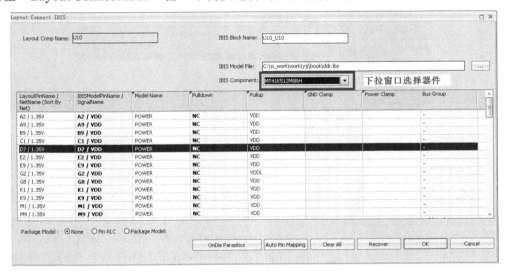

图 9-56　模型中器件选择

依次对所有的 DDR 芯片进行模型添加，添加完成后，会发现在"DDR Bus Tree"窗口下所加模型的器件都有一个模型连接的标示，如图 9-57 所示。

4. 仿真参数设置

仿真参数的设置主要包含仿真网络的选择，DDR 仿真速率、仿真时间的设置，发送、接收端模型的选择及其他的控制参数设置等。

1）**选择要仿真的网络**　在"Workflow"界面中单击"Select Bus Groups for Simulation"

（见图 9-58），将弹出"Bus Groups"窗口。如果本次只仿真地址信号和时钟信号，则将这两组信号前面的复选框打钩，表示已选中进行仿真，如图 9-59 所示。

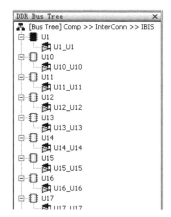

图 9-57　模型添加完成后示意

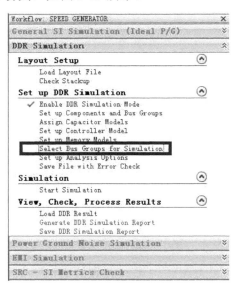

图 9-58　选择要仿真的网络

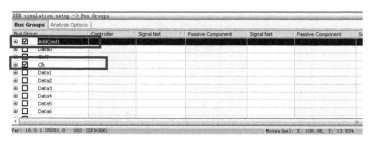

图 9-59　选择要仿真的网络示例

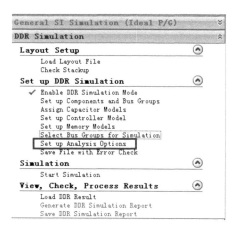

图 9-60　仿真分析设置

2）**仿真分析设置**　在"Workflow"界面中单击"Set up Analysis Options"（见图 9-60），将弹出"Analysis Options"窗口，该窗口包含两个方面的内容设置：仿真配置和激励定义&模型选择。

如图 9-61 所示，"Analysis Options"窗口左边主要为仿真配置，右边为激励定义&模型选择。

（1）仿真配置：仿真配置操作菜单中主要是对信号读写操作、工作环境（Typ、Slow、Fast 等）、电源及串扰（分为三个等级，第一级为理想电源下，不包含串扰的仿真；第二级为理想电源下，包含串扰的仿真；第三级为非理想电源下，包含串扰的仿真），以及有效工作的 DDR 颗粒的选择。

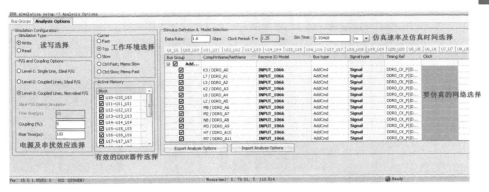

图 9-61　仿真分析设置控制窗口

（2）激励定义&模型选择：激励定义为实际工作的信号速率，如本项目 DDR 的数据传输率为 1600Mbps，则在"Data Rate"中需要填写 1.6Gbps。数据率填好后，时钟的周期会根据数据率的数值而变化。另外，后面的仿真时间也需要根据实际仿真需要进行填写。

在"Receive IO Model"这一列，如果一个 IO 有多个模型可以选择，则可以看到 IO 对应的模型下面下拉显示所有可选的模型，如图 9-62所示，需要根据实际的仿真情况选择对应的模型。

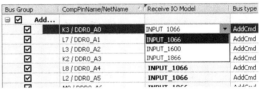

图 9-62　模型选择

9.4.4　DDR3 写操作

DDR 信号写操作时，信号由主控芯片（本项目中的主控芯片为 FPGA）发送、DDR 芯片接收，仿真包含两组数据，分别为地址控制组信号和数据组信号。在设置时"Simulation Type"要选择"Write"，暂不考虑电源的影响，所以在电源及串扰选项中选择第二级，选择"Typ"仿真环境。仿真速率用到的是 1600Mbps。写操作时，U1（FPGA）作为发射端，在 U1 处进行激励源的设置，默认条件下，激励源的码型为 1010，可以进行修改。仿真选择地址控制组信号和一组数据信号进行分析，设置好所有参数后的界面如图 9-63 所示。

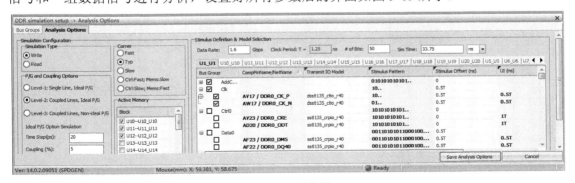

图 9-63　写信号

设置好后，保存文件，并进行文件错误检查，如图 9-64 所示。

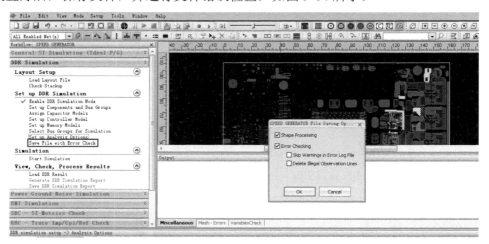

图 9-64　保存文件并进行错误检查

保存、检查没有问题后，单击"Start Simulation"进行仿真，结果会显示在 2D Curves 窗口。如图 9-65 所示，该窗口主要包含了信号选择区和波形显示区。

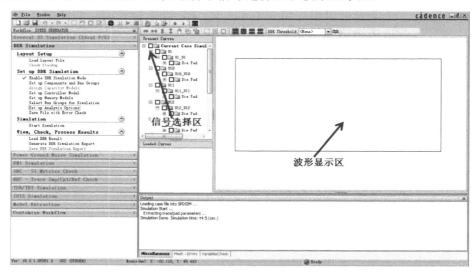

图 9-65　2D Curves 窗口

在信号选择区中选择需要观察的信号节点，比如现在要观察 U10 地址控制信号的波形，在 U10 下面选中所有的地址控制信号，可以看到在波形显示区会出现对应地址信号的波形，如图 9-66 所示。

9.4.5　DDR3 读操作

DDR 信号读操作时，信号由 DDR 芯片发送、主控芯片接收。读操作时，主要是数据组信号的传输，则在设置时"Simulation Type"要选择"Read"，同样暂不考虑电源的影响，所以在电源及串扰选项中选择第二级，选择"Typ"仿真环境。仿真速率用到的是 1600Mbps。设置好所有参数后的界面如图 9-67 所示。

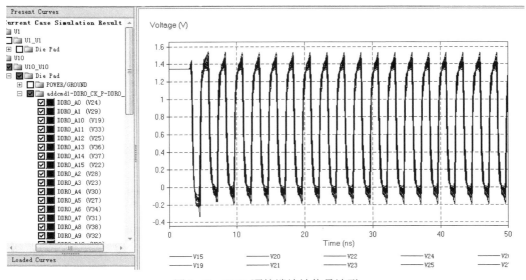

图 9-66　DDR 颗粒端地址信号波形

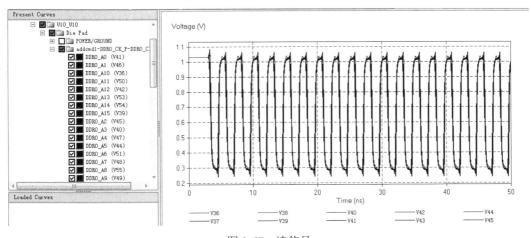

图 9-67　读信号

可以发现在读操作时，U1 里面关于数据部分的"Stimulus Pattern"这一项已经变成灰色的了，而 DDR 颗粒端会出现"Stimulus Pattern"这一列。

跟写操作类似，读操作设置完成后需要进行保存并检查，然后单击"Start Simulation"进行仿真，结果同样会显示在 2D Curves 窗口，如图 9-68 所示。此时接收端的波形为主控端的波形（主控芯片作为数据的接收端）。

9.4.6　仿真结果分析

仿真波形出现后，需要对仿真的结果进行分析。分析的基础是芯片或规范的要求，最终需要判断结果是否满足规范的要求。Speed2000 的 2D Curves 窗口集成了 DDR 的规范，比如

DDR3 的规范，它包含了 AC150/DC100、AC135/DC100 及 AC125/DC100 三种，用户可以根据自己的需要选择对应的规范。图 9-69 所示为软件自带的 DDR 判定规范。

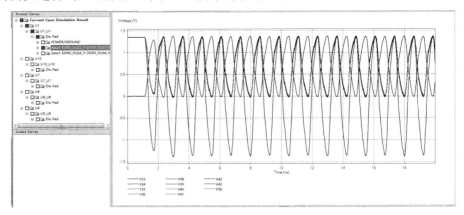

图 9-68　FPGA 端数据及 DQS 信号波形

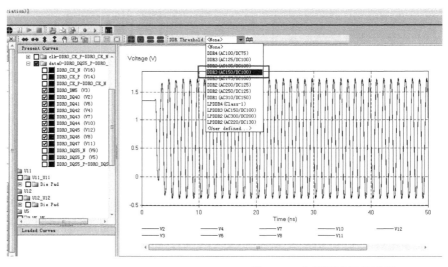

图 9-69　信号测试规范选择

图 9-70　自定义规范窗口

由于所用的 DDR 为小功率的 DDR 颗粒，接收端的规范要求为 AC160/DC90，而下拉的规范选项中没有满足本项目要求的，所以需要自定义规范。在"DDR Threshold"下拉框中选择"User defined"，出现自定义规范窗口，如图 9-70 所示。

单击【Add】按钮，添加所用到的标准，命名为 DDR3L，"AC Threshold（mV）"输入 160，"DC Threshold（mV）"输入 90，单击【OK】按钮退出。再看"DDR Threshold"下拉框，便可以选择刚刚编辑好的电平，然后单击旁边的 按钮，将判定规范显示在波形窗口中。

将结果波形和判定标准进行比对，看结果是否满足判定的要求。图 9-71 所示为接收端地址信号的波形，可以看出，地址信号在接收端满足电平规范的要求。同理，可以依次对数据信号、时钟、DQS 信号等进行判定。

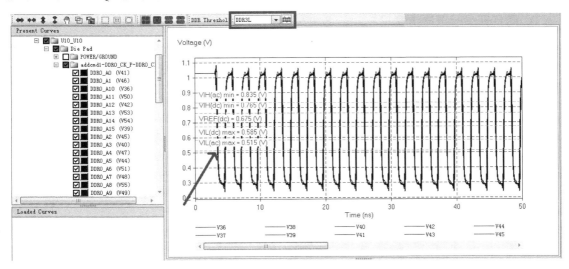

图 9-71　信号测试规范添加

9.5　DDR3 同步开关噪声仿真

1.　同步开关噪声（SSN）

　　同步开关噪声（Simultaneous Switch Noise，SSN）是指当器件处于开关状态，产生瞬间变化的电流（di/dt），在经过回流途径上存在的电感时，形成交流压降，从而引起噪声，所以也称为 Δi 噪声。如果是由于封装电感而引起地平面的波动，造成芯片地和系统地不一致，这种现象称为地弹（Ground Bounce）。同样，如果是由于封装电感引起的芯片和系统电源差异，就称为电源反弹（Power Bounce）。所以，严格地说，同步开关噪声并不完全是电源的问题，它对电源完整性产生的影响主要表现为地/电源反弹现象。

2. 同步开关噪声的成因

　　同步开关噪声主要是伴随着器件的同步开关输出（Simultaneous Switch Output，SSO）而产生的，开关速度越快，瞬间电流变化越显著，电流回路上的电感越大，则产生的 SSN 越严重。基本公式为

$$V_{ssn} = N \times L_{loop} \frac{dI}{dt}$$

式中，I 是指单个开关输出的电流；N 是同时开关的驱动端数目；L_{loop} 为整个回流路径的电感；V_{ssn} 指同步开关噪声的大小。

　　这个公式看起来简单，但真正分析起来却不是那么容易，因为不但需要对电路进行合理的建模，还要判断各种可能的回流路径，分析不同的工作状态。总的来说，对于同步开关噪

声的研究是一个比较复杂的工程，本书也只是对其基本原理做一个概括性的阐述。此外，如果考虑地更广一点，除了信号本身回流路径的电感之外，离得很近的信号互连引线之间的串扰也是加剧同步开关噪声的原因之一。

3. 同步开关噪声的仿真

同步开关的仿真需要将芯片对电源的作用加载进去，因此仿真过程中需要考虑非理想的电源的影响。以读信号为例，需要在电源及串扰选项中选择第三级，包含串扰及非理想的电源，如图 9-72 所示。

图 9-72　选择非理想的电源

当需要用到非理想电源的时候，需要将电源的去耦电容包含进去，所以需要对 1.35V 电源的去耦电容附上模型。

图 9-73 所示为电容模型的编辑界面，可以对电容模型进行编辑，模型全部设置好后，可以看到电容前面会打钩，如图 9-74 所示。

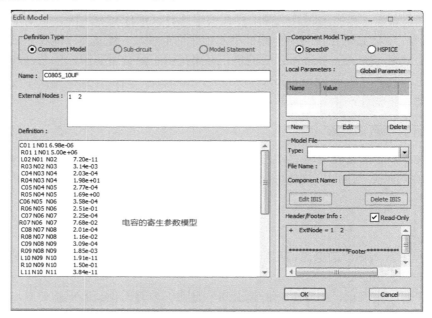

图 9-73　添加去耦电容

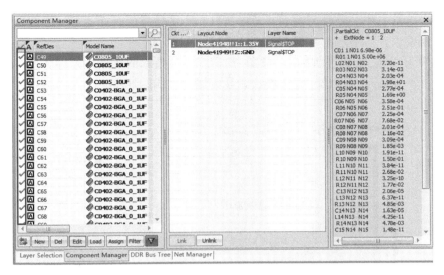

图 9-74　符号模型的电容

保存文件并进行错误检查，没有问题后单击"Start Simulation"进行仿真。首先观察接收端的电源，在理想状态下，接收端的电源是一条直线；在 SSN 状态下，接收端的电源会随着信号的跳动而发生变化，如图 9-75 所示。

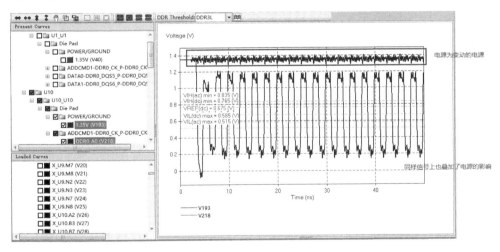

图 9-75　SSN 仿真下信号及电源波形

9.6　时序计算与仿真

1. DDR3 时序计算原理

DDR3 的时序主要包含两种情形：一种是地址信号与时钟信号的时序关系，另一种是数据信号和 DQS 信号的时序关系。这两种时序关系均为源同步时钟，对于源同步时钟，驱动芯片的数据和时钟信号由内部电路提供，总线时钟由锁相环电路产生，通常是系统时钟的倍数。系统要能正常工作，就必须控制好数据信号和时钟信号的时序关系，使它满足必要的建立和保持时间要求。

图 9-76 所示为源同步时钟接口示意图，源同步接口技术的优点是时钟脉冲和数据脉冲来源于同一芯片，并且与互连线一起传输，能显著提升总线的速度。

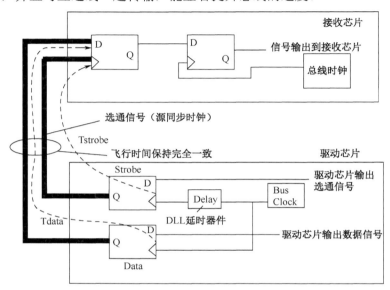

图 9-76　源同步时钟接口示意图

理想状态下，时钟信号和数据信号在芯片内部及互连介质中经历相同的传输条件，如何使时钟信号在数据信号的中间点采样是关键技术，然而实际的物理结构产生的各种作用减小了源同步接口的时序裕量。因此，源同步总线的设计主要取决于数据信号及源同步时钟传输延迟之间的差异，主要因素包括：

1）**芯片内部的时序偏斜**　信号在芯片内部产生的时序偏斜主要是由芯片时钟锁相环 PLL 的抖动、延迟锁相环路 DLL 的抖动及时钟树偏斜问题等造成的，在输出波形上表现为信号占空比失真。这部分偏移是由于芯片的制造所产生的，是不可控的参数，主要通过查找相关的芯片信息来获取。

2）**互连产生的时序偏斜**　PCB 互连线对信号时序的影响主要反映在两方面：一是信号互连的布线误差，包括封装基板、PCB 走线和信号过孔导致的时序偏斜；二是由信号完整性因素造成的信号延时和抖动，包括 SSN 噪声、串扰（Crosstalk）、码间干扰（ISI）等。PCB 板级和芯片封装布线造成的时序偏斜可以通过等长布线误差允许程度来量化最差情况的偏斜值，而对于串扰等信号完整性问题造成的时序偏斜，需要通过仿真来确定。

互连产生的偏移主要由 PCB 的设计造成，可以通过制定相关的 PCB 设计约束条件将这部分偏移控制在最小的范围内，并通过仿真的手段来确定设计的可行性，确保设计的余量满足需求。

2. DDR3 时序仿真计算

根据 DDR3 时序计算原理，在 DDR3 时序仿真时，先假设数据和时钟信号在接收端没有偏移，即时钟信号在数据信号的中间点进行采样，在这个理想的假设前提下再减去一系列的非理想因素后，得到可以满足要求的最小的时序余量。下面的仿真案例以 DDR 写数据时数据与 DQS 的时序为例，通常时序仿真计算可以分为下面几步。

　　1）**仿真计算有效的建立时间和保持时间**　DDR3 规范对信号建立时间和保持时间的定义引入了 AC 和 DC 电平值，在上升沿，输入信号幅值从升高到 $V_{IH(AC)min}$ 至下降到 $V_{IH(DC)min}$ 的时间定义为高电平有效时间。在下降沿时，输入信号幅值下降到低于 $V_{IL(AC)max}$ 至升高到 $V_{IL(DC)max}$ 的时间定义为低电平有效时间。输入信号的建立时间定义为当信号边沿触发前，电平达到有效的时间，如图 9-77 中的 t_{DS}；保持时间定义为当信号边沿触发后，电平保持有效的时间，如图 9-77 中的 t_{DH}。

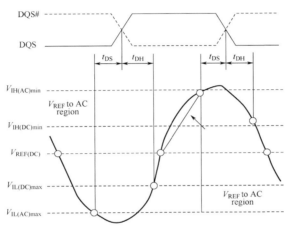

图 9-77　数据信号建立时间和保持时间

　　在本项目中，图 9-78 所示为信号在接收端的眼图，可以从眼图中测得数据信号的有效建立时间为 246ps（492ps 除以 2）和保持时间为 263ps（526ps 除以 2）。

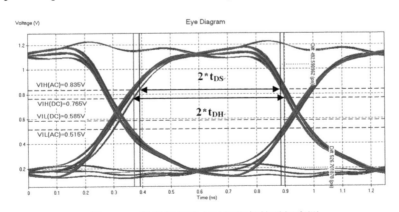

图 9-78　数据信号建立时间和保持时间实测

　　因为这是接收端的眼图，波形中已经包含了信号在传输过程中串扰、SSN 噪声、码间干扰等一系列由板级信号完整性原因带来的影响，所以得到的有效建立时间和保持时间相当于已经减去互连问题带来的延时（不包含 DQS 和 DQ 由传输线不一致带来的延时）。

2）查找信号的建立时间和保持时间规范　在规范中，对于 DDR3 SDRAM 数据信号、地址信号、命令信号的建立、保持时间需求也都有明确的定义。以 DDR3 数据信号为例，$t_{DS}=t_{DS（base）}+\Delta t_{DS}$，$t_{DH}=t_{DH（base）}+\Delta t_{DH}$，其中 t_{DS}、t_{DH} 分别为总的建立、保持时间需求，$t_{DS（base）}$、$t_{DH（base）}$ 分别为建立和保持时间的基准值。

具体要求见图 9-79，Δt_{DS}、Δt_{DH} 分别为信号上升、下降边沿 Slew Rate 的补偿值，芯片手册还给出了 DDR3 数据信号的建立、保持时间的斜率补偿表，如图 9-80 所示。

由于数据信号的斜率大于 2V/ns，DQS 信号的斜率大于 4V/ns，所以 $\Delta t_{DH}=45ps$，$\Delta t_{DS}=68ps$，因此总的建立时间和保持时间的规范为 $t_{DS}=25+68=93ps$，$t_{DH}=55+45=100ps$。

Parameter		Symbol	DDR3L-800		DDR3L-1066		DDR3L-1333		DDR3L-1600		Unit	Notes
			Min	Max	Min	Max	Min	Max	Min	Max		
DQ Input Timing												
Data setup time to DQS, DQS#	Base (specification)	t_{DS} (AC160)	90	–	40	–	–	–	–	–	ps	18, 19, 44
	V_{REF} @ 1 V/ns		250	–	200	–	–	–	–	–	ps	19, 20
Data setup time to DQS, DQS#	Base (specification)	t_{DS} (AC135)	140	–	90	–	45	–	25	–	ps	18, 19, 44
	V_{REF} @ 1 V/ns		275	–	250	–	180	–	160	–	ps	19, 20
Data hold time from DQS, DQS#	Base (specification)	t_{DH} (DC90)	160	–	110	–	75	–	55	–	ps	18, 19
	V_{REF} @ 1 V/ns		250	–	200	–	165	–	145	–	ps	19, 20
Minimum data pulse width		t_{DIPW}	600	–	490	–	400	–	360	–	ps	41

图 9-79　数据信号的建立时间和保持时间的基准值

Table 67: DDR3L Derating Values for t_{DS}/t_{DH} – AC135/DC90-Based

DQ Slew Rate V/ns	$\Delta t_{DS}, \Delta t_{DH}$ Derating (ps) – AC/DC-Based														
	DQS, DQS# Differential Slew Rate														
	4.0 V/ns		3.0 V/ns		2.0 V/ns		1.8 V/ns		1.6 V/ns		1.4 V/ns		1.2 V/ns		1.0 V/ns
	Δt_{DS}	Δt_{DH}	Δt_{DS}	Δt_{DH}	Δt_{DS}	Δt_{DH}	Δt_{DS}	Δt_{DH}	Δt_{DS}	Δt_{DH}	Δt_{DS}	Δt_{DH}	Δt_{DS}	Δt_{DH}	Δt_{DS} Δt_{DH}
2.0	68	45	68	45	68	45									
1.5	45	30	45	30	45	30	53	38							
1.0	0	0	0	0	0	0	8	8	16	16					
0.9			2	–3	2	–3	10	5	18	13	26	21			
0.8					3	–8	11	1	19	9	27	17	35	27	
0.7							14	–5	22	3	30	11	38	21	46 37
0.6									25	–4	33	4	41	14	49 30
0.5											39	–6	37	4	45 20
0.4													30	–11	38 5

图 9-80　数据组信号的斜率补偿表

3）**仿真互连产生的时序偏移**　前面已经做了一个假设，即假设时钟信号刚好在数据信号的正中心进行采样，这就意味着时钟信号和数据信号同时到达接收端芯片。但是实际情况是，虽然时钟信号和数据信号已经在 PCB 上做了等长处理，但是经过 PCB 上传输线后，由于多种原因，信号到达接收端时，还是会产生信号延时，因此需要在第一步中的有效建立时间和保持时间中将这些延时在时序余量中去除。

回到项目中，可以测量 DQS 信号相对于数据信号的最大延时。

由于 DQS 输出与 DQ 差了半个 bit 的宽度，因此理论上 DQS 信号应该在 DQ 信号的中心位置，最大的相对延时应该为 312.5ps（半 bit 宽度）减去 DQS 到 DQ 的上升/下降的时间的最小值，所以图 9-81 中数据信号和 DQS 信号的最大相对延时为 312.5ps–297.1ps=15.4ps。

4）**时钟信号（DQS 信号）的抖动**　DQS 信号经过传输线的传输后会引入抖动，该抖动可以在信号接收端波形进行测量，具体的测量方式是测量 DQS 的差分信号眼图（可以包含周期抖动），如图 9-82 所示，以 0 电平为基准进行抖动的测量，可以看到 DQS 的抖动为 5.82ps。

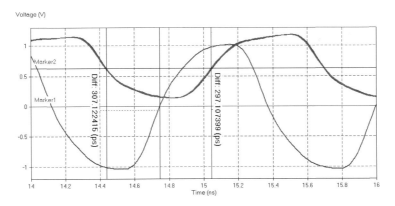

图 9-81 DQS 信号相对于数据信号的延时

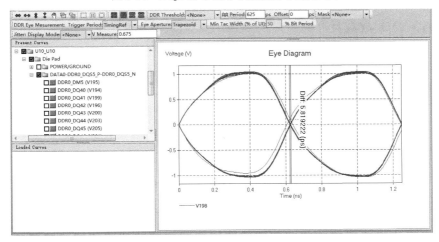

图 9-82 DQS 信号的抖动

5）**芯片的输出及接收端的偏移** 这部分的偏移是由芯片工艺造成的，因而此部分的数据需要从芯片厂家获取。项目中用到了两家芯片，一是 Altera 的 FPGA，另一个是 Micron 的 DDR3 颗粒，这两个芯片都参考 JEDEC 的规范（见图 9-83），在 JEDEC 上可以查到对芯片要求的 DQS 与 DQ 信号的最大输出延时为 100ps。

DQ Output Timing										
DQS, DQS# to DQ skew, per access	^tDQSQ	–	200	–	150	–	125	–	100	ps	
DQ output hold time from DQS, DQS#	^tQH	0.38	–	0.38	–	0.38	–	0.38	–	^tCK (AVG)	21
DQ Low-Z time from CK, CK#	^tLZDQ	–800	400	–600	300	–500	250	–450	225	ps	22, 23
DQ High-Z time from CK, CK#	^tHZDQ	–	400	–	300	–	250	–	225	ps	22, 23

图 9-83 DQS 信号与数据信号之间的输出延时

6）**时序余量的计算** 前面做了一个假设，假设数据和时钟信号在接收端没有偏移，即时钟信号在数据信号的中间点进行采样，在这个理想的假设前提下再减去一系列的非理想因数后，得到一个最小的时序余量。图 9-84 为建立时间和保持时间的计算示意图，通过上面的仿真，可以得到最小的建立时间和保持时间的余量如下：

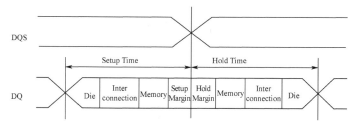

图 9-84　建立时间和保持时间计算示意图

$t_{DS(margin)}$ = 有效的建立时间-建立时间规范-信号延时-时钟抖动-输出延时

　　　　　 = 246ps-93ps-15.4ps-5.82ps-100ps=31.78ps

$t_{DH(margin)}$ = 有效的保持时间-保持时间规范-信号延时-时钟抖动-输出延时

　　　　　 = 246ps-100ps-15.4ps-5.82ps-100ps=24.78ps

9.7　DDR4 信号介绍

上面对 DDR3 进行了详细的说明与仿真方法介绍后，下面对正在兴起及大量应用的 DDR4 做一个详细介绍。

DDR4 作为第四代同步动态随机存储器，是一种新型的具有高带宽的存储接口。它于 2014 年发布，以更高速率、更大容量开始崛起，2016 年市场占有率超过 DDR3。图 9-85 显示了 2016 年 DDR 的市场占有率。

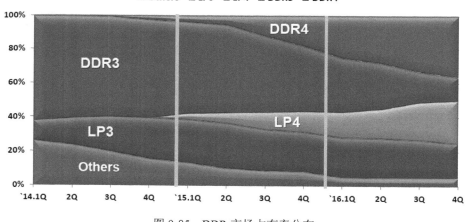

图 9-85　DDR 市场占有率分布

DDR4 芯片采用 1.2V 电源电压和一个 2.5V 辅助电源，相对于 DDR3 的 1.5V 电源，DDR4 具有更低的电压。DDR4 的速率为 1.6～3.2Gbps，那么相对于 DDR3，DDR4 都有哪些变化呢？可从下面几个方面介绍：

1. 核心架构与物理规格方面

除了封装形式不变（也就是 DDR3/4 颗粒外表看起来是一样的）、内存类型不变外，架构规格上的变化是全方位的，尤其是电压更低、Bank 更多、针脚更多。表 9-1 中详细列出了 DDR3 和 DDR4 核心架构与物理规格的对比。

表 9-1　DDR3 和 DDR4 核心架构与物理规格对比

项　目		DDR3	DDR4
Core	# of Banks	8	16（x4/8），8（x16）
	# of BG	—	4（x4/8），2（x16）
	page size	1KB（x4/8），2KB（x16）	512B（x4），1KB（x8），2KB（x16）
	CL-tRCD-tRP	13～15ns	same as DDR3
	VDD/VDDQ	1.5V	1.2V
	VPP	—	2.5V
Phys	Package	78/96 ball FBGA 0.8mm pitch	same as DDR3
	Module	240pin/204pin	288pin/260pin
	ORG	x4/8/16/32	same as DDR3
	Type	SO-DIMM/U/R/LR	same as DDR3

2. 接口电平方面

如表 9-2 中 DDR3 和 DDR4 的接口电平对比，在电平类型上，DDR4 新的驱动标准与前几代 DDR 的主要差异在于 Data 采用 POD（Pseudo Open Drain）的电平类型，其最大的区别是接收端的终端电压等于 V_{DDQ}，而 DDR3 所采用的 SSTL 接收端的终端电压为 $V_{DDQ}/2$。这样做可以降低寄生引脚电容和 I/O 终端功耗，并且即使在 V_{DD} 电压降低的情况下也能稳定工作。DDR3 与 DDR4 电平等效电路如图 9-86 所示。

表 9-2　DDR3 和 DDR4 接口电平对比

项　目		DDR3	DDR4
Data	Termination	CTT	POD
	Ron	RZQ/7	same as DDR3
	RTT	RTT_WR　　RTT_NOM	RTT_WR　　RTT_NOM　RTT_RART
	RZQ	240Ω	same as DDR3
	Preamble	1 TCK preamble only	Programmable（1，2）
CA	Termination	CTT	same as DDR3
	Clocking	SSTL	same as DDR3
	Topology	Fly-by	same as DDR3
Parasitic		Lumped Cio	Precise modeling with separate die/package

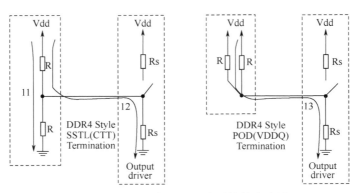

图 9-86　DDR3 与 DDR4 电平等效电路图

可以看出，当 DRAM 在低电平的状态时，SSTL 和 POD 都有电流流动；而当 DRAM 为高电平的状态时，SSTL 继续有电流流动，而 POD 由于两端电压相等，所以没有电流流动，如图 9-87 所示，这也是 DDR4 更省电的原因。

3. 功能和特点方面

DDR4 相对于 DDR3 新增加很多的新功能。对设计影响比较大的方面主要为下面几个：

1）**数据总线倒置（DBI）**　根据 POD 的特性，当数据为高电平时，没有电流流动，所以降低 DDR4 功耗的一个方法就是让高电平尽可能多，这就是 DBI 技术的核心。举例来说，如果在一组 8b 的信号中，有至少 5b 是低电平，则对所有的信号进行反转，如

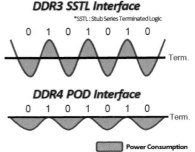

图 9-87　DDR3 与 DDR4 端接电源波动图

图 9-88 中左图所示，就有至少 5b 信号是高电平了。DBI 信号变为低表示所有信号已经翻转过（DBI 信号为高表示原数据没有翻转），如图 9-88 右图所示。这种情况下，一组 9 个信号（8 个 DQ 信号和 1 个 DBI 信号）中至少有 5 个状态为高，从而有效降低功耗。

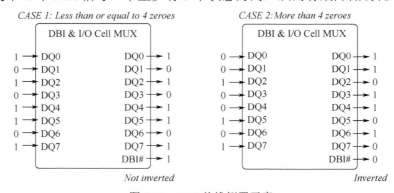

图 9-88　DBI 总线倒置示意

2）**ODT 控制**　为了提升信号质量，从 DDR2 开始将 DQ、DM、DQS/DQS#的 Termination 电阻内置到 Controller 和 DRAM 中，称为 ODT（On Die Termination）。Clock 和 ADD/CMD/CTRL 信号仍需使用外接的 Termination 电阻。

在 DRAM 中，On-Die Termination 的等效电阻值通过 Mode Register（MR）来设置，ODT 的精度通过参考电阻 RZQ 来控制，DDR4 的 ODT 支持 240Ω、120Ω、80Ω、60Ω、48Ω、40Ω、34Ω。

与 DDR3 不同的是，DDR4 的 ODT 有四种模式：Data termination disable、RTT_NOM、RTT_WR 和 RTT_PARK。Controller 可以通过读写命令及 ODT Pin 来控制 RTT 状态，RTT_PARK 是 DDR4 新加入的选项，它一般用在多 Rank 的 DDR 配置中，比如一个系统中有 Rank0、Rank1 及 Rank2，当控制器向 Rank0 写数据时，Rank1 和 Rank2 在同一时间内可以为高阻抗（Hi-Z）或比较弱的终端（240Ω、120Ω、80Ω等），RTT_Park 就提供了一种更加灵活的终端方式，让 Rank1 和 Rank2 不用一直是高阻模式，从而可以让 DRAM 工作在更高的频率上。

3）内置数据信号的参考电压　DDR 信号一般通过比较输入信号和另外一个参考信号（V_{REF}）来决定信号为高或低，然而在 DDR4 中，一个 V_{REF} 却不见了。先来看看下面两种设计，可以看出来，在 DDR4 的设计中，V_{REFCA} 和 DDR3 中的相同，使用外置的分压电阻或电源控制芯片来产生，然而 V_{REFDQ} 在设计中却没有了（参考图 9-89），改为由芯片内部产生，这样既节省了设计费用，也增加了布线空间。

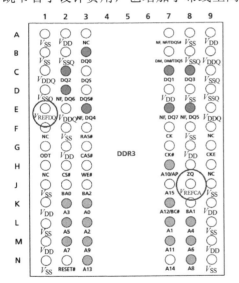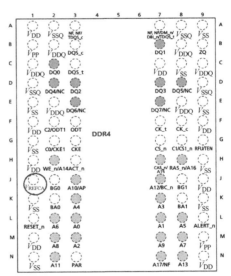

图 9-89　DDR3 和 DDR4 参考电压

DRAM 内部 V_{REFDQ} 通过寄存器（MR6）来调节，主要参数有 Voltage range、step size、V_{REF} step time、V_{REF} full step time。图 9-90 即为 V_{REF} 可调节的范围示意。

每次开机的时候，内存控制器都会通过一系列的校准来调整内存芯片端输入数据信号的 V_{REFDQ}，优化时序和电压的余量，也就是说，V_{REFDQ} 不仅仅取决于 V_{DD}，而且和传输线特性、接收端芯片特性都会有关系，所以每次 Power Up 的时候，V_{REFDQ} 的值都可能会有差异。

因为 V_{REF} 的不同，V_{IH}/V_{IL} 都会有所差异，可以通过调整 ODT 来看 V_{REF} 的区别，用一个仿真的例子来说明。对于 DDR3，调整 ODT 波形会上下同步浮动，而调整 DDR4 ODT 的时候，波形只有一边移动。

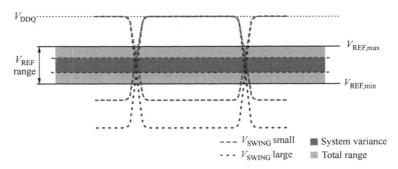

图 9-90   DDR4 参考电压调节范围

4. PCB 设计方面

在所有的 Layout 走线中，DDR 相对较为复杂，不仅要考虑阻抗匹配，还要考虑长度匹配，而且有数量众多的数据、地址线，不得不考虑串扰的影响。

DDR4 数据速率提高以后，这些方面的影响变得更为严重，尤其是现在很多设计为了节省成本，PCB 尺寸要求尽可能得小，层数要求尽可能得少，这样对阻抗和串扰的要求就变得更有挑战性。一般情况下 SI 工程师和 Layout 工程师都会想各种办法来满足这些需求，但很多时候都会采取折中方案，例如，在做 PCB 层叠设计时尽量让线宽变小，在 BGA Breakout 区域采用更细的走线等。但这些方法只能对设计做微小的调整，其实很难从根本上解决问题。Intel 研究发现的一种新方法，可以在一定程度上很好地平衡阻抗（线宽）和串扰（线间距）。

先来看一个实际的 Layout 例子，两根走线之间采用锯齿形状，如图 9-91 所示。这就是 Intel 研究出来的新方法，官方名称为"Tabbed Routing"。

Tabbed Routing 主要的方法是在空间比较紧张的区域（一般为 BGA 区域和 DIMM 插槽区域）减小线宽，而增加凸起的小块（Tab），如图 9-92 所示。

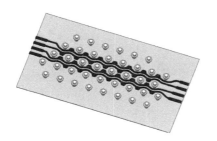

图 9-91   DDR4 Tabbed Routing

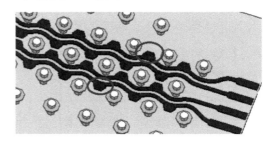

图 9-92   Tabbed Routing 方法

这种方法可以增加两根线之间的互容特性而保持其电感特性几乎不变，而增加的电容可以有效控制每一层的阻抗，减小外层的远端串扰。

第10章 PCIe 信号仿真

10.1 PCIe 简介

1. PCI Express

PCI Express 简称 PCIe，2001 年春季由 Intel 公司提出，2001 年年底，包括 Intel、Amd、Dell、IBM 在内的 20 多家业界主导公司开始起草新技术的规范，并在 2002 年完成，正式命名为 PCI Express。PCI Express 是一种通用的总线规格，其目的是为了取代现有计算机系统内部的总线传输接口，这不仅包括显示接口，还囊括了 CPU、PCI、HDD、Network 等多种应用接口，从而可以像 HyperTransport 一样，用来解决现今系统内数据传输出现的瓶颈问题，并且为未来的周边产品性能提升做好充分的准备。以往计算机系统的各种设备共用一个带宽制约了日后速度的进一步提升。与 PCI 的并行数据传输不同，PCIe 则采用了串行互连方式，以点对点的形式进行数据传输，每个设备都可以单独享用带宽，从而大大提高了传输速率。

PCIe 链路使用"端到端的数据传送方式"，发送端和接收端中都含有 TX（发送逻辑）和 RX（接收逻辑），如图 10-1 所示。

从图 10-1 可知，PCIe 总线物理链路中的一个数据通路（Lane）由两组差分信号组成。其中发送端的 TX 部件与接收端的 RX 部件使用一组差分信号连接，该链路称为发送端的发送链路，也是接收端的接收链路；而发送端的 RX 部件与接收端的 TX 部件使用另一组差分信号连接，该链路称为发送端的接收链路，也是接收端的发送链路。高速差分信号电气规范要求其发送

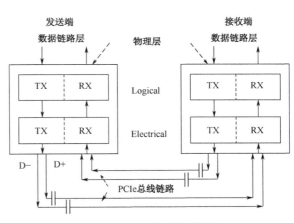

图 10-1 PCIe 总线物理链路

端串接一个电容，用于进行 AC 耦合，该电容也被称为 AC 耦合电容，PCIe 信号的耦合电容一般放在发送端，对于带金手指的板卡需要放到靠近金手指连接器附近。PCIe 链路使用差分信号进行数据传送，一对差分信号由 D+ 和 D− 两个信号组成，信号接收端通过比较这两个信号的差值，判断发送端发送的是逻辑"1"还是逻辑"0"。与单端信号相比，差分信号抗干扰的能力更强，在布线时一般要求"平行"、"等长"、"等线宽"，而且须在同层。

PCIe 链路可以由多条 Lane 组成，目前 PCIe 链路可以支持 1、2、4、8、12、16 和 32 个 Lane，即×1、×2、×4、×8、×12、×16 和×32 宽度的 PCIe 链路。每一个 Lane 上使用的总线带宽与 PCIe 总线使用的版本相关，如表 10-1 所示。

表 10-1 PCIe 总线规范与总线带宽和编码的关系表

PCIe 总线规范	总线频率	单 Lane 的峰值带宽	编码方式
1.x	1.25GHz	2.5GTps	8/10b 编码
2.x	2.5GHz	5GTps	8/10b 编码
3.0	4GHz	8GTps	128/130b 编码
4.0	8GHz	16GTps	128/130b 编码

如表 10-1 所示，不同的 PCIe 总线规范使用不同的总线频率，其使用的数据编码方式也不尽相同。PCIe 总线 1.x 和 2.x 规范在物理层中使用 8/10b 编码，即在 PCIe 链路上的 10b 中含有 8b 的有效数据，也就是说，5Gbps 的实际速率是 5Gbps×8b/10b=4Gbps；而 3.0 规范使用 128/130b 编码方式，即在 PCIe 链路上的 130b 中含有 128b 的有效数据，这样的编码效率很高，总线损失的有效带宽比 8/10b 编码小很多。

PCIe 3.0 规范使用的总线频率虽然只有 4GHz，但是其有效带宽是 2.x 规范的两倍。下面将以 3.0 规范为例，说明不同宽度 PCIe 链路所能提供的峰值带宽。

X32 的 PCIe 链路最高可以提供 256GTps 的带宽，远高于 PCI 并行总线所能提供的峰值带宽。而 PCIe 4.0 规范使用 8GHz 的总线频率，将进一步提高 PCIe 链路的峰值带宽。

在 PCIe 总线中，使用 GT（Gigatransfer）计算 PCIe 链路的峰值带宽。GT 是在 PCIe 链路上传递的峰值带宽，其计算公式为：总线频率×数据位宽×2。

2. PCIe 总线的层次结构

PCIe 总线的层次结构与网络中的层次结构类似，但是 PCIe 总线的各个层次都使用硬件

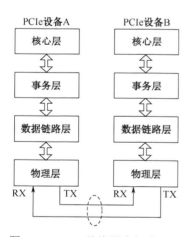

图 10-2 PCIe 总线层次组成结构

逻辑实现。在 PCIe 体系结构中，数据首先在设备的核心层（Device Core）中产生，然后再经过该设备的事务层（Transaction Layer）、数据链路层（Data Link Layer）和物理层（Physical Layer），最终发送出去。而接收端的数据也需要通过物理层、数据链路和事务层，并最终到达核心层，如图 10-2 所示。

1）事务层　事务层定义了 PCIe 总线使用的总线事务，其中多数总线事务与 PCI 总线兼容。这些总线事务可以通过交换机等设备传送到其他 PCIe 设备或 RC。RC 也可以使用这些总线事务访问 PCIe 设备。

事务层接收来自 PCIe 设备核心层的数据，并将其封装为 TLP（Transaction Layer Packet）后，发向数据链路层。此外，事务层还可以从数据链路层中接收数据报文，然后转发至 PCIe 设备的核心层。

2）数据链路层　数据链路层保证来自发送端事务层的报文可以可靠、完整地发送到接收端的数据链路层。来自事务层的报文在通过数据链路层时，将被添加 Sequence Number 前缀和 CRC 后缀。数据链路层使用 ACK/NAK 协议保证报文的可靠传递。

PCIe 总线的数据链路层还定义了多种 DLLP（Data Link Layer Packet），DLLP 产生于数

据链路层，终止于数据链路层。值得注意的是，TLP 与 DLLP 并不相同，DLLP 并不是由 TLP 加上 Sequence Number 前缀和 CRC 后缀组成的。

3）**物理层**　物理层是 PCIe 总线的底层，将 PCIe 设备连接在一起。PCIe 总线的物理电气特性决定了 PCIe 链路只能使用端到端的连接方式。PCIe 总线的物理层为 PCIe 设备间的数据通信提供传送介质，为数据传送提供可靠的物理环境。

物理层是 PCIe 体系结构最重要也是最难以实现的组成部分。PCIe 总线的物理层定义了 LTSSM（Link Training and Status State Machine）状态机，PCIe 链路使用该状态机管理链路状态，并进行链路训练、链路恢复和电源管理。

PCIe 总线的物理层还定义了一些专门的"序列"，有的书籍将物理层这些"序列"称为 PLP（Physical Layer Packer），这些序列用于同步 PCIe 链路，并进行链路管理。值得注意的是，PCIe 设备发送 PLP 与发送 TLP 的过程有所不同。

3. PCIe 的应用与发展

目前，PCI Express 有着广泛的应用，可以作为主板级互连（连接主板外围设备）、无源背板互连及作为附加板的扩展卡接口。

主要应用情景如下：

1）**图形加速卡**　在几乎所有的现代 PC（从笔记本电脑和台式机到企业数据服务器）中，PCIe 总线作为主要的主板级互连，将主机系统处理器与集成外设（表面贴装 IC）连接起来，并附加外设（扩展卡）。在大多数系统中，PCIe 总线与一个或多个传统 PCI 总线共存，以便与大量传统 PCI 外设向后兼容。特别是几乎所有型号的显卡都使用 PCI Express。

2）**存储设备**　PCI Express 协议可用作闪存设备的数据接口，如存储卡和固态硬盘（SSD）。

ATA Express 是连接 SSD 的接口，通过为连接的存储设备提供多个 PCI Express 通道作为纯 PCI Express 连接。M.2 是内部安装的计算机扩展卡和相关连接器的规范，也使用多个 PCI Express 通道。

3）**PCIe 4.0**　PCI Express 总线已经发展十多年，到目前为止，技术的初始数据速率已翻了 3 倍，但下一步需要花费更长的时间。

之前 PCIe 3.0 带宽足以应付目前的储存、网络、显示卡和其他设备的资料输送量需求。不过，过去两年间，由于人工智能（AI）、大数据的发展有了一个较大的进步，导致目前的 PCIe 3.0 输送量不足。因此，在网络带宽也有了更高速度的情况之下，PCIe 3.0 的带宽输送量已显得捉襟见肘。PCIe 4.0 的出现恰逢其时。

但 PCIe 4.0 的出现还只是中间的一个环节。随着 AI、深度学习、视觉计算、大数据的快速储存等的发展，人们对 PCIe 5.0 的需求更加迫切，已出现相关组织公布了 PCIe 5.0 技术路线图。PCIe 5.0 的速度将高达每秒 128GB，这是 PCIe 4.0 速度的 2 倍。PCIe 总线发展路线图如图 10-3 所示。

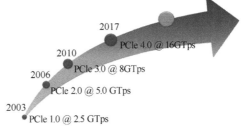

图 10-3　PCIe 总线发展路线图

4. 项目中的 PCIe 设计

本章 PCB Layout 设计结构为半长全高的 PCIe x8 板卡，仿真主要关注的是 PCIe 信号在单板 PCB 上的布线情况，即"物理层"信号的传输。PCB 仿真有一个 x8 接口，收发各 8 对高速差分信号，信号通过金手指连接器与 FPGA 进行互连，具体布线状态如图 10-4 所示。

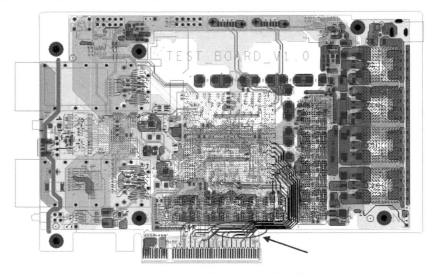

图 10-4　PCIe 信号 PCB 布线分布状态

10.2　PCIe 规范

项目接口设计为 PCIe 3.0 规范标准，最大传输速率可达 8Gbps，信号在输出、接收端需要满足 PCIe 3.0 的电气规范。对于本次仿真实例项目，主要应满足以下两个方面：

- 芯片接收端差分信号的时域规范；
- 频域规范。

为了更好地理解 PCIe 仿真设计过程，需要准备相关的资料，了解 PCIe 3.0 的规范要求。

1. 时域测试规范

产品单板挂载 PCIe 总线主要为 FPGA 芯片 Stratix5，通道时域仿真会用到 Stratix5 的 IBIS-AMI 模型，PCIe 信号在时域仿真时，信号波形高低电平在判决上需满足芯片接收端的 V_{ih} 和 V_{il} 要求，对应的眼图需要满足 Mark 的眼宽和眼高要求。

通过参考 PCI Express® Base Specification Revision 3.0 规范文件，找出传输信号需要满足 PCIe 信号的电气特性要求，同时需要关注 FPGA 芯片 Stratix5 接收端的电平规范要求。时域的通道要求如图 10-5 所示。

（1）Stratix5 接收端的电平判定要求：时域测试规范需要综合参考 FPGA 高速端口的规范要求，作为 PCB 布线性能的重要判断指标之一。参考 FPGA Stratix5 芯片手册得到，高速 IO 接收端信号电平要求为：最小眼高为 85mV，如图 10-5 所示。

（2）PCIe 通道时域规范要求：图 10-6 所示为 PCIe 3.0 信号眼图模板，眼图的眼高和眼宽大小则参考图 10-7 的眼图模板要求。

Symbol/ Description	Conditions	−1 Commercial Speed Grade			−2 Commercial/Industrial Speed Grade			−3 Commercial/Industrial Speed Grade			Unit
		Min	Typ	Max	Min	Typ	Max	Min	Typ	Max	
Receiver											
Supported I/O Standards		1.4V PCML, 1.5V PCML, 2.5V PCML, LVPECL, and LVDS									
Data rate (Standard PCS)	—	600	—	8500	600	—	8500	600	—	6500	Mbps
Data rate (10G PCS)	—	600	—	14100	600	—	12500	600	—	8500	Mbps
Absolute V_{MAX} for a receiver pin [3]	—	—	—	1.2	—	—	1.2	—	—	1.2	V
Absolute V_{MIN} for a receiver pin	—	−0.4	—	—	−0.4	—	—	−0.4	—	—	V
Maximum peak-to-peak differential input voltage V_{ID} (diff p-p) before device configuration	—	—	—	1.6	—	—	1.6	—	—	1.6	V
Maximum peak-to-peak differential input voltage V_{ID} (diff p-p) after device configuration	V_{CCR_GXB} = 1.0 V	—	—	1.8	—	—	0.8	—	—	1.8	V
	V_{CCR_GXB} = 0.85 V	—	—	2.4	—	—	2.4	—	—	2.4	V
Minimum differential eye opening at receiver serial input pins [4]	—	85	—	—	85	—	—	85	—	—	mV
Transmitter											
Supported I/O Standards		1.4V and 1.5V PCML									
Data rate (Standard PCS)	—	600	—	8500	600	—	8500	600	—	6500	Mbps
Data rate (10G PCS)	—	600	—	14100	600	—	12500	600	—	8500	Mbps
V_{OCM}	0.65-V setting	—	650	—	—	650	—	—	650	—	mV
Differential on-chip termination resistors	85Ω setting	85			85			85			Ω
	100Ω setting	100			100			100			Ω
	120Ω setting	120			120			120			Ω
	150Ω setting	150			150			150			Ω
Rise time [5]	—	30	—	160	30	—	160	30	—	160	ps
Fall time [5]	—	30	—	160	30	—	160	30	—	160	ps

Table 2–20. Transceiver Specifications for Stratix V GX and GS Devices—Preliminary [1] (Part 2 of 4)

图 10-5　PCIe 信号在 FPGA 端时域测试要求

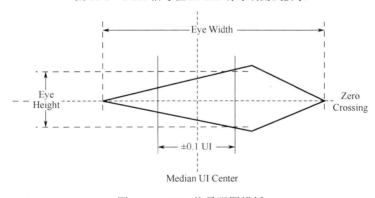

图 10-6　PCIe 信号眼图模板

（3）规范要求接收端最小眼高为：$V_{diff-pp}$=25mV，最小需要满足的眼高为 25mV，考虑到 Stratix5 高速 IO 接收端的电平要求，PCIe 信号的最小眼高在本项目仿真中使用 85mV 作为判定标准。

（4）PCIe 信号最小眼宽为 0.3UI（37.5ps）。

Symbol	Parameter	Value	Units	Comments
$V_{RX-CH-EH}$	Eye height	25 (min)	mVPP	Eye height at BER=10^{-12}. Note 1.
$T_{RX-CH-EW}$	Eye width at zero crossing	0.3 (min)	UI	Eye width at BER=10^{-12}
$T_{RX-DS-OFFSET}$	Peak EH offset from UI center	±0.1	UI	See Figure 4-87 for details.
V_{RX-DFE_COEFF}	Range for DFE d_1 coefficient	±30	mV	See Figure 4-70 for details.

图 10-7　通道眼图模板要求

2. 频域测试规范

在频域仿真时，PCIe 3.0 信号速率为 8Gbps，其对应的基频点为 4GHz，传输线通道的损耗需满足各频点对应的损耗要求。PCIe 3.0 规范只定义了回波损耗的规范要求，如图 10-8 所示。

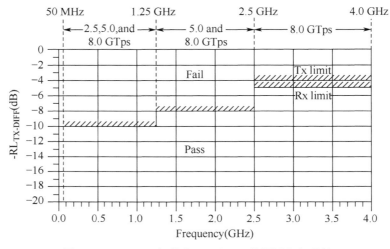

图 10-8　PCIe 3.0 规范中 TX 和 RX 的回波损耗特性

由图 10-8 中的 PCIe 3.0 规范要求可知，信号的 TX 和 RX 差分回波损耗在不同频段对应不同 dB 值，TX 和 RX 信号需要用不同的回波损耗曲线进行判别。

10.3　仿真参数设置

10.3.1　调用仿真文件

（1）打开 Allegro Sigrity Suite Manager，单击程序列表中的 **PowerSI** 图标，然后双击 PowerSI 程序，如图 10-9 所示。

（2）打开 PowerSI 仿真软件后，单击【Open】按钮 ，找到文件名为 "TEST_BOARD_V1.spd" 的仿真文件，如图 10-9 所示。

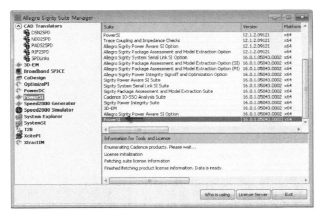

图 10-9　调用 PowerSI 软件

图 10-10　打开仿真文件

10.3.2　定义 PCIe 差分信号

产品单板金手指为 x8 结构,各有 8 对发送和接收信号。这里对单板 TX0 及 RX0 这两对不同方向的 PCIe 差分信号进行仿真,这两对差分信号在 PCB 上的走线分布如图 10-11 所示。

(1) 为了方便设置差分信号,需要将仿真软件网络全部关掉。通过仿真软件选中右边面板的"Net Manager"选项卡,在该面板中任意空白处右击,在弹出的快捷菜单中选择"Disable All Nets", 即可将所有网络关掉,如图 10-12 所示。

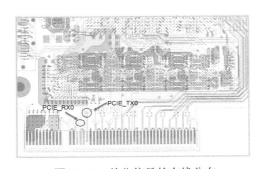

图 10-11　差分信号的布线分布

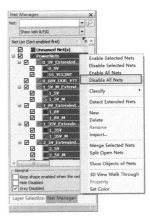

图 10-12　禁用所有网络

（2）首先设置单板 TX 方向的差分信号。在仿真软件里找到网络"PCIE_PETN0"PCB 所在的 AC 电容位置，选中靠近金手指连接器位置的电容焊盘，右击，在弹出的快捷菜单中分别选择"Select Net PCIE_PETN0"和"Enable Net PCIE_PETN0"，如图 10-13 所示。

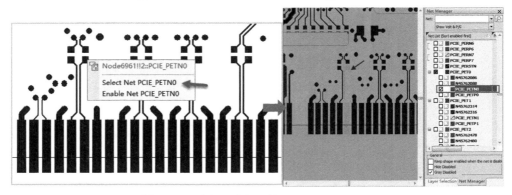

图 10-13　选择及使能网络"PCIE_PETN0"

（3）用同样的方法，选择并使能该电容另一引脚的信号网络"N45762086"，如图 10-14 所示。

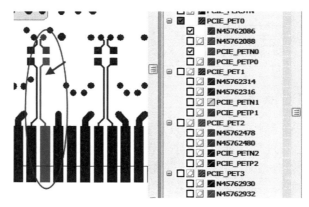

图 10-14　选择及使能网络"N45762086"

（4）为了方便后面设置网络端口，可以考虑修改网络"N45762086"的名称。在"Net Manager"选项卡右击，在弹出的快捷菜单中选择"Rename"，如图 10-15 所示，然后将网络名称"N45762086"修改为"PCIE_PETN0_0"，用于更好地标识及区别电容另一引脚的网络名称，新命名的网络名称不能和单板其他网络同名，不然会导致两个网络合并，产生错误的网络连接关系。

（5）按照上面类似的操作选择及使能网络"PCIE_PETP0"及"N45762088"，并将"N45762086"的名称修改为"PCIE_PETP0_0"，如图 10-16 所示。

（6）在"Net Manager"选项卡，按住"Ctrl"键，分别选中网络"PCIE_PETN0"和"PCIE_PETP0"，然后在右键快捷菜单中选择"Classify→As Diff Pair"，为这两个网络创建差分信号的属性，如图 10-17 所示。在这两个网络的前面会有一个"["标识，用于表示这两个网络带有差分信号的属性。

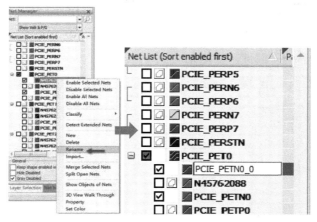

图 10-15　修改网络"N45762086"为"PCIE_PETN0_0"

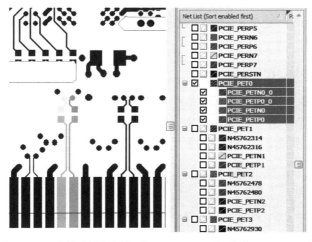

图 10-16　选择及使能网络"PCIE_PETP0"及"N45762088"

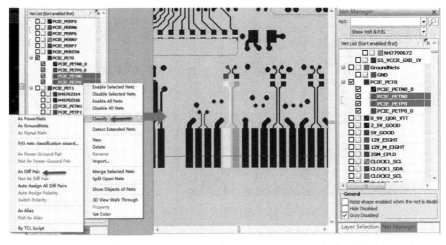

图 10-17　为网络"PCIE_PETN0"和"PCIE_PETP0"定义差分信号属性

（7）按照步骤（6）进行操作，定义网络"PCIE_PETN0_0"和"PCIE_PETP0_0"的差

分信号属性，如图 10-18 所示。

（8）同理，按照上面的步骤，选择及定义 RX 方向差分信号网络"PCIE_PERN0"和"PCIE_PERP0"的差分信号属性，如图 10-19 所示。

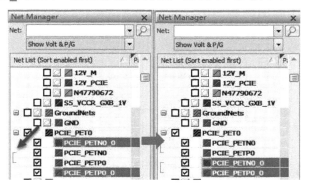 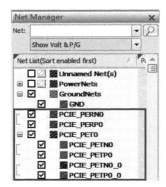

图 10-18　定义差分信号属性　　　　图 10-19　完成网络"PCIE_PERN0"及
　　　　　　　　　　　　　　　　　　　　　　　　"PCIE_PERP0"的差分信号定义

10.3.3　设置 PCIe 网络端口

高速差分信号仿真对象主要针对网络端口进行分析，需要对仿真信号指定仿真端口。

（1）在设置端口操作前，必须保证所设置的网络和参考地是"Enable"使能状态，也就是网络前面标注"√"状态，如图 10-20 所示。

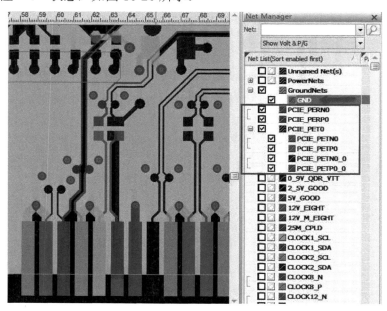

图 10-20　选择定义端口网络界面

（2）在"Workflow PowerSI"面板单击"Generate Port(s)"选项，弹出"Port Setup Wizard"设置向导对话框，选择"Define ports manually"，手动定义网络端口，如图 10-21 所示。

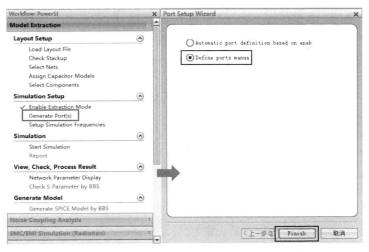

图 10-21　"Port Setup Wizard"设置向导对话框

（3）单击【Finish】按钮，弹出"Port"设置界面，可以看到已经选中后的 PCIe 网络所连接的相关器件。切换到"Pin Based"选项卡，在"Reference Net"栏选中"GND"，如果这个地方为其他网络的参考地，则需要设置相应的参考地网络；在"Port Reference"栏勾选"Use Pin Groups"及"Search Distance for Signal net"并输入数字"2"，这样可以将网络引脚 2mm 范围的 GND 网络引脚作为一个"Group"进行分析，具体网络多大需要根据实际情况去定义；然后在"Generate Ports for"栏选中器件 U1 并单击【Generate Ports】按钮将器件 U1 上使能的网络自动添加 Port，如图 10-22 所示。同理，选中器件 U2 生成相关网络的 Port。

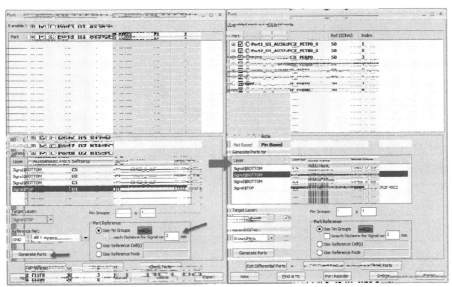

图 10-22　"Port"设置界面及生成 Port

（4）生成 PCIe 差分信号 Port 后，由于这些 PCIe 差分网络的阻抗为 85Ω，PCIe 信号的单端 Port 参考阻抗为 42.5Ω，与常规 50Ω有所区别。这里需要将已生成 Port 的"Ref Z(ohm)"

栏值修改为 42.5，如图 10-23 所示。

（5）如果需要删除 Port，可以在"Port"对话框选中相应的 Port 后单击【Delete】按钮删除。如果需要给 Port 按一定次序排序，则单击【Port Reorder】按钮，弹出"Customize Port Sequence"对话框，可以根据情况给 Port 重新排序，最后单击【OK】按钮关闭界面，如图 10-24 所示。

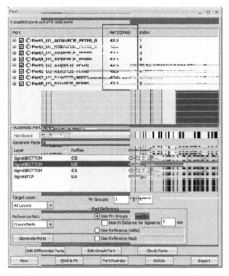

图 10-23　修改 Port 的参考阻抗值

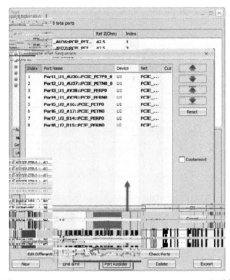

图 10-24　"Customize Port Sequence"对话框

说明： 如果不单击【OK】按钮，而是单击右上角的 ✖ 图标，则排序无效。至此，PCIe 网络仿真端口的设置已完成。

10.3.4　仿真分析

（1）在开始仿真前，先设置仿真扫描的频率范围。

在左边面板中单击"Setup Simulation Frequencies"选项，弹出"Frequency Ranges"设置对话框。设置扫描频率时，一般范围设置在 3～5 倍速率以内即可，本次仿真的实例 PCIe 3.0 信号速率为 8Gbps，则可以设置扫频到 20GHz，"Sweeping Mode"设置为"Adaptive"，采用自适应模式，如图 10-25 所示。单击【OK】按钮，关闭对话框。

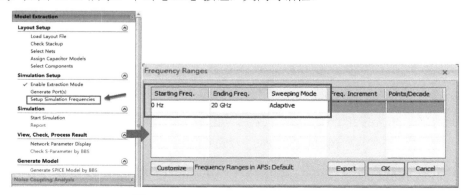

图 10-25　"Frequency Ranges"对话框

（2）设置完相关参数后，单击工具栏中的【Save】按钮保存文件，会提示进行错误检查。在如图 10-26 所示的"PowerSI File Saving Options"对话框中复选检查选项，单击【OK】按钮，检查并保存文件。如果有错误，界面输出状态栏下会有错误信息显示，按照错误提示项修改即可。

（3）如果 PCB 的尺寸大、层数多，仿真时间相对会较长，可以考虑对 PCB 单板进行切板操作，用于修改仿真文件的尺寸。将需要处理的网络设置为使能状态，需要注意所选网络对应的 GND 网络也必须勾选使能，执行菜单命令【Edit】→【Cut】→【by area】，在 PCB 工作区域通过鼠标左键画个矩形，大小根据实际情况而定，然后在弹出的对话框中选择"Cut outside"即可，如图 10-27 所示。

图 10-26 　"PowerSI File Saving Options"
对话框

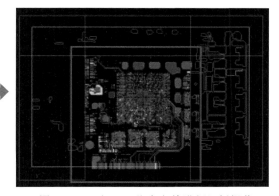

图 10-27 　对 PCB 仿真文件进行切板操作

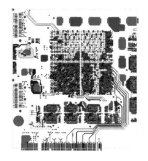

图 10-28 　切板操作后的
新的仿真文件

仿真软件会根据设定的矩形区域大小产生新的仿真文件，操作结束后需要进行保存及错误检查，切板操作后的新的仿真文件如图 10-28 所示。

（4）单击"Start Simulation"开始仿真分析，弹出仿真分析"Port Curves"界面。在仿真界面下方可以看到"Simulation"呈淡黄色状态，说明正在进行仿真分析，如图 10-29 所示。

如果想从当前"Port Curves"界面切换回"SPD Layer View"界面，可以单击菜单栏的"Window"选项，从下拉菜单中选择需要切换的"1 TEST_BOARD_V1 Layer View"即可，如图 10-30 所示。

10.3.5 　 S 参数结果与输出

仿真分析完成后，显示"S Amplitude"界面，其右边窗口会自动显示出信号 S 参数仿真结果，此时为"Normal View"状态，在"Output"信息窗口有"AFS Finished"字样，表示仿真任务结束，底下状态为绿色 Ready 标识，如图 10-31 所示。

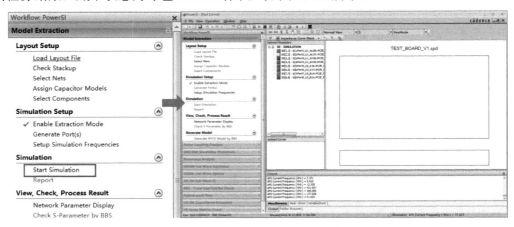

图 10-29 "Port Curves"界面

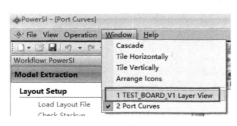

图 10-30 "Port Curves"与"SPD Layer View"
界面切换对话框

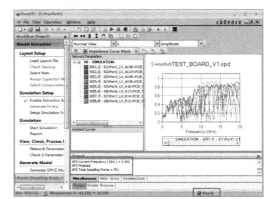

图 10-31 仿真结果"S Amplitude"显示界面

（1）右击频域曲线区域，在弹出的快捷菜单中选择"Show Y-axis in log scale"，可以将频域曲线转换到对应 Y 轴对数的模式，这是比较常用的显示模式，如图 10-32 所示。

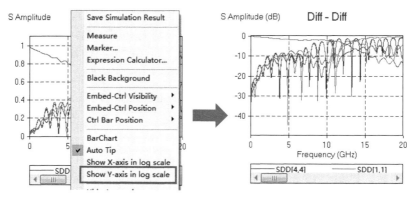

图 10-32 转换 S 参数显示模式

（2）单击"Normal View"右边下拉 图标，切换到"Differential Channel View"—"S"—"Amplitude"状态，差分信号通道 S 参数如图 10-33 所示。

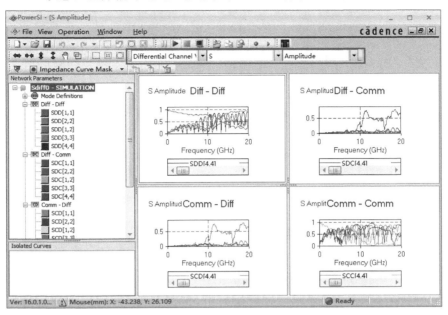

图 10-33　"Differential Channel View"显示界面

（3）在左边"Network Parameters"面板下，通过复选不同的 S 参数，右边会显示相应的曲线。对于带有 AC 电容的网络 S 参数，采用的是混模模式，可以通过右击，在弹出的快捷菜单中选择"Channel Filter"添加频域曲线，如图 10-34 所示。

（4）在弹出的"Channel Filter"对话框中勾选"Crosstalk"，然后单击【OK】按钮，如图 10-35 所示。

（5）双击"Diff-Diff"小窗口，它会放大显示曲线图，在"Network Parameters"面板的 Diff-Diff 模式下，选择需要查看信号的插入损耗曲线或回波损耗曲线，如图 10-36 所示。

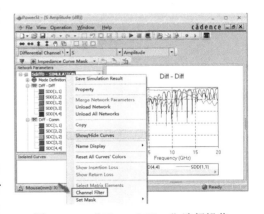

图 10-34　"Channel Filter"选择操作

在频域曲线显示窗口右击，在弹出的快捷菜单中选择"Marker..."，打开"Curve Marker/Measure Property"对话框，在"Direction"栏选择"Vertical"，Ref 的参考频率填写"4"GHz，如图 10-37 所示。

单击【Edit Viewing Property】按钮，在弹出的"Curve Pattern Property"对话框中可以选择 Marker 的 Style、Width，具体设置如图 10-38 所示。

图 10-39 所示为添加 Marker 后的频域曲线图，鼠标靠近 Marker 线位置，会显示 Y 轴频域曲线的幅度值，以 dB 为单位进行显示。

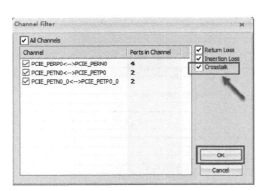

图 10-35 "Channel Filter"对话框

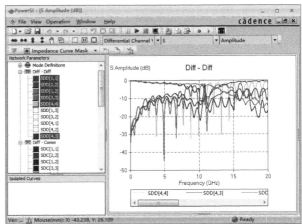

图 10-36 插入损耗及回波损耗的选择操作

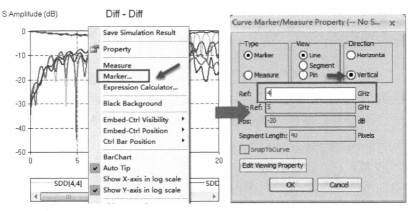

图 10-37 为频域曲线添加 Marker

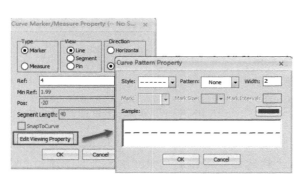

图 10-38 设置 Marker 的显示属性

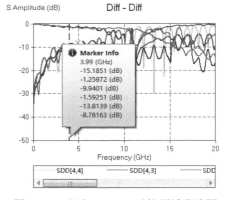

图 10-39 添加 Marker 后的频域曲线图

（6）在"Network Parameters"面板下右击，在弹出的快捷菜单中选择"Save Simulation Result"，如图 10-40 所示，打开"Save Curves"对话框，设置输出格式、路径和保存的文件名称后，单击【OK】按钮，保存输出 S*n*P 文件，如图 10-41 所示。

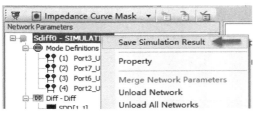
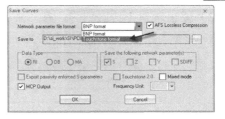

图 10-40　执行保存仿真结果操作　　　　图 10-41　"Save Curves"对话框

- S*n*P 后缀的文件是 S 参数通用的文件类型，"*n*P"表示"有 *n* 个 Port"。本次仿真实例中只定义了 PCIe 接口的 TX 和 RX 差分对的 8 个 Port，则其后缀为.S8P。如果还定义了其他多个网络 Port，如 16Ports，则保存的文件名为：（文件名称）.S16P。
- 推荐以能简单标示网络名的名称来命名保存的文件，便于有效识别 S 参数所对应的网络。例如，上面提取的是 PCIe 接口中 TX 和 RX 差分信号所对应的 8 个 Port 的 S 参数，则可考虑命名为 PCIE3.S8P。

10.4　PCIe 链路在 ADS 中的仿真

在 PowerSI 中提取完 S 参数后，保存输出命名为 PCIE3.S8P 的 S 参数文件，如图 10-42 所示。

接下来把它导入 Advanced Design System（ADS）中进行通道链路仿真，包括信号通道的频域仿真和时域仿真，还可以根据仿真结果调整链路仿真条件，优化设计。

图 10-42　保存的 S 参数文件

10.4.1　建立 ADS 仿真工程

（1）双击桌面上的 Advanced Design System 图标，启动主程序，弹出"Getting Started with ADS"对话框，单击"Create a new workspace"选项，创建一个新工作区，如图 10-43 所示。

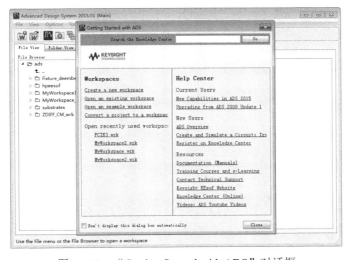

图 10-43　"Getting Started with ADS"对话框

（2）弹出新建工作区向导，在"Workspace name"栏后输入项目名称"PCIE3_wrk"，在"Create in"栏后面选择工作区的保存路径，如图 10-44 所示，然后单击【Next】按钮。

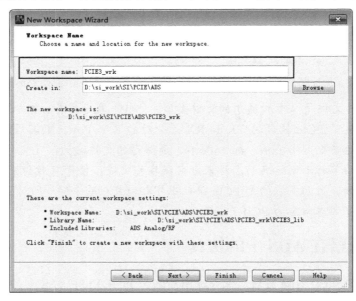

图 10-44　ADS 新建工作区向导

（3）在"Add Libraries"窗口中选择仿真库，按默认设置即可。单击【Next】按钮进入下一步，如图 10-45 所示。

（4）在"Library Name"窗口中，推荐使用默认的库名，默认库名称和项目名称相同。单击【Next】按钮进入下一步，如图 10-46 所示。

图 10-45　"Add Libraries"窗口　　　图 10-46　"Library Name"窗口

（5）在"Technology"窗口中，可以设置项目的单位、标准层定义等有关工艺的选项，按默认设置即可，如图 10-47 所示。

（6）最后单击【Finish】按钮完成新项目向导设置，如图 10-48 所示。

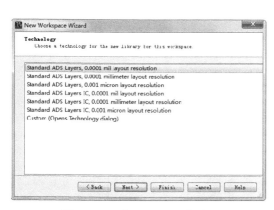

<table>
<tr><td>图 10-47　"Technology"窗口</td><td>图 10-48　完成新项目向导设置</td></tr>
</table>

10.4.2　ADS 中导入 S 参数文件

（1）在项目"PCIE3_wrk"界面下，单击菜单栏原理图图标，弹出"New Schematic"对话框，在"Cell"栏后面输入原理图名称"PCIE3_MODEL"，如图 10-49 所示。

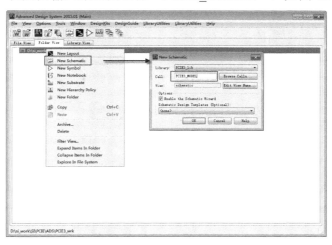

图 10-49　"New Schematic"对话框

（2）单击【OK】按钮，弹出原理图编辑界面和向导，可以把向导关闭，我们现在是要手动建立原理图，如图 10-50 所示。

可以在菜单栏的"View"选项下，打开或者关闭各个功能窗口，如图 10-51 所示。

（3）在左边面板窗口下拉菜单中，选择"Data Items"，然后把一个 8Port 的 S 参数符号模板加到画图工作区域中去，也可以通过左上角的命令框输入"S8P"快速调出 S 参数符号模板，如图 10-52 所示。

（4）双击 S 参数符号模板，弹出"8-Port S-parameter File"对话框，在"File Name"路径下选择 S 参数文件 PCIE3.S8P，单击【OK】按钮，进入下一环节，如图 10-53 所示。

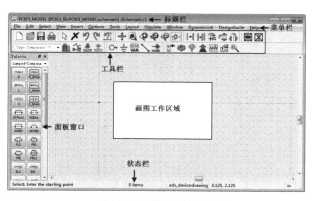

图 10-50　原理图编辑环境

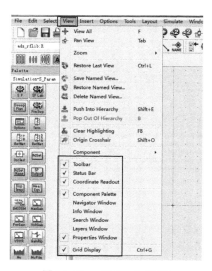

图 10-51　"View"选项

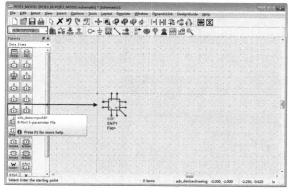

图 10-52　添加一个 8Port 的 S 参数符号模板

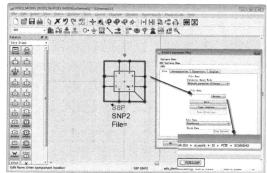

图 10-53　加载 S 参数窗口

（5）此时已经导入了 S 参数，单击工具栏中的【Insert Pin】按钮，Pins 的序号和 S 参数 Symbol 的 Port 一一对应连接起来，多出的另一个 Ref 连接脚需要接参考地，如图 10-54 所示。

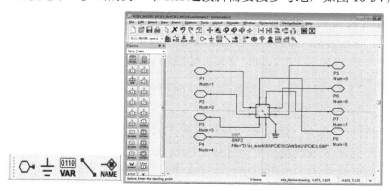

图 10-54　链接 Pin 网络

● 注意 Port 的对应，可以通过查看 S 参数文件或 PCB 信号网络对应起来，如图 10-55

所示。

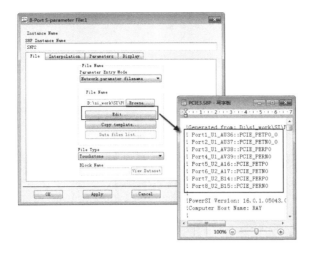

图 10-55　查看 S 参数文档对话框

● Pin 名称建议参考 S 参数文档，修改为能表征网络名的，可以通过双击 Pin 符号 ，在弹出的"Edit Pin"对话框中修改并保存，如图 10-56 所示。

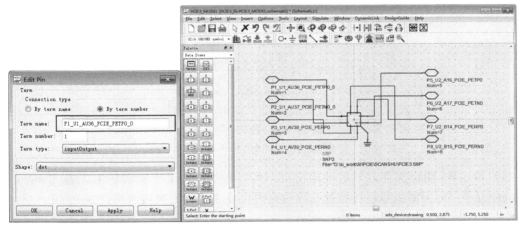

图 10-56　修改网络名后的连接窗口

（6）执行菜单命令【Window】→【Symbol】，弹出"New Symbol"对话框，Symbol 名称需要和 Schematic 名称一致，保持默认设置即可，如图 10-57 所示，然后单击【OK】按钮。

（7）弹出"Symbol Generate"对话框，在这里设置 Pin 的排列方式，以及 Symbol 的一些参数，一般保持默认设置即可，如图 10-58 所示，单击【OK】按钮。

（8）在编辑区域内可以看到 Pin 按照预先排好的顺序自动生成 Symbol。如果上一步连接 Pin 时没有排序，在 Symbol 编辑窗口内也可以通过框选需要操作的 Pin 进行重新排序，但是无论在哪里排序，网络 Port 必须按仿真 Port 设置要求一一对应，如图 10-59 所示。

<table>
<tr><td>图 10-57 "New Symbol" 对话框</td><td>图 10-58 "Symbol Generate" 对话框</td></tr>
</table>

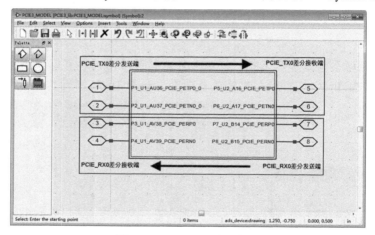

图 10-59 Symbol 编辑窗口

（9）单击 图标保存，然后关闭窗口，可以在工程目录下看到新生成的 Symbol，如图 10-60 所示。后面编辑原理图搭建仿真链路时可以在元件库直接调用此 Symbol。

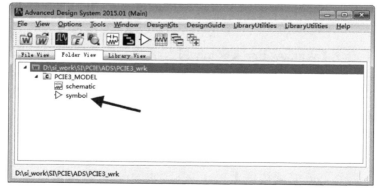

图 10-60 工程目录显示窗口

10.4.3　ADS 频域仿真

上面生成的 S 参数 Symbol 可以作为一个器件那样直接调用，而不需要重新导入和连接 Pin 设置。

（1）单击菜单栏原理图 图标，按照上一节所述步骤新建名称为"PCIE3_S"的原理图。单击工具栏 图标，或者执行菜单命令【Insert】→【Component】→【Component Library】，如图 10-61 所示。

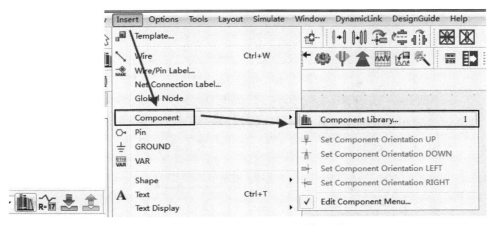

图 10-61　调用 Component 操作界面

（2）在弹出的"Component Library"对话框中，选中"Workspace Libraries"下的"PCIE3_MODEL"组件，双击把它放到画图工作区域中来，如图 10-62 所示。

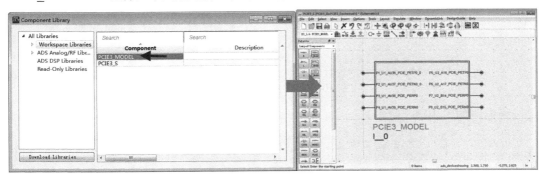

图 10-62　调用"PCIE3_MODEL"窗口

（3）在左边面板选择"Simulation-S_Param"，单击"Term"图标添加网络端口组件，鼠标停留在上面会自动显示解析，新添加的 Term 参考阻抗需要修改为 42.5Ω，如图 10-63 所示。

（4）根据 S 参数差分端口定义的顺序，继续添加网络端口组件，并且与 S 参数组件"PCIE3_MODEL"连接。然后增加 S 参数仿真器，如图 10-64 所示，其设定为：起始频率为 0MHz，截止频率为 20GHz，频率步进为 20MHz。

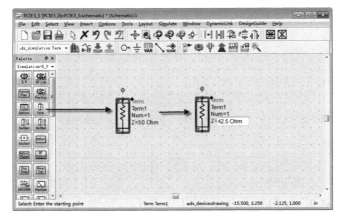

图 10-63　添加 Term 窗口

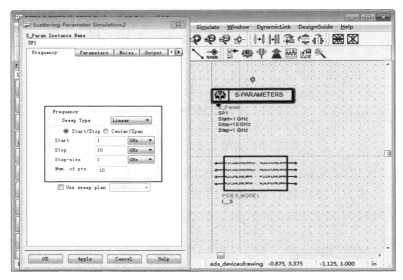

图 10-64　设置频率扫描范围

最终电路如图 10-65 所示。

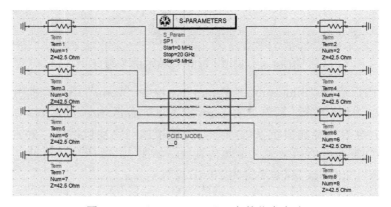

图 10-65　"SATA0_RX" S 参数仿真电路

端口设置推荐遵循 P_{in_p}—P_{out_p}—P_{in_n}—P_{out_n} 的规则定义，即"1"和"2"为一个网络，"3"和"4"为另一个网络，则在端口定义中：

PORT1——"1-3"是差分输入端。

PORT2——"2-4"是差分输出端。

S11——单线的回波损耗。

SDD11——差分信号对端口 1 的回波损耗。

注意：根据差分 S 参数的定义，此"1"非彼"1"，此处仿真软件所定义的 PORT 和 PowerSI 中设置的 Port 是不同的。我们也可以看到 S 参数组件"PCIE3"内部的 P1、P2、P3、P4 只是和 S 参数对应，而不是和外部对应。当然，在保存 S 参数文件 SnP 时也可以按照 P_{in_p}—P_{out_p}—P_{in_n}—P_{out_n} 的规则先排好顺序，便于后面处理，但这并不是必需的要求。

（5）单击工具栏仿真图标，运行仿真，如图 10-66 所示。

（6）仿真完成后，会自动弹出结果显示界面，但是界面是空的，需要把数据从面板窗口逐一放置出来，如图 10-67 所示。

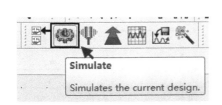

图 10-66　执行 Simulate 命令

图 10-67　仿真结果显示界面

（7）PCIe 仿真的是两对差分信号，可以通过使用输入公式的方法求出 S 参数的各种分量。单击"Eqn"图标，弹出"Enter Equation"对话框，分别输入插损和回损公式，如图 10-68 及表 10-2 所示。

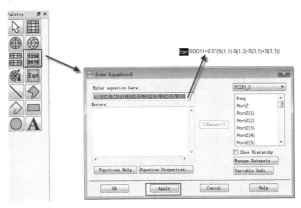

图 10-68　"Enter Equation"对话框

表 10-2 差分 S 参数定义

网 络 名	差分信号的差分 S 参数定义
通道：PCIE_TX0	SDD11=0.5*（S（1，1）-S（1，3）-S（3，1）+S（3，3））
	SDD12=0.5*（S（1，2）-S（1，4）-S（3，2）+S（3，4））
	SDD21=0.5*（S（2，1）-S（2，3）-S（4，1）+S（4，3））
	SDD22=0.5*（S（2，2）-S（2，4）-S（4，2）+S（4，4））
通道：PCIE_RX0	SDD33=0.5*（S（5，5）-S（5，7）-S（7，5）+S（7，7））
	SDD34=0.5*（S（5，6）-S（5，8）-S（7，6）+S（7，8））
	SDD43=0.5*（S（6，5）-S（6，7）-S（8，5）+S（8，7））
	SDD44=0.5*（S（6，6）-S（6，8）-S（8，6）+S（8，8））

（8）根据 PCIe 3.0 规范对回波损耗限定标准，在 Advanced Design System 软件中进行公式编辑，单击"Eqn"图标，弹出"Enter Equation"对话框，分别输入回波损耗公式，如表 10-3 所示。

表 10-3 回波损耗限定标准

回波损耗限定公式
A0=-10
A1=-8
A2=-5
A3=-4
A4=-5
f0=1.25e9
f1=2.5e9
f3=4e9
RL_MAX_TX=if(freq>=0&&freq<=f0) then A0 else if(freq>f0&&freq<=f1) then A1 else if(freq>f1&&freq<=f3) then A3 else 20
RL_MAX_RX=if(freq>=0&&freq<=f0) then A0 else if(freq>f0&&freq<=f1) then A1 else if(freq>f1&&freq<=f3) then A4 else 20

说明：A0~A5 为常量，单位为 dB；f0~f3 为常量，单位为 Hz。RL_MAX_TX 和 RL_MAX_RX 分别为 PCIe 发送、接收信号的回波损耗频域曲线判定公式。

（9）编辑完公式后，单击"Plot"图标，弹出"Plot Traces & Attributes"对话框，如图 10-69 所示。

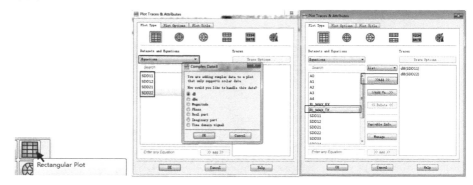

图 10-69 "Plot Traces & Attributes"对话框

（10）在"Plot Type"选项卡下"Datasets and Equations"下拉菜单中选择"Equations"，选择相关参数后，单击【OK】按钮，仿真结果如图 10-70 及图 10-71 所示。

● 通道：PCIE_TX0

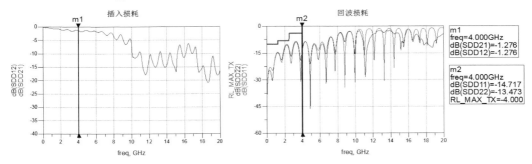

图 10-71　差分信号插损和回损结果显示（通道：PCIE_TX0）

说明：当信号速率为 8Gbps 时，对应的基准频率为 4GHz，回波损耗左上角的折线为信号的频域标准判定曲线，在此频率点差分信号的最大插入损耗为-1.276dB，回波损耗为-13.473dB。由图 10-70 可知，回损判决曲线满足频域判决要求。

● 通道：PCIE_RX0

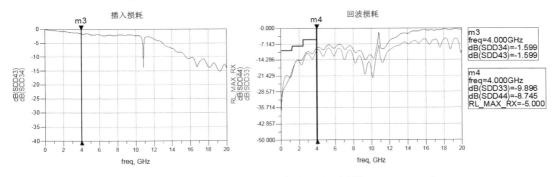

图 10-71　差分信号插损和回损结果显示（通道：PCIE_RX0）

说明：当信号速率为 8Gbps 时，对应的基准频率为 4GHz，回波损耗左上角的折线为信号的频域标准判定曲线，在此频率点差分信号的最大插入损耗为-1.599dB，回波损耗为-8.745dB。由图 10-71 可知，回损判决曲线满足频域判决要求。

10.4.4　ADS 时域仿真

（1）在项目工作区，选中原理图"PCIE3_S"，右击"Copy Cell"，这样可以通过复制"PCIE3_S"原理图样式，新建一个新原理图，如图 10-72 所示。

（2）在弹出的"Copy Files"对话框中，把"New Name"改为"PCIE3_TX_CHANNEL"，单击【OK】按钮，系统会在工程目录下生成新的线路图，如图 10-73 所示。

（3）双击原理图，进入编辑界面，在左边面板选择"Simulation-ChannelSim"添加激励和通道仿真器，在发送和接收端添加 IBIS_AMI 模型，如图 10-74 所示。

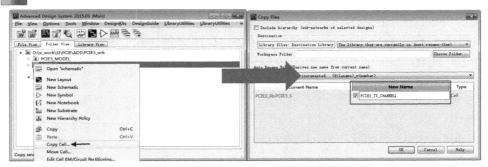

图 10-72　"Copy Files" 操作窗口

图 10-73　新增原理图显示窗口

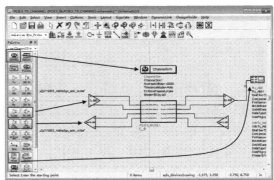

图 10-74　通道仿真电路图

- Channel Simulation 设置：在 "Choose analysis mode" 栏选择 "Bit-by-bit"，"Number of bits" 填写 "10000"，如图 10-75 所示。
- 配置发送端 AMI 模型文件：双击原理图 "Tx AMI" 图标，如图 10-76 所示；在弹出的设置对话框 "IBIS File" 处单击 "Select IBIS File"，指定模型文件的路径，选择 "s5gx_ami_tx.ibs"，如图 10-77 所示；单击 "Pin" 选项卡，指定差分信号的引脚，然后在 "Model Selector" 处选择 "S5GX_R85_10ma_50ps"，完成子模型的选择；在 "PRBS" 选项卡，设置 "Bit Rate" 为 8Gbps，如图 10-78 所示。

图 10-75　设置通道仿真模式

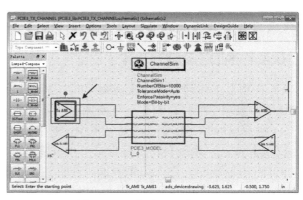

图 10-76　发送端器件设置

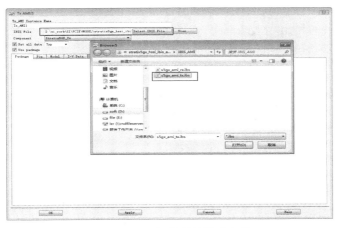

图 10-77　添加发送端模型文件

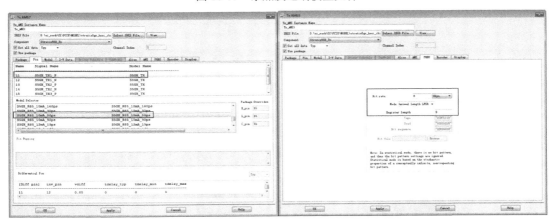

图 10-78　设置发送端子模型及仿真速率

● 配置接收端 AMI 模型文件：双击原理图 "Rx AMI" 图标，在弹出的设置对话框 "IBIS File" 处单击 "Select IBIS File"，指定模型文件的路径，选择 "s5gx_ami_rx.ibs"；单击 "Pin" 选项卡，指定差分信号的引脚，然后在 "Model Selector" 处选择 "stratix5_gx_rx_85"，完成子模型的选择，如图 10-79 所示。

● Eye_Probe 设置：双击原理图的 "Eye_Probe1"，弹出 "Ey_Probe1" 对话框，在 "Parameters" 参数选项卡中

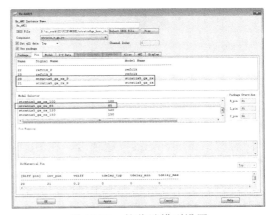

图 10-79　接收端模型设置

勾选 "Use Eye Mask"，单击 "Browse" 按钮浏览选择 Eye Mark 文件的路径，并指定文件 "pcie_8g.msk"，如图 10-80 所示。

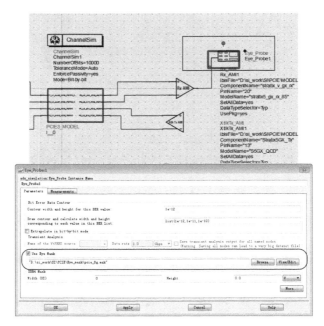

图 10-80　设置 Eye_Probe 参数

单击【View/Edit】按钮，可以预览和修改 Mask 的大小，如图 10-81 所示。

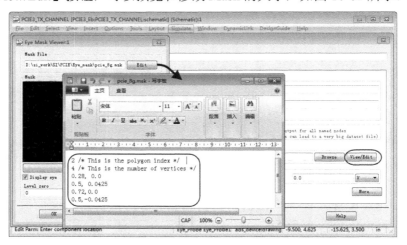

图 10-81　修改 Eye Mask 参数

在"Measurements"选项卡，在 Bit by bit 模式下，需要指定 Waveform 参数，用于显示通道的时域波形，如图 10-82 所示。

此外，为了能体现通道串扰的效果，在 PCIE_RX0 通道的发送和接收端增加了 Xtlk AMI 模型，其模型设置和 TX 或 RX 类似，这里不再详述。

（4）单击仿真运行 图标，运行完成后会自动弹出结果视图，它与 S 参数视图类似，也需要手动添加直方图（Rectangular Plot），如图 10-83 及图 10-84 所示。

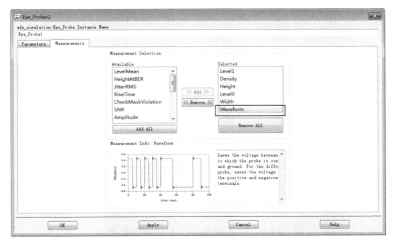

图 10-82　指定 Waveform 参数

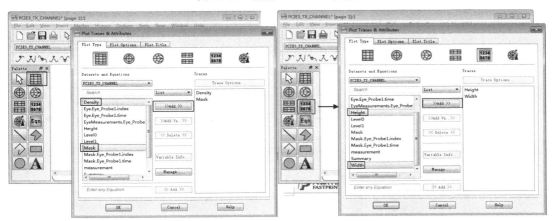

图 10-83　添加眼图 Density 和 Mask

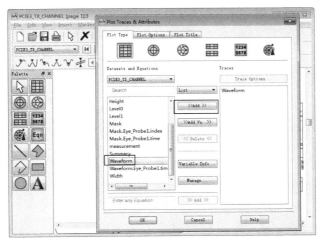

图 10-84　添加 Waveform

添加直方图、List 及 Waveform 后的波形及眼图如图 10-85 所示。

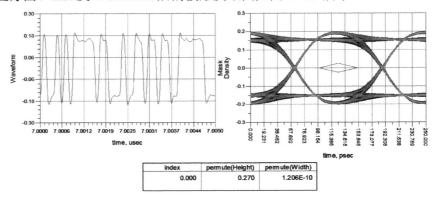

index	permute(Height)	permute(Width)
0.000	0.270	1.206E-10

图 10-85　通道 PCIE_TX0 的眼图及波形

说明： 由图 10-85 可知，信号在接收端最小眼高为 294mV，最小眼宽为 121ps，满足信号 spec（电气规范）的要求（接收端眼高大于 85mV，大于 0.3UI）。

（5）与以上操作类似，新建 PCIE3_RX_CHANNEL 原理图，运行通道仿真程序，如　图 10-86、图 10-87 所示。

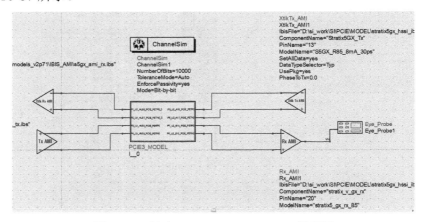

图 10-86　新建 PCIE3_RX_CHANNEL 原理图

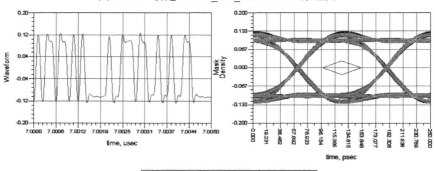

index	permute(Height)	permute(Width)
0.000	0.175	1.188E-10

图 10-87　通道 PCIE_RX0 的眼图及波形

10.4.5　通道的回环仿真

为了模拟信号在更长链路时的传输情况，这里给信号做了环路传输模式的模拟，即单板的 TX 信号与单板的 RX 信号做环路仿真。本节需要将 TX0 及 RX0 联合做回环仿真，结构如图 10-88 所示。

（1）频域回环仿真：新建原理图 PCIE3_TX_PLUS_RX_S，仿真设置参数如图 10-89 中 所示。

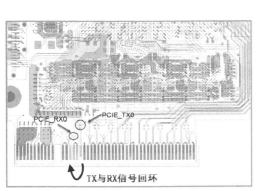

图 10-88　通道 PCIE_TX0 和 PCIE_RX0 的
回环仿真结构

图 10-89　建立回环频域仿真通道

执行仿真后的频域结果如图 10-90 所示。

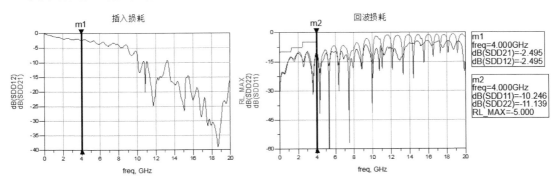

图 10-90　通道回环频域结果

说明： 当信号速率为 8Gbps 时，对应的基准频率为 4GHz，图上左上角的折线为信号的频域标准判定曲线，在此频率点差分信号的最大插入损耗为 -2.495dB，回波损耗为 -10.246dB。由图 10-90 可知，回损判决曲线满足频域判决要求。

（2）时域回环仿真：新建原理图 PCIE3_TX_PLUS_RX_S，如图 10-91 所示。

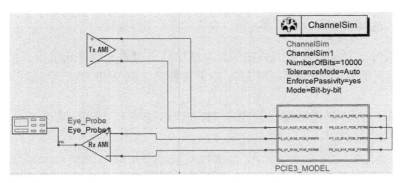

图 10-91　建立回环时域仿真通道

执行仿真后的时域结果如图 10-92 所示。

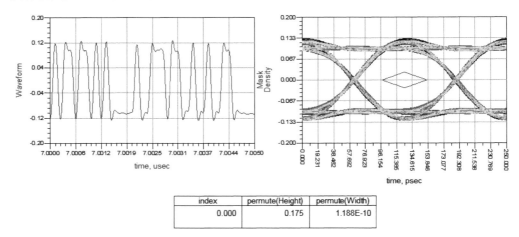

index	permute(Height)	permute(Width)
0.000	0.175	1.188E-10

图 10-92　通道回环时域结果

说明：由图 10-92 可知，信号在接收端最小眼高为 294mV，最小眼宽为 121ps，满足信号 spec（电气规范）的要求（接收端眼高大于 85mV，大于 0.3UI）。

10.5　PCIe 通用设计要求

随着 PCIe 串行总线传输速率的不断增加，降低互连损耗和抖动预算的设计变得格外重要。PCB 设计过程中，合理的布局及走线设计可以有效地提高信号质量。PCIe 常遵循的设计建议如下：

（1）布局部分：

① 板卡发送端的 AC 电容需要对称靠近金手指放置，如图 10-93、图 10-94 所示。

② 板卡的 TX 方向的 AC 电容焊盘一般都会比信号走线尺寸大很多，电容焊盘的阻抗会比信号走线阻抗小很多，呈现明显的容性效应。可考虑掏空电容焊盘下面邻近的参考平面铜皮，如图 10-95 所示。

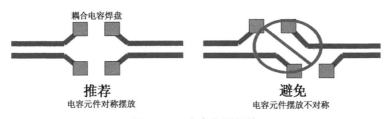

图 10-93　电容位置摆放

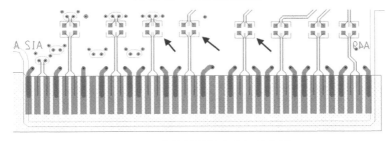

图 10-94　产品单板的电容摆放位置

（2）过孔部分：过孔带来的阻抗不连续，减缓信号上升沿，影响差分信号的总体损耗、抖动裕量及限制通道的布线长度，因此放置差分过孔时，放置数量需要认真对待。每个信号过孔旁建议添加至少一个回流地过孔，在切换层时为信号提供最小的感性阻抗回路，如图 10-96 所示。

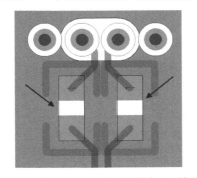

图 10-95　掏空 AC 电容邻近的参考平面铜皮

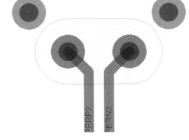

图 10-96　设置差分过孔反焊盘

（3）金手指部分：需要掏空金手指底下的所有导电铜，包括平面层及信号走线，掏空的区域大小如图 10-97 所示。

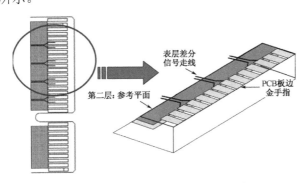

图 10-97　金手指掏空及开阻焊区域

（4）布线部分：PCB 差分信号的对内走线一般要遵循平行、等长、等间距的要求，在走差分线时，尽量避免出现差分走线不平行、耦合间距不相等的情况，如图 10-98 所示。

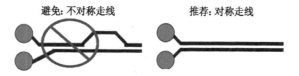

图 10-98　差分信号布线示意图

第11章　电源完整性仿真

随着超大规模集成电路工艺的发展，芯片工作电压越来越低，而工作速度越来越快，功耗越来越大，单板的密度也越来越高，因此对电源供应系统在整个工作频带内的稳定性提出了更高的要求，出现了电源完整性方面的需求。电源完整性又称为 PI（Power Integrity），它是信号完整性之后的另一个与电源性能相关的重要指标。电源完整性设计的水平直接影响着系统的性能，如整机可靠性、信噪比与误码率，以及 EMI/EMC 等重要指标。板级电源通道阻抗过高和同步开关噪声 SSN 过大会带来严重的电源完整性问题，这会给器件及系统工作稳定性带来致命的影响。PI 设计就是通过合理的平面电容、分立电容、平面分割应用确保板级电源通道阻抗满足要求，确保板级电源质量符合器件及产品要求，确保信号质量及器件、产品稳定工作。

11.1　电源完整性

电源完整性（Power Integrity，PI）就是为板级系统提供一个稳定可靠的电源分配系统（PDS）。实质上是在系统工作时，使电源、地噪声得到有效的控制，在一个很宽的频带范围内为芯片提供充足的能量，并充分抑制芯片工作时所引起的电压波动、辐射及串扰。

1. 电源分配系统

电源分配系统（Power Distribution System，PDS）的质量直接影响着信号的质量，如表现在信号完整性上的同步开关噪声（SSN）、地平面反弹噪声（Ground Bounce）和回流噪声等，这些直接影响着系统的噪声容限和信号的时序与质量。好的电源分配系统对系统的稳定性起着非常重要的作用，而电源分配系统设计的关键是控制电源的目标阻抗。

PCB 的电源分配系统组成如图 11-1 所示，由电压调节模块、电源/地平面对、各种电容等组成，这些组件在控制电源分配系统阻抗时，分别作用在不同的频率范围内。电源模块响应的频率范围为 DC～1kHz；电解电容在 1kHz～1MHz 内保持较低

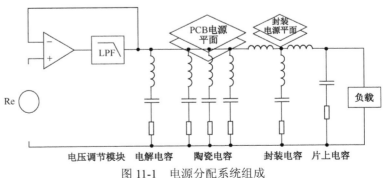

图 11-1　电源分配系统组成

阻抗；高频陶瓷电容在1MHz～几百MHz内保持较低阻抗；PCB的电源/地平面对则在100MHz频率以上发挥重要作用。

2. 电压调节模块

电压调节模块（VRM）是电源分配系统中为芯片提供稳定电压的重要器件，所有的电子设备都需要电源作为动力，但是，不同的电子设备对电源有不同的要求，包括对电源参数如效率、电压、电流能力、噪声、纹波、电源体积、形状、可靠性、干扰等的要求。

电压调节模块一般可以分为线性和开关两种模式，线性电压调节模块又分为串联和并联电压调节模块。线性电压调节模块以串联型为例，串联线性电压调节模块在输入和输出端口之间有一个与负载串联的可控电阻，闭合反馈回路以改变输入电压和负载电流来保持输出的电压为定值。而开关型电压调节模块以控制调节开关信号的占空比来输出定值电压。评价电压调节模块性能的一个重要指标就是小信号输出阻抗，好的电压调节模块设计可以在负载电流允许的整个范围内得到电压纹波很小的输出电压，即随着负载电流的变化小信号输出阻抗的变化也不大。然而在DC和低频下，电压调节模块提供低的输出阻抗比较容易，随着频率的升高，回路增益下降使得电压调节模块的输出阻抗增加。因此实际应用中常常在PCB电压调节模块附近并联几个大容值的电容用来降低电压调节模块的输出阻抗，抑制电压调节模块的低频输出纹波。

3. 电源和地平面

电源和地平面的结构可被当成一个平板电容器，在中低频时，其ESR、ESL都很小，电源、地平面此时作为一个去耦电容，对射频能量的抑制具有电容器无可比拟的优越性。

电源和地平面形成的平板电容器的等效电容为

$$C = \frac{\varepsilon_0 \varepsilon_r A}{H}$$

式中，ε_0为自由空间的介电常数，其值为8.89×10^{12}F/m；ε_r为介质的相对介电常数；A为平面重叠的面积；H为平面间的间隔距离。

说明：如果电源平面的两边都有一个地平面，就要计算每一边的电容值，然后相加计算出总的电容值。

由于电容与阻抗成反比的关系，如果想要降低电源平面的阻抗，势必要增加板间的电容值。根据板间等效电容的公式，想要增加板间的等效电容有以下三种途径：

- 增加电源与地之间的重叠面积；
- 电源、地平面间选用较大介电常数的介质；
- 减小电源、地平面间的间距。

4. 去耦电容

电容广泛应用于电子产品中，可以作为高速信号的终端负载、信号线上的隔直器件，在电源完整性方面的应用为电源网络的去耦，尤其在PCB板级从1kHz到100MHz，甚至几百MHz的频率范围内。

电容的去耦原理如图 11-2 所示。当负载电流不变时，其电流由稳压电源部分提供。此时电容两端的电压与负载两端的电压一致，I_C 为 0，电容两端存储相当数量的电荷，其电荷数量和电容量有关。当负载瞬态电流发生变化时，由于负载芯片内部晶体管电平转换速度极快，必须在极短的时间内为负载芯片提供足够的电流。但是稳压电源无法很快响应负载电流的变化，电源芯片不会马上满足负载瞬

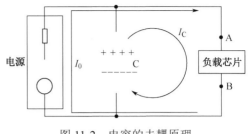

图 11-2　电容的去耦原理

态电流要求，因此负载芯片电压会降低。但是由于电容电压与负载电压相同，电容两端将会存在电压变化。对于电容来说电压变化必然产生电流，此时电容对负载放电，电流 I_C 不再为 0，为负载芯片提供电流。根据电容等式：

$$I_C = C \frac{\mathrm{d}V}{\mathrm{d}I}$$

只要电容量 C 足够大，只需很小的电压变化，电容就可以提供足够大的电流，满足负载瞬态电流的要求。这样就保证了负载芯片电压的变化在容许的范围内。这里，相当于电容预先存储了一部分电能，在负载需要的时候释放出来，即电容是储能元件。储能电容的存在使负载消耗的能量得到快速补充，因此保证了负载两端电压不至于有太大的变化，此时电容担负的是局部电源的角色。另外，从电路原理的角度来说，电容对于交流信号呈现低阻抗特性，因此加入电容，实际上也确实降低了电源系统的交流阻抗。

11.2　电源完整性仿真介绍

从整个仿真领域来看，刚开始大家都把注意力放在信号完整性上，但是实际上电源完整性和信号完整性是相互影响、相互制约的。电源、地平面在供电的同时也给信号线提供参考回路，直接决定回流路径，从而影响信号的完整性；同样，信号完整性的不同处理方法也会给电源系统带来不同的冲击，进而影响电源的完整性设计。所以，对电源完整性和信号完整性进行融会贯通是很有益处的。设计工程师在掌握了信号完整性设计方法之后，充实电源完整性设计知识显得很有必要。

电源完整性仿真的内容很多，但主要有以下几个方面：

（1）板级电源通道阻抗仿真分析，在充分利用平面电容的基础上，通过仿真分析确定旁路电容的数量、种类、位置等，以确保板级电源通道阻抗满足器件稳定工作要求。

（2）板级直流压降仿真分析，确保板级电源通道满足器件的压降限制要求。

（3）板级谐振分析，避免板级谐振对电源质量及 EMI 的致命影响等。

其中平面阻抗分析和板级谐振分析统称为电源的 AC 仿真，直流压降及电流密度仿真为 DC 仿真。

1. 平面阻抗

电源测试时，可以测试纹波、噪声，也可以测试电源 Z 参数。仿真电源平面阻抗也常用

Z 参数。

通过电源分配系统的电源阻抗，使用如下公式进行计算。

平面目标阻抗

$$Z_{target} = \frac{\text{Power Supply Voltage} \times \text{Allowed Ripple}}{\text{Current}}$$

式中，Z_{target} 为目标阻抗；Power Supply Voltage 是工作电压；Allowed Ripple 是允许的工作电压纹波系数；Current 是工作电流，目前这个值是用最大电流的 1/2 来替代。

仿真时，由于目前 VRM 的模型基本上使用简化模型，一般 300kHz 以下的低频阻抗曲线为外推结果。频率范围的上限一般取信号的截止频率 $f_{knee}=0.35/T_{rise}$，其中 T_{rise} 为信号上升时间。如果只进行板级电源完整性仿真，考虑到 1GHz 就足够了，因为大于 1GHz 以后，基本靠芯片内部的电容滤波。进行板级仿真时，没有芯片内部的模型，所以高频部分的仿真也只能是外推结果。

2. 平面谐振

谐振是指能量被夹在两个平行板（电源和地）之间，因原始信号与其反射信号同相而形成共振腔效应。在中低频时，电源、地平面对可当作一个理想电容来看待，其 ESR 和 ESL 都很小；在频率达到某一个高频段时，电源、地平面间变成了一个谐振腔，等效为 RLC 串并联电路；在谐振频率点附近，平面对地阻抗变得很大，从而引发电源完整性问题。

若谐振点与板上器件工作频率相同，将引起共振。共振的幅度较大时将导致板卡性能下降，甚至失败，因此，为了将问题控制在设计初期，需要在 PCB 设计期间进行谐振仿真分析，及时发现并消除存在的问题。

3. 直流压降及电流密度分析

当前的系统设计核心供电电压越来越小，总的工作电流和布线密度则越来越大，导致直流问题日益突出。如果不考虑直流问题，那么一旦直流压降超标，板上器件将由于电源的过压或欠压而不能正常工作；如果板上某些区域电流密度太大，将会引起局部的温度持续升高甚至烧毁器件。

电源平面直流压降分析，将电源平面的直流电压状况以图形化、形象化的方式显示出来，可帮助工程师检验该电源平面分割方式是否能够提供足够的直流信号用于驱动信号有效传输。

11.3 产品单板电源设计

产品 PCB 由主板 PCIe 金手指接口输入 12V 电压供电，最大支持功耗 60W，单板主电源供电模块如图 11-3 所示。

产品 PCB 中，电源模块主要布局在右边，电源从 PCIe 接口输入，通过启动芯片控制 MOS 管给电源供电，如图 11-4 所示。

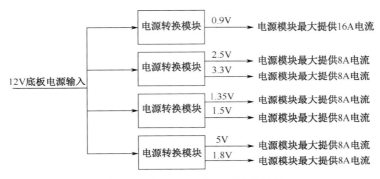

图 11-3 产品 PCB 主电源供电模块

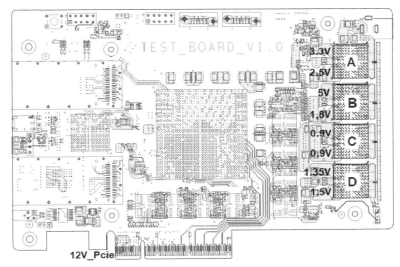

图 11-4 产品单板主电源布局

其中，电源模块 A 提供 3.3V 和 2.5V 电压，分别给 FPGA、CPLD、时钟芯片及接口芯片使用；电源模块 B 提供 5V 和 1.8V 电压，分别给 FPGA、单板风扇使用；电源模块 C 提供两路 0.9V 电压，作为 FPGA 的核心电压；电源模块 D 提供 1.35V 和 1.5V 电压，分别给 FPGA、DDR3 芯片使用。电源供电模块靠近元器件 DDR 和 FPGA，而且靠近板边放置，利于散热。

11.4 产品单板 AC 仿真分析实例

本节仿真基于频域目标阻抗的方法进行电源网络的性能评估。

按照这一方法，设计目标就是在一定的频率范围内，使电源网络的阻抗不超过目标阻抗。如果在某些频点或频段阻抗超标，可以添加相应的电容器进行去耦，最终使这个频段的阻抗也低于目标阻抗。由于封装电感等寄生参数的影响，PCB 板级的去耦频率上限一般为 100MHz，高于这一频率需要芯片封装或者 Die 上的去耦电容来仿真确认。表 11-1 为根据产品单板实际功耗情况用目标阻抗公式计算得出的阻抗列表。

表 11-1　单板电源目标阻抗

电源网络	供电模块	供给芯片	电流消耗	目标阻抗（Ω）
12V_PCIE	U2(PCIEX8_PCIE8)	U36(LGA144_LTM4620V)	1.6A	0.75
		U41(LGA144_LTM4628V)	0.35A	3.43
		U44(LGA144_LTM4628V)	1A	1.2
		U45(LGA144_LTM4628V)	0.56A	2.15
5V	U41(LGA144_LTM4628V)	U49(DRB8_TPS79501)	0.19A	2.63
3_3V	U44(LGA144_LTM4628V)	U46(DRC10_TPS51200)	2A	0.33
		J1(TYCO_QSFP_QSFP_AND_CAGE)	0.5A	0.66
		J2(TYCO_QSFP_QSFP_AND_CAGE)	0.5A	0.66
2_5V	U44(LGA144_LTM4628V)	U1(5SGXEA7K2F40C2)	2.5A	0.1
		U35(BGA64_PC28F00AP30BF)	0.1A	2.5
		U26(FBGA256_EPM2210F256I5N)	0.15A	1.66
		U25(SSOP16P_MAX3319)	0.1A	2.5
1_8V	U41(LGA144_LTM4628V)	U48(DRC10_TPS51200)	2A	0.18
1_5V	U45(LGA144_LTM4628V)	U1(5SGXEA7K2F40C2)	2.5A	0.06
		U47(RGW20_TPS74901)	1.33A	0.113
1_35V	U45(LGA144_LTM4628V)	U46(DRC10_TPS51200)	1A	0.0675
		U5~U20(BALL_MT41K512M8)	1.9A	0.0710
		U1(5SGXEA7K2F40C2)	1.9A	0.0710
S5_VCCR_GXB_1V	U47(RGW20_TPS74901)	U1(5SGXEA7K2F40C2)	1.33A	0.0751
0_9V	U36(LGA144_LTM4620V)	U1(5SGXEA7K2F40C2)	14A	0.00642
0_68V_DDR_VTT	U46(DRC10_TPS51200)	U5~U20(MT41K512M8)	2A	0.034

前面的论述及数据准备完成后，以下介绍 PI 详细仿真操作过程。

11.4.1　PCB 的 AC 仿真设置与分析

以下是进行 PCB AC 仿真的详细步骤。

（1）打开 Allegro Sigrity Suite Manager，单击 **PowerSI** 图标，然后双击 PowerSI 程序，如图 11-5 所示。

（2）打开 PowerSI 仿真软件，单击【OPEN】按钮，找到文件名为"TEST_BOARD_V1"的 spd 格式的仿真文件，如图 11-6 所示。

（3）在"Workflow：PowerSI"面板单击"Check Stackup"选项，弹出"Layer Manager->Stack Up"对话框，确认叠层参数是否正确设置，如图 11-7 所示。

（4）在"Workflow：PowerSI"面板单击"Select Nets"选项，在弹出的菜单中选择"Setup P/G nets"，如图 11-8 所示。

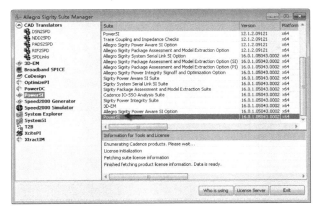

图 11-5　调用 PowerSI 软件

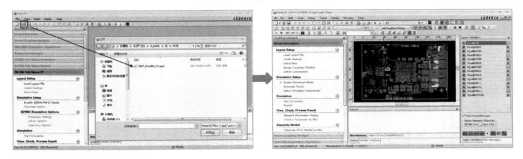

图 11-6　打开仿真文件

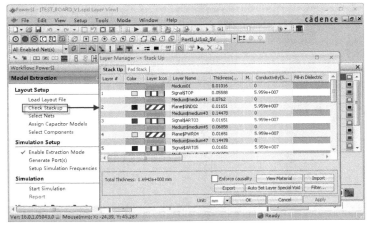

图 11-7　检查叠层文件

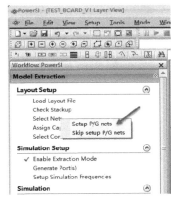

图 11-8　选择 "Setup P/G nets"

打开 "P/G nets classification wizard" 对话框，可以在 "Select Components" 栏中选择关心的器件，这里是将所有器件都选上；然后继续勾选 "Filter components with number of pins" 并在数字框中填写数字 "8"，这样超过 8 个引脚的器件电源网络将会被软件分析出来。单击【下一步】按钮，软件会在 "Detected P/G nets" 中将分析到的潜在电源网络进行列表，然后手动选择关心的电源网络，在右键快捷菜单中选择 "Classify As PowerNets"，单击【下一步】按钮，如图 11-9所示。

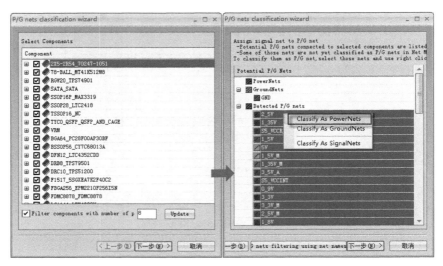

图 11-9　筛选及定义电源网络

当被定义为电源网络后，相应的网络会在"PowerNets"列表中显示出来，如图 11-10 所示。

（5）电源网络合并：有些电源网络有可能会通过零欧姆电阻、磁珠或其他器件进行串联，这样就会使得某一电压大小的电源在 PCB 上出现多个网络名，可能会给仿真带来困扰，所以需要提前将这样的电源网络合并成一个电源 Group。这里以产品单板的 2.5V 电源为例，在"Net Manager"选项卡中选中网络名为 2_5V 的电源网络，在右键快捷菜单中选择"Detect Extended Nets"，如图 11-11 所示。

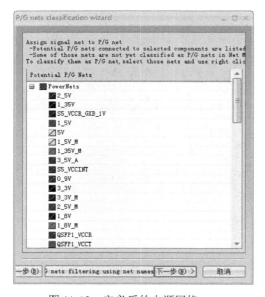

图 11-10　定义后的电源网络

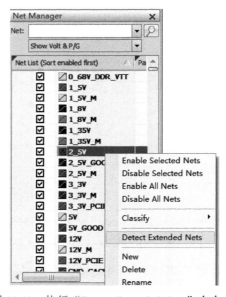

图 11-11　执行"Detect Extended Nets"命令

在弹出的"Extended Nets Group"对话框中会列出所有和 2_5V 网络相关的扩展网络，只需要关心那些通过零欧姆电阻和电感磁珠类型的扩展网络即可。在选择相关网络后，单击【>>】按钮将其添加至"Selected Nets"栏中，然后单击【Group Selected Nets】按钮，如图 11-12 所示。

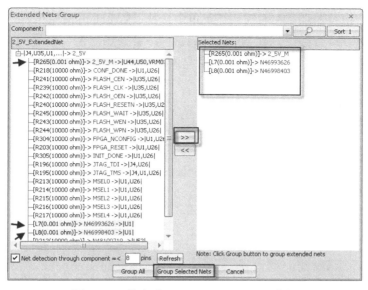

图 11-12　单击【Group Selected Nets】按钮

"Net Manager"选项卡中会出现"2_5V_ExtendedNet"电源网络组，这些网络都是 2.5V 电压，如图 11-13 所示。

同理，单板其他电源也需要做类似的 Group 处理，处理后的结果如图 11-14 所示。

图 11-13　电源网络组

图 11-14　Group 处理后的单板电源网络

（6）添加电容模型：执行菜单命令【Setup】→【Component Manager】，打开"Component Manager"选项卡，在命令框中输入"C*"，这样可以把 PCB 中所有的以 C 开头的电容过滤出来，然后选择电容 C1，属性框显示它的容值为 0.1μF 大小，如图 11-15 所示。但是并没有等效电阻和电感值，所以我们需要加上更接近实际情况的电容模型。在本项目仿真中，使用 Sigrity 软件自带的 Murata_Spara 电容库进行仿真。

选中任意一个电容器件，在右键快捷菜单中选择"Switch to Model View"，切换至模型视图模式。单板所有具有同样 Part Number 的器件将合并在一类，如图 11-16 所示，电容器 C1 和其他相同容值的器件都汇集在"C0402_0_1UF"中。

图 11-15　过滤电容器件

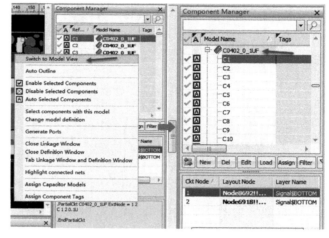

图 11-16　切换至模型视图模式

选中 Part Number 为 C0402_0_1UF 的器件，单击【Assign】按钮，如图 11-17 所示，将弹出"Analysis Model Manager-Model Assignment"对话框，如图 11-18 所示。

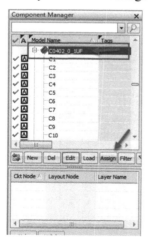

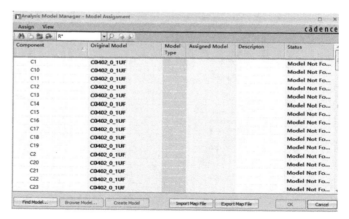

图 11-17　单击【Assign】按钮　图 11-18　　"Analysis Model Manager-Model Assignment"对话框

框选"Analysis Model Manager-Model Assignment"对话框中所有的电容器件，然后单击【Browse Model…】按钮，如图 11-19 所示。

在弹出的"Analysis Model Manager-Browse Models"对话框"Analysis Models"面板，选择【Discrete】→【Capacitor】，在右键快捷菜单中选择"Load Library File"，然后浏

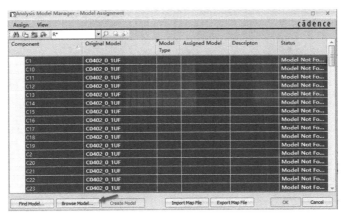

图 11-19　框选所有电容器件

览 Sigrity 软件的 Murata_Spara 文件夹，选择文件"Murata_Ceramic_Capacitors_Spara"，如图 11-20 所示。

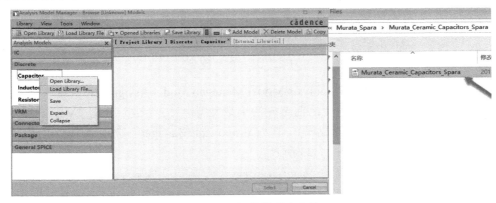

图 11-20　加载模型库文件

文件加载好后，单击"Search Models"，在"Search Filed"选择"Size"为 0402E，"$C_{nom}(nF)$"为 100，然后单击【Search】按钮，如图 11-21 所示。

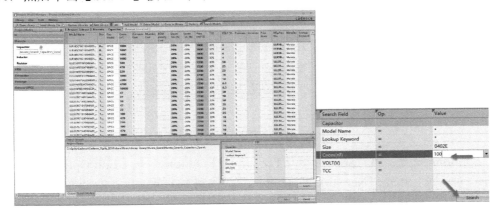

图 11-21　设置电容搜索参数

选择"Model Name"为"LLL153R61A104ME01_series"的器件，单击【Select】按钮，如图 11-22 所示。

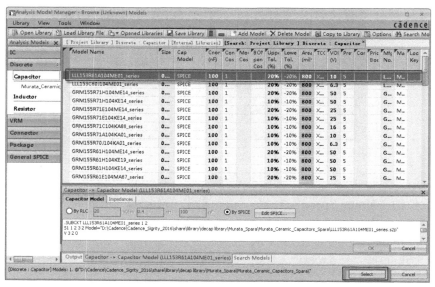

图 11-22 选择电容模型

在选定电容模型后，回到"Analysis Model Manager-Model Assignment"对话框，对话框中所有的器件均被选中，并且附上之前选择的模型类型，"Status"出现"Validated"状态，然后单击【OK】按钮，关掉此对话框；在"Component Manager"选项卡中，之前选中的器件均附上相应的模型文件，如图 11-23 所示。

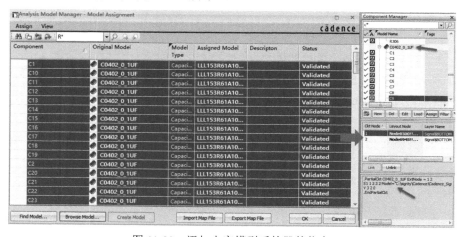

图 11-23 添加电容模型后的器件信息

（7）Options 设置：执行菜单命令【Tools】→【Options】→【Edit Options...】，弹出"Options"对话框，单击"Network Parameters"，找到"Default Port Reference Impedance"的"Power Nets"部分，设置默认值为：0.1Ohm，如图 11-24 所示。

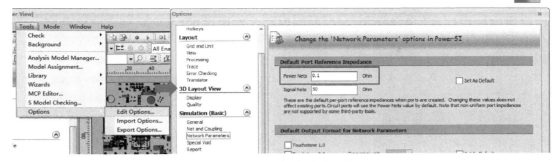

图 11-24　电源网络参考阻抗

（8）Port 的生成：以 2.5V 电源为例，在"Net Manager"面板任意空白处右击，在弹出的快捷菜单中选择"Disable All Nets"，关掉单板所有的网络，然后分别勾选 2_5V_ExtendedNet 和 GND 网络，如图 11-25 所示。

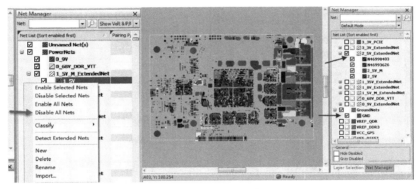

图 11-25　使能 2.5V 电源

执行菜单命令【Setup】→【Port...】，弹出"Port"对话框，单击"Pin Based"选项卡，选中器件 U1，在"Reference Net"栏选择 GND 网络，然后单击【Generate Ports】按钮，如图 11-26 所示。

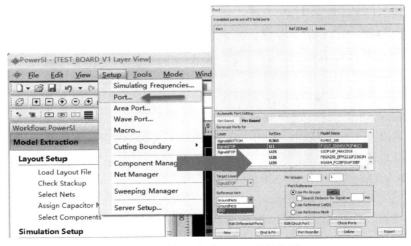

图 11-26　器件 U1 添加 2.5V 的网络端口

当器件 U1 的 2.5V 电源网络端口添加成功后，弹出"Ports generated successfully"对话框，单击【确定】按钮关掉，然后选中器件 U25、U26 及 U35 器件，分别生成相应的 2.5V 电源网络端口，如图 11-27 所示。

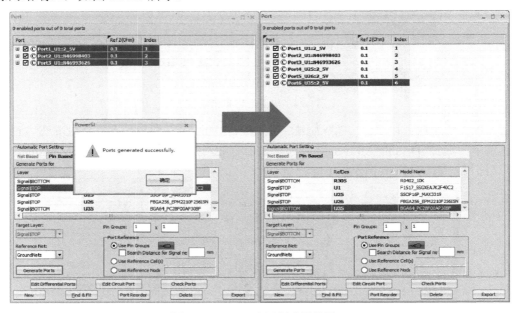

图 11-27　2.5V 电源创建网络端口

同理，其他电源网络也按照上述方法添加网络端口，设置好的端口如图 11-28 所示。

（9）仿真频率设置：一般只需扫频至 1GHz 即可，在"Workflow：PowerSI"面板单击"Setup Simulation Frequencies"，弹出"Frequency Ranges"对话框，分别在"Starting Freq."、"Ending Freq."、"Sweeping Mode"栏输入"0Hz"、"1GHz"、"Adaptive"，单击【OK】按钮完成仿真频率设置，如图 11-29 所示。

（10）电感、磁珠修改：对于电感、磁珠这类分立器件，一般需要将其修改成阻值很小的电阻类型。在"Component Manager"面板命令行输入"L*"，搜索过滤 PCB 上所有拥有该位号的器件。选择其中一个关心的器件，按住"Shift"键，选择所有关心的感性分立器件，然后单击【Edit】按钮，弹出"Edit Model"对话框，如图 11-30 所示。

（11）设置虚拟 VRM 模块：创建虚拟的 VRM 主要用于短路模式阻抗分析，在"Component Manager"面板

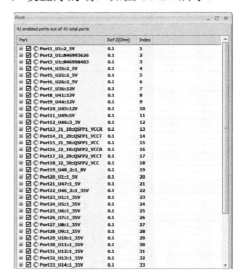

图 11-28　单板所有电源添加端口

单击"New"按钮，在弹出的"New"对话框中，Type 类型选择"New Model Definition"，如图 11-31 所示，单击"OK"按钮关闭对话框。在后面弹出的"New Model"对话框中，"Definition

Type"选择"Component Model"，"Name"部分输入"VRM"，"Extended Nodes"部分输入"1　2"，"Definition"部分输入"r 1 2　0.001"，然后单击【OK】按钮，关闭模型定义对话框，如图 11-32 所示。

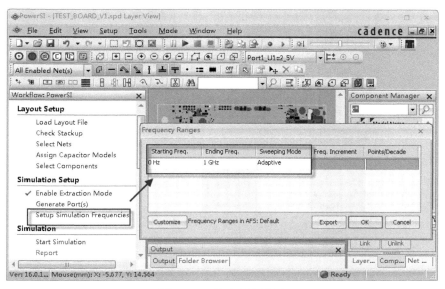

图 11-29　仿真频率设置

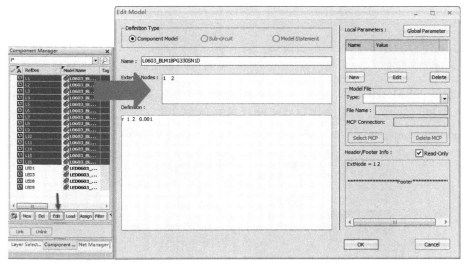

图 11-30　修改电感模型

　　在创建 VRM 模型器件后，继续单击"Component Manager"面板上的【New】按钮，弹出"New"对话框，Type 类型选择"New Component"，然后单击【OK】按钮，在弹出的"New Components"对话框中，"Definition Name"选择之前新建的模型"VRM"，"RefDes"、"Start number"、"End number"分别输入"VRM"、"1"、"10"，即创建 10 个带有 VRM 属性的新器件，位号以 VRM 开头，如图 11-33 所示。

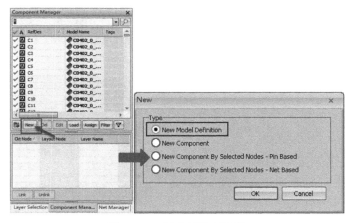

图 11-31　创建新模型器件

图 11-32　定义 VRM 模型

图 11-33　创建 10 个带有 VRM 模型的器件

电源虚拟 VRM 的添加：这里以 12V 电源网络为例，添加短路阻抗的 VRM。在"Net Manager"面板只选择 12V 电源网络组，此时单板只高亮显示与 12V 电源相关的 PCB；切换至"Component Manager"面板，在器件列表找到之前新建的器件 VRM1，如图 11-34 所示。

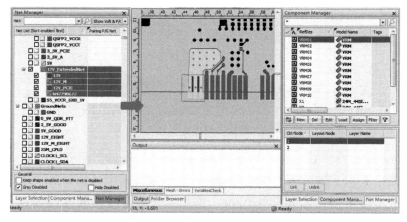

图 11-34　使能 12V 电源网络

选中单板电源入口处的 12V 引脚，选中的引脚 Nodes 呈高亮状态，单击"Component

Manager"面板的【Link】按钮，此时 12V 电源的 Nodes 链接到器件 VRM1 的 1 脚上，在弹出的"Connection Report"对话框中按照默认设置后单击【OK】按钮即可，如图 11-35 所示。

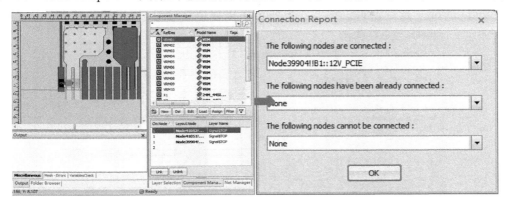

图 11-35　将金手指 12V 电源引脚链接至器件 VRM1 上

同理，按照处理 12V 电源的方法，只高亮显示单板的 GND 网络，将这个网络在电源入口，即金手指处的 GND 引脚链接到器件 VRM1 的 2 脚上，如图 11-36 所示。

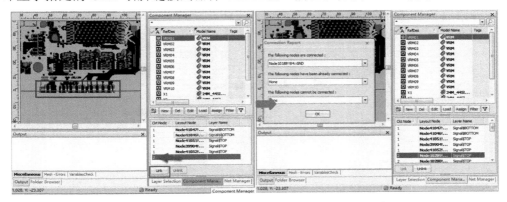

图 11-36　将金手指 GND 引脚链接至器件 VRM1 上

至此，在金手指入口处的 12V 电源已经链接至 VRM1 器件，此时的 VRM1 器件在"Component Manager"面板上处于关闭状态，需要手动选中这个器件，在右键快捷菜单中选择"Enable Selected Component"，如图 11-37 所示。

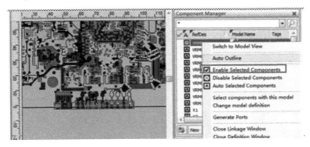

图 11-37　使能选中器件

（12）在仿真前，需要使能单板所有电源网络及 GND 网络，然后才能单击"Start Simulation"选项开始仿真，随后弹出仿真分析"Port Curves"界面。此时，工作界面下方的"Simulation"呈现淡黄色状态，说明正在进行仿真分析，如图 11-38 所示。

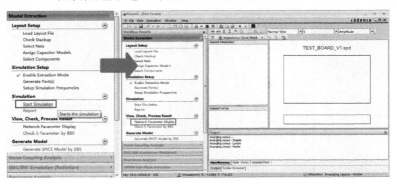

图 11-38　启动软件仿真

仿真时间视文件大小、分析网络的多少等因素而定。仿真结束时，仿真软件"Output"窗口会有"AFS Finished"字样，表示仿真结束。为了查看阻抗曲线，这里需要切换到 Z 阻抗模式，如图 11-39 所示。

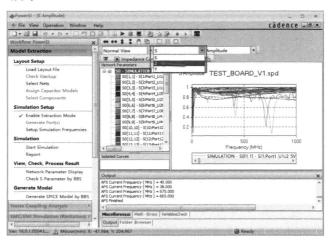

图 11-39　阻抗仿真结束界面

为了方便查看阻抗曲线，可以考虑调整阻抗曲线的显示模式。在阻抗曲线显示区域任意一点右击，在弹出的快捷菜单中分别选择"Show X-axis in log scale"、"Show Y-axis in log scale"，如图 11-40 所示。

11.4.2　仿真结果分析

目标阻抗曲线的查看：由于单板电源电压及电流大小不一样，计算出来的目标阻抗也不尽相同，所以需要逐个查看电源的目标阻抗。首先，在左边的"Network Parameters"阻抗参数面板，选中"Z0-SIMULATION"阻抗仿真结果根目录，然后右击，在弹出的快捷菜单中选择"Show/Hide Curves"→"Hide All Curves"，这样可以关掉所有的阻抗曲线，如图 11-41 所示。

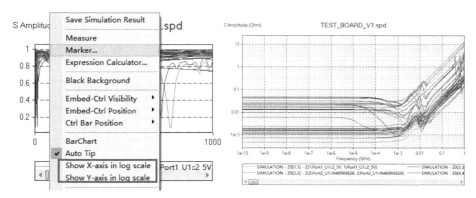

图 11-40　调整阻抗曲线的显示模式

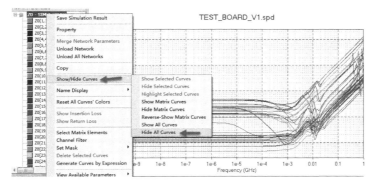

图 11-41　关闭阻抗曲线

这里以 12V_PCIE 电源网络为例，介绍如何查看单个电源的目标阻抗。

勾选 12V 电源阻抗端口，显示此电源的阻抗曲线。在"Network Parameters"面板勾选该电源的 4 个电源端口，然后在阻抗曲线显示区显示此电源的阻抗曲线，如图 11-42 所示。

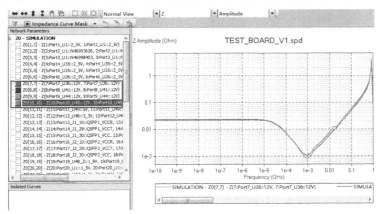

图 11-42　调整阻抗曲线视图

在右键快捷菜单中选择"Marker"，弹出"Curve Marker/Measure Property"对话框，其中"Direction"选择"Horizontal"，即选择水平方向；由于 12V 电源最小的目标阻抗为 0.75Ω，所以"Ref"参考阻抗输入设置为 0.75Ω去做目标阻抗参考。此外，可以单击【Edit Viewing Property】按钮设置 Marker 的线段类型、颜色及粗细程度。再添加一个 Marker，"Direction"选择"Vertical"，即垂直方向，然后"Ref"参考频率设置为 0.1GHz，如图 11-43 所示。

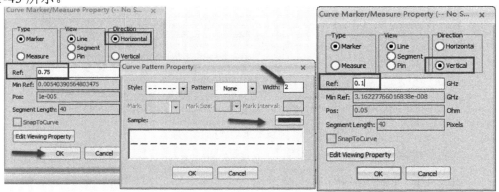

图 11-43　添加水平和垂直方向的 Marker

12V_PCIE 电源网络主要给 U36、U41、U44 及 U45（LGA144_LTM4620V）供电，由于板级去耦的上限频率为 100MHz，因此芯片供电电源的平面阻抗分析到 100MHz，图中深色横线定义了 12V_PCIE 电源网络的目标阻抗，如图 11-44 所示。

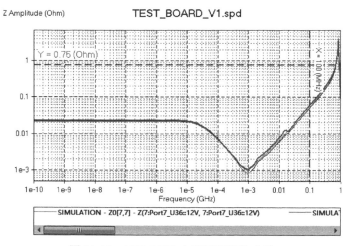

图 11-44　12V_PCIE 电源网络阻抗曲线

对于比较关心的 DDR3L 颗粒的 1.35V 电源网络，其阻抗曲线如图 11-45 所示。

1.35V 电源网络主要给 U1（5SGXEA7K2F40C2）及 U5～U20（MT41K512M8）供电，由于板级去耦的上限频率为 100MHz，因此芯片供电电源的平面阻抗分析到 100MHz。图 11-45 中横线定义了 1.35V 电源网络的目标阻抗，由图可知，1.35V 电源的负载芯片均满足目标阻抗设计要求。

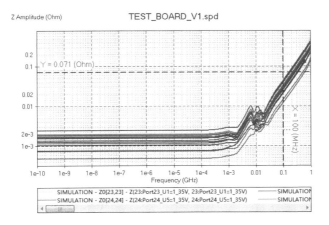

图 11-45　1.35V 电源网络阻抗曲线

11.5　产品单板 DC 仿真分析实例

DC 仿真分析主要仿真电源平面层的直流电压降，以及过孔、铜皮的电流密度与电流方向，从而得到平面层的载流能力状况。根据负载芯片电流消耗情况，观察电源平面各点的 DC 压降及电流密度是否超出铜皮的载流能力等，电压噪声容限按供电电源压降幅度限制进行评估。

表 11-2 为 MIL-STD-275 电子设备印制电路得出的一组参考数据。从 PCB 载流数据表看到，当线宽增大、铜厚增加时，PCB 的载流能力也相应增强，但是并不是线性增加的，而是呈现一条斜率逐渐变小的曲线，也就是增加能力越来越弱。按照通用的数据算出 PCB 的极限电流密度如表 11-3 所示。

表 11-2　不同铜厚的铜箔载流能力

温　升	10℃			20℃			30℃		
铜箔厚度	1/2 oz	1 oz	2 oz	1/2 oz	1 oz	2 oz	1/2 oz	1 oz	2 oz
线宽（inch）	最大电流幅度								
0.010	0.5	1.0	1.4	0.6	1.2	1.6	0.7	1.5	2.2
0.015	0.7	1.2	1.6	0.8	1.3	2.4	1.0	1.6	3.0
0.020	0.7	1.3	2.1	1.0	1.7	3.0	1.2	2.4	3.6
0.025	0.9	1.7	2.5	1.2	2.2	3.3	1.5	2.8	4.0
0.030	1.1	1.9	3.0	1.4	2.5	4.0	1.7	3.2	5.0
0.050	1.5	2.6	4.0	2.0	3.6	6.0	2.6	4.4	7.3
0.750	2.0	3.5	5.7	2.8	4.5	7.8	3.5	6.0	10.0
0.100	2.6	4.2	6.9	3.5	6.0	9.9	4.3	7.5	12.5
0.200	4.2	7.0	11.5	6.0	10.0	11.0	7.5	13.0	20.5
0.250	5.0	8.3	12.3	7.2	12.3	20.0	9.0	15.0	24.5

表 11-3   不同铜厚的电流密度要求

电流密度	=	电流/(铜箔厚度 * 走线线宽)	=	数值
电流密度（1/2oz）	=	7.2A/(0.0165mm* (0.25*25.4)mm)	=	$68.7A/mm^2$
电流密度（1oz）	=	12.3A/(0.035mm * (0.25*25.4)mm)	=	$55.34A/mm^2$
电流密度（2oz）	=	20A/(0.07mm *(0.25*25.4)mm)	=	$45.0A/mm^2$

单板 PCB 各个电源网络的功耗表如表 11-4 所示。

表 11-4   电源网络功耗表

电源网络	供电模块	供给芯片	电流消耗	总计电流
12V_PCIE	U2(PCIEX8_PCIE8)	U36(LGA144_LTM4620V)	1.6A	3.51A
		U41(LGA144_LTM4628V)	0.35A	
		U44(LGA144_LTM4628V)	1A	
		U45(LGA144_LTM4628V)	0.56A	
5V	U41(LGA144_LTM4628V)	U49(DRB8_TPS79501)	0.19A	0.19A
3_3V	U44(LGA144_LTM4628V)	U46(DRC10_TPS51200)	2A	3A
		J1(TYCO_QSFP_AND_CAGE)	0.5A	
		J2(TYCO_QSFP_AND_CAGE)	0.5A	
2_5V	U44(LGA144_LTM4628V)	U1(5SGXEA7K2F40C2)	2.5A	2.5A
		U35(PC28F00AP30BF)	0.1A	
		U26(EPM2210F256I5N)	0.15A	
		U25(MAX3319)	0.1A	
1_8V	U41(LGA144_LTM4628V)	U48(DRC10_TPS51200)	1A	1A
1_5V	U45(LGA144_LTM4628V)	U1(5SGXEA7K2F40C2)	2.5A	3.83A
		U47(RGW20_TPS74901)	1.33A	
1_35V	U45(LGA144_LTM4628V)	U46(DRC10_TPS51200)	1A	4.8A
		U5~U20(MT41K512M8)	1.9A	
		U1(5SGXEA7K2F40C2)	1.9A	
S5_VCCR_GXB_1V	U47(RGW20_TPS74901)	U1(5SGXEA7K2F40C2)	1.33A	1.33A
0_9V	U36(LGA144_LTM4620V)	U1(5SGXEA7K2F40C2)	14A	14A
0_68V_DDR_VTT	U46(DRC10_TPS51200)	U5~U20(MT41K512M8)	2A	2A

11.5.1   PCB 的 DC 仿真设置与分析

以下是进行 PCB 直流压降仿真的详细步骤。

（1）打开 Allegro Sigrity Suite Manager，单击 **PowerSI** 图标，然后双击 PowerDC 程序，如图 11-46 所示。

打开 PowerDC 仿真软件后，在"Workflow：PowerDC"面板单击"Create New Single-Board Workspace"创建 PowerDC 工程，然后单击"Load a New/Different Layout"，弹出"Attach Layout File"对话框，选择"Load an existing layout"单选按钮，如图 11-47 所示。

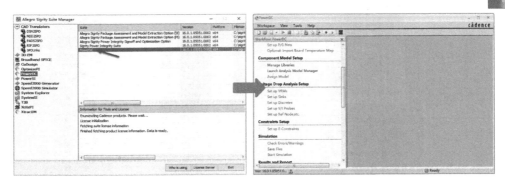

图 11-46　调用 PowerDC 软件

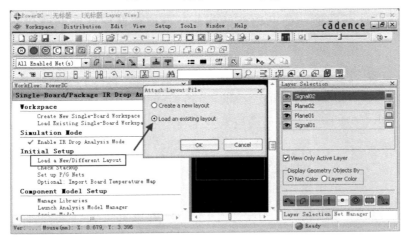

图 11-47　创建 PowerDC 工程

加载之前转换好的 TEST_BOARD_V1 单板 PCB 仿真文件，如图 11-48 所示。

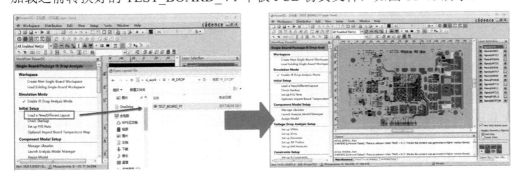

图 11-48　加载单板仿真文件

（2）在"Workflow：PowerDC"面板单击"Check Stackup"选项，在弹出的"Layer Manager->Stack Up"对话框中确认叠层参数是否正确，如图 11-49 所示。

（3）打开"Net Manager"面板，确认电源网络是否设置完毕，由于 11.4 节已经处理过，这里调整仿真文件后，显示的是已经处理完毕的，如图 11-50 所示。

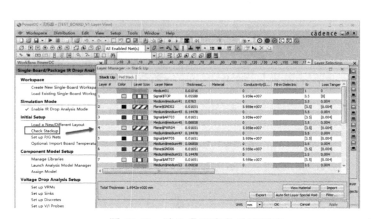

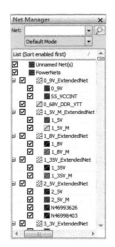

图 11-49　确认叠层参数是否正确　　　　图 11-50　确认电源网络是否完整

（4）VRM 设置：在"Workflow：PowerDC"面板单击"Set up VRMs"选项，弹出 VRM 设置向导，单击选中"Create by using existing components defined in the layout files"，这个选项会自动根据电压大小创建电压源，然后单击【下一步】按钮，如图 11-51 所示。

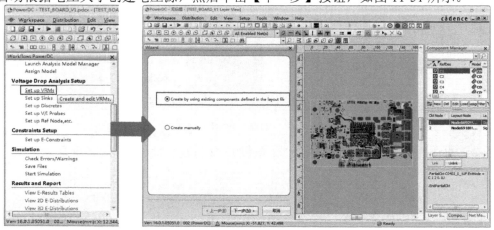

图 11-51　创建电压源

在启动自动创建 VRM 向导后，需要首先选中相应的电源和参考地，这里的 Power 网络选择"12V_ExtendedNet"，Ground Net 选择"GND"，单击【下一步】按钮，选取电压源，这里需要勾选 Part Number 为"PCIEX8_PCIE8"的 U2 器件，然后继续单击【下一步】按钮，如图 11-52 所示。

随后，勾选"Nominal Voltage"并输入数字"12"，不同的电压源需要填写不同的电压值，这里不能填错，不然会影响仿真结果。其他选项如果不确定则不需要填写，然后单击【完成】按钮，如图 11-53 所示。

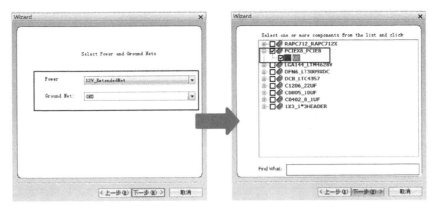

图 11-52 选择 12V 电源网络及电压源端器件

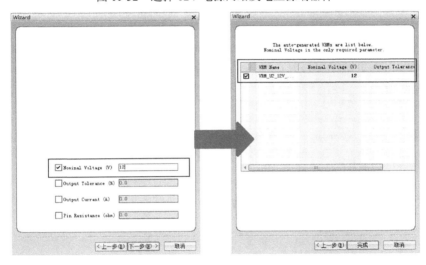

图 11-53 指定电压源的电压

完成 12V 电源网络电压源设置后，仿真软件生成 VRM 电压源列表，这里记录电压源的一些基本信息，如电压大小、电压输出幅度及输出电流大小。如果需要添加其他电压的电源模型，则可以在任意一点右击，在弹出的快捷菜单中选择"VRM Wizard"，如图 11-54 所示。

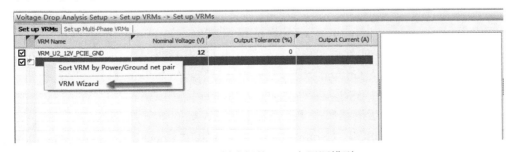

图 11-54 创建好的 12V 电压源模型

同理，其他电源网络可以按照上述步骤各自设定电压源，如图 11-55 所示。

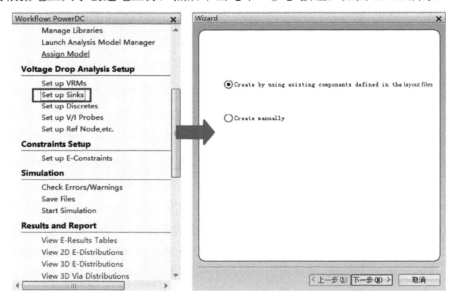

图 11-55　单板电压源模型列表

（5）Sink 设置：在"Workflow：PowerDC"面板单击"Set up Sinks"选项，弹出 Sink 设置向导，单击选中"Create by using existing components defined in the layout files"，这个选项会自动根据电压大小创建电压源，然后单击【下一步】按钮，如图 11-56 所示。

图 11-56　设置 Sinks

在启动自动创建 Sinks 向导后，需要首先选中相应的电源和参考地，这里的 Power Net 选择"12V_ExtendedNet"，Ground Net 选择"GND"，然后单击【下一步】按钮，选取 12V_ExtendedNet 电源网络，这里需要勾选 Part Number 为"LGA144_LTM4628V"的 U36、U41、U44、U45 器件，然后继续单击【下一步】按钮，如图 11-57 所示。

随后，依次勾选"Model"、"Nominal Voltage(V)"、"Upper Tolerance(+%)"、"Lower Tolerance(-%)""P/F Mode"、"Current(A)"，分别设置为"Equal Current"、"12"、"5"、"5"、"Worst"、"0.0"，由于 4 个 Sink 的电流大小不一样，这里暂时设置为 0A，单击【完成】按钮，如图 11-58 所示。

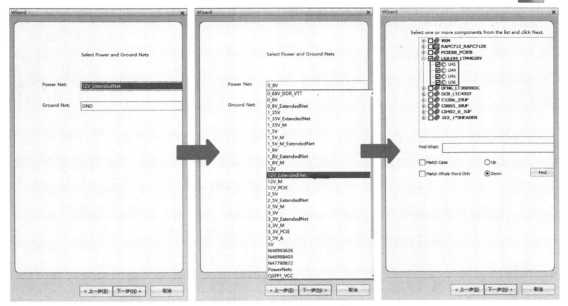

图 11-57　设置 12V 电源网络 Sink

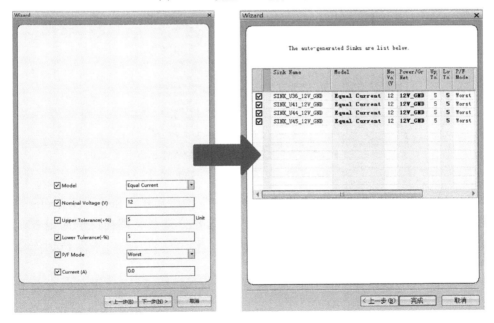

图 11-58　设置 12V 电源网络 Sink 参数

完成 12V 电源网络 Sink 设置后，仿真软件生成 Sink 列表，这里记录一些基本信息，如电压大小、电压输入幅度及输入电流大小。由于该向导设置 4 个 Sink 器件，各器件的电流大小可以在该列表的"Current"栏进行修改添加。如果需要添加其他电压的电源模型，则可以在任意一点右击，在弹出的快捷菜单中选择"Sink Wizard"，如图 11-59 所示。

	Sink Name	Model	Nominal Voltage (V)	Power/Ground Net	Upper Tolerance(+%)	Lower Tolerance(-%)	P/F Mode	Current (A)	Current Mapping File
☑	SINK_U45_12V_GND	Equal Current	12	12V_GND	5	5	Worst	0.56	
☑	SINK_U44_12V_GND	Equal Current	12	12V_GND	5	5	Worst	1	
☑	SINK_U41_12V_GND	Equal Current	12	12V_GND	5	5	Worst	0.35	
☑	SINK_U36_12V_GND	Equal Current	12	12V_GND	5	5	Worst	1.6	
☑									

图 11-59　完成 12V 电源网络 Sink 设置

同理，其他电源网络可以按照上述步骤各自设定 Sink 源，如图 11-60 所示。

	Sink Name	Model	Nominal Voltage (V)	Power/Ground Net	Upper Toler
☑	SINK_U41_12V_GND	Equal Current	12	12V_GND	
☑	SINK_U45_12V_GND	Equal Current	12	12V_GND	
☑	SINK_U44_12V_GND	Equal Current	12	12V_GND	
☑	SINK_U36_12V_GND	Equal Current	12	12V_GND	
☑	Port11_U49::5V	Equal Current	5	5V_GND	
☑	SINK_J2_QSFP2_VCCT_GND	Equal Current	3.3	QSFP2_VCCT_GND	
☑	SINK_J2_QSFP2_VCCR_GND	Equal Current	3.3	QSFP2_VCCR_GND	
☑	SINK_J2_QSFP2_VCC_GND	Equal Current	3.3	QSFP2_VCC_GND	
☑	SINK_J1_QSFP1_VCCT_GND	Equal Current	3.3	QSFP1_VCCT_GND	
☑	SINK_J1_QSFP1_VCCR_GND	Equal Current	3.3	QSFP1_VCCR_GND	
☑	SINK_J1_QSFP1_VCC_GND	Equal Current	3.3	QSFP1_VCC_GND	
☑	SINK_U46_3_3V_GND	Equal Current	3.3	3_3V_GND	
☑	SINK_U25_2_5V_GND	Equal Current	2.5	2_5V_GND	
☑	SINK_U35_2_5V_GND	Equal Current	2.5	2_5V_GND	
☑	SINK_U26_2_5V_GND	Equal Current	2.5	2_5V_GND	
☑	SINK_U1_N46998403_GND	Equal Current	2.5	N46998403_GND	
☑	SINK_U1_N46993626_GND	Equal Current	2.5	N46993626_GND	
☑	SINK_U1_2_5V_GND	Equal Current	2.5	2_5V_GND	
☑	SINK_U48_1_8V_GND	Equal Current	1.8	1_8V_GND	
☑	SINK_U47_1_5V_GND	Equal Current	1.5	1_5V_GND	
☑	SINK_U1_1_5V_GND	Equal Current	1.5	1_5V_GND	
☑	SINK_U9_1_35V_GND	Equal Current	1.35	1_35V_GND	

Ver: 16.0.1.05051.0　002 (PowerDC)　⚠ Mouse(mm): X: 238.727, Y: 8.747

图 11-60　完成后的单板电源 Sink 列表

（6）设置分立元件：在"Workflow：PowerDC"面板单击"Setup Discretes"选项，弹出分立器件列表，像常规的电感、磁珠、电阻这些分立器件都会在里面记录。如果这些器件没有设置好相应的电阻值，则会出现仿真结果失效的问题，需要特别注意，如图 11-61 所示。

（7）保存 PowerDC 工程：在做完上述设置后，可以单击【保存】按钮，保存 PowerDC 工程，这里命名为：TEST_BOARD_V1。这些保存工作也可以在创建工程的时候进行，如图 11-62 所示。

（8）仿真结果保存设置：执行菜单命令【Tools】→【Options】→【Edit Options...】修改仿真参数，如图 11-63 所示。

在随后弹出的"Options"对话框中选择"Simulation(Basic)"下的"Automation Result Savings"选项，可以在仿真结束时，保存方框内所示的文件类别。此外，可以设置仿真电脑处理器在仿真时要使用的线程个数，可以更有效地管理仿真过程的效率，如图 11-64 所示。

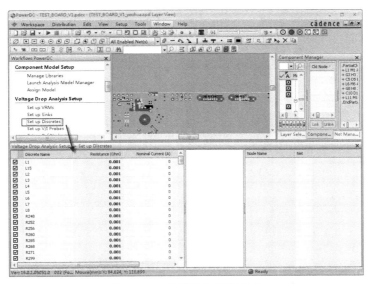

图 11-61　查看分立器件列表

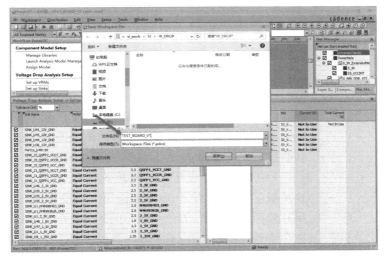

图 11-62　保存仿真工程

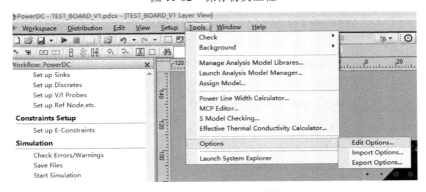

图 11-63　修改仿真参数

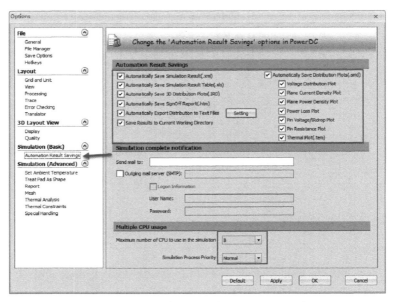

图 11-64　设置仿真结果保存类别和处理器线程

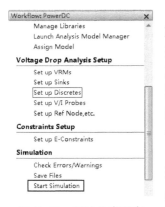

图 11-65　开始仿真程序

（9）执行仿真：在"Workflow：PowerDC"面板需要先执行 DRC 检查程序，即单击"Check Error/Warnings"选项进行错误检查，如果有电源地出现开路、短路情况，需要处理后才能开始仿真，不然可能会导致仿真失败或失真。单击"Start Simulation"选项，启动电压压降及电流密度的仿真，如图 11-65 所示。在开始之前，需要保证所有需要仿真的电源及参考地是有效使能的。仿真的时间与实际的仿真 PCB 的尺寸大小和层数有关。

（10）仿真完成后，仿真软件会自动弹出仿真报告，详细描述单板层叠结构、各个电压源电压大小及 Sink 源的电流大小等结果，如图 11-66 所示。也可以手动单击"View E-Results Tables"选项查看 VRM 或 Sink 的电压、电流情况，如图 11-67 所示。

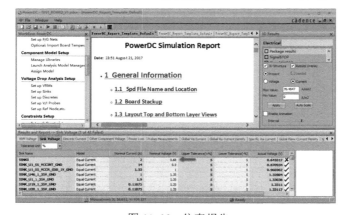

图 11-66　仿真报告

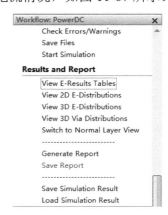

图 11-67　查看仿真结果

11.5.2　DC 仿真结果分析

在 PowerDC 执行完电压压降及电流密度仿真后，除了可以通过单击"View E-Results Tables"选项查看 VRM 或 Sink 的电压、电流、功耗统计情况外，还可以通过 2D 或 3D 模式直观查看电压网络的直流压降和电流密度分布情况。

2D 显示模式示例如图 11-68 和图 11-69 所示；3D 显示模式示例如图 11-70 和图 11-71 所示。

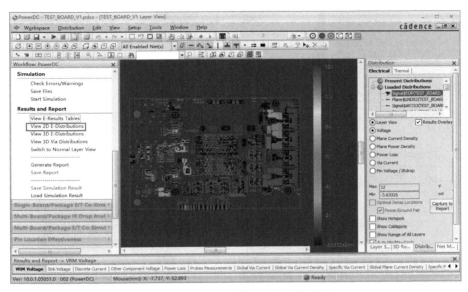

图 11-68　2D 显示模式直流压降分布

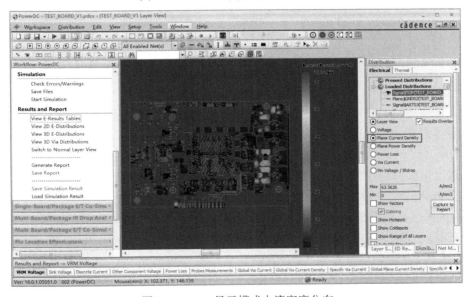

图 11-69　2D 显示模式电流密度分布

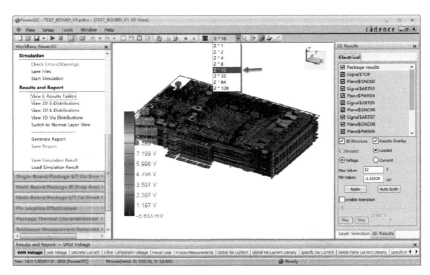

图 11-70　3D 显示模式直流压降分布

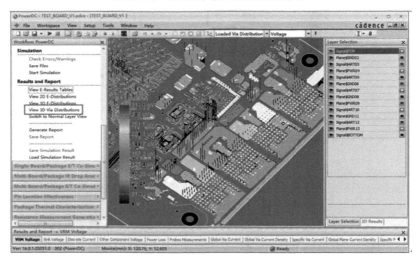

图 11-71　3D 过孔显示模式

如果需要返回初始界面，则需要单击"Switch to Normal Layer View"选项进行切换，如图 11-72 所示。

本节通过电源网络 12V_PCIE 来阐述直流压降和电流密度分析的过程，具体步骤如下。

（1）在 PowerDC 软件"Net Manager"面板右键快捷菜单中选择"Disable All Nets"，关闭单板上所有的网络，接着选中电源网络"12V_ExtendedNet"，使能该电源，如图 11-73 所示。

（2）2D 显示模式：在"Workflow：PowerDC"面板单击"View 2D E-Distributions"选项，软件切换到 2D 电性能分布模式。找到软件右边的"Distribution"选项卡，选中"Voltage"可显示直流电压分布状态，勾选"Show Hotspots"可以显示当前层、最大的电压值分布位置，目前仅显示单板 TOP 层的电源分布情况，当前层的最小电压值为 11.95V，满足电源设计的压降要求，如图 11-74 所示。如果需要其他层电压压降信息，则需要选择相应的层来显示。

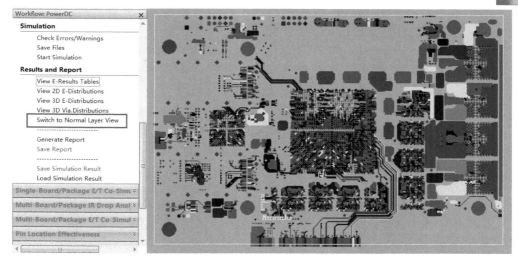

图 11-72　"Switch to Normal Layer View"选项

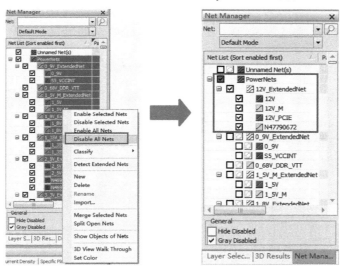

图 11-73　使能 12V_ExtendedNet 电源网络

　　在"Distribution"选项卡，选中"Plane Current Density"可以查看单板当前层的电流密度分布情况，勾选"Show Vectors"及"Coloring"可以查看电流流向，以小箭头表示，勾选"Show Hotspots"则可以查看当前层电流密度最大的位置，如图 11-75 所示。

　　（3）3D 显示模式：在"Workflow：PowerDC"面板单击"View 3D E-Distributions"选项，软件切换到 3D 电性能分布模式。找到软件右边的"3D Results"选项卡，选中"Voltage"可显示直流电压分布状态；在"Electrical"栏，勾选"Package results"可以查看单板所有层 12V 电源的电压分布情况，这是有别于 2D 显示模式的地方，也可以单独打开某层去查看电压分布情况，通过调整工具栏的"Enlarge Z direction"参数，可以更方便地查看单板当前叠层的电压分布情况，通过调整"X"、"Y"、"Z"坐标轴可以产生不同的视角，按住鼠标左键即可旋转单板 PCB，如图 11-76 所示。

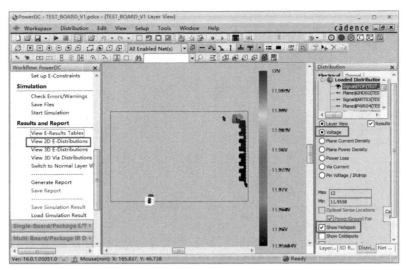

图 11-74　2D 电压直流分析模式

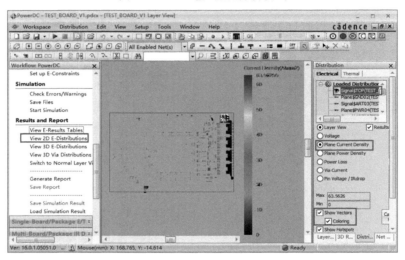

图 11-75　2D 电流密度分布模式

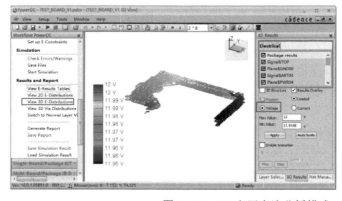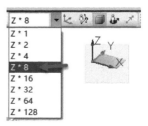

图 11-76　3D 电压直流分析模式

通过勾选"3D Structure"可显示单板除了 12V 电压以外的 PCB 信息，如图 11-77 所示。

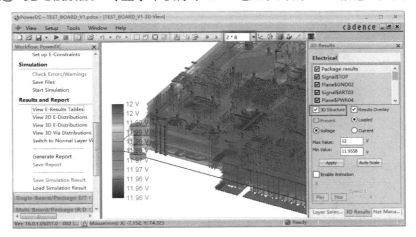

图 11-77　勾选"3D Structure"

在"3D Results"选项卡中，选中"Current"可显示电流密度分布情况；在"Electrical"栏，勾选"Package results"可以查看单板所有层 12V 电源的电流分布情况，也可以单独选中某一层，显示该层的电流分布情况，目前该电源最大的电流密度为 63.56A/mm^2，符合电流密度标准，如图 11-78 所示。

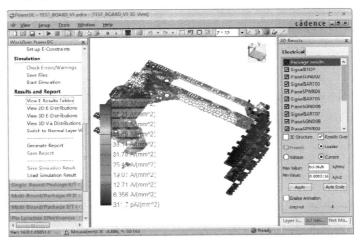

图 11-78　3D 电流密度分布模式

此外，通过调整坐标轴来调整 PCB 的视图，将鼠标移至坐标系，待坐标系自动放大，然后将鼠标移至某坐标轴，如 Z 轴，这时 Z 轴会呈高亮状态，单击字母"Z"即可切换至正视图，如图 11-79 所示。

同理，针对单板比较关心的 1.35V、0.9V、0.68V_DRR_VTT 三个电源电压也做了相应的分析，具体分析结果如下：

1.35V 电源直流压降及电流密度如图 11-80 所示。

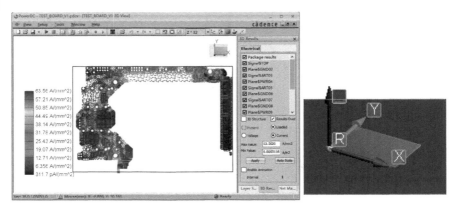

图 11-79　正视图电流密度分布

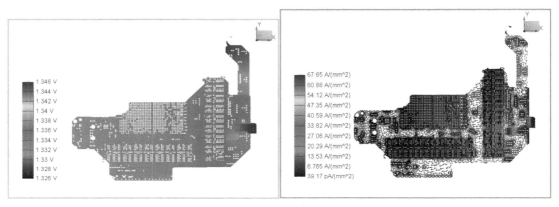

图 11-80　1.35V 电源直流压降及电流密度

说明：由图 11-80 可知，单板 1.35V 电源网络的最小压降为 1.326V，满足压降要求（≥ 1.282V，≤1.417V）；该电源的最大电流密度为 67.65A/mm^2，小于 68.75A/mm^2 的要求，满足电流密度要求。

0.9V 电源直流压降及电流密度如图 11-81 所示。

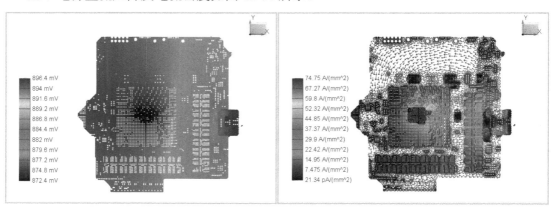

图 11-81　0.9V 电源直流压降及电流密度

说明： 由图 11-81 可知，单板 0.9V 电源网络的最小压降为 0.872V，不满足压降要求（≥0.92V，≤0.98V）；该电源的最大电流密度为 74.75A/mm²，大于 68.75A/mm² 的要求，不满足电流密度要求。

结果分析： 靠近 R248 元件的过孔，在 TOP、ART07 及 PWR13 层均由铜皮进行连接，导致电路均朝这个过孔流动，过孔的电流密度过大，如图 11-82 所示。

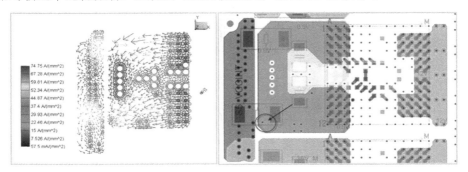

图 11-82 0.9V 电源电流密度过大的位置

优化措施： 在 ART07 层，修改此电源的铜皮外形，断掉铜皮与此过孔的连接，即切掉一块铜皮即可。重新仿真后的过孔电流密度分布如图 11-83 所示，从中可以看出，电流密度最大为 56.89A/mm²，满足电流密度要求。

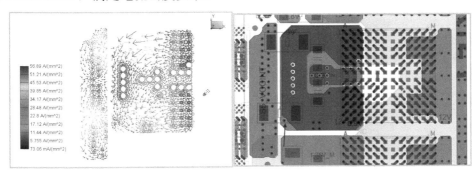

图 11-83 0.9V 电源优化后的过孔电流密度分布

0.68V 电源直流压降及电流密度如图 11-84 所示。

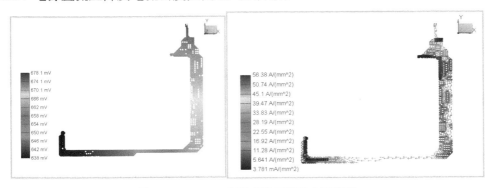

图 11-84 0.68V 电源直流压降及电流密度

说明： 由图 11-84 可知，单板 0.68V 电源网络的最小压降为 0.638V，不满足压降要求，（≥0.646V，≤0.714V）；该电源的最大电流密度为 56.38A/mm²，小于 68.75A/mm² 的要求，满足电流密度要求。

结果分析： 由于 0.68V 电源最大的瞬态电流为 2A，该电源在 ART03 层的铜皮呈现一定颈部形状，导致压降满足不了要求，如图 11-85 所示。

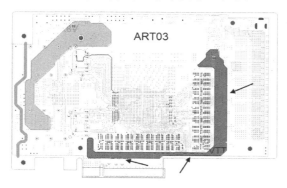
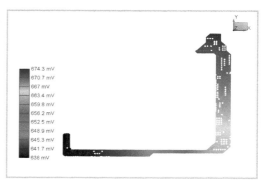

图 11-85　0.68V 电源优化前的铜皮

优化措施： 在能满足其他走线间距要求的前提下，尽可能地扩大此铜皮外形，修改后的外形如图 11-86 所示。重新仿真后，最小的电压压降为 0.649V，满足大于 0.646V 的电压压降要求。

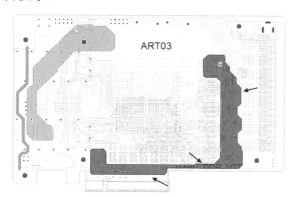
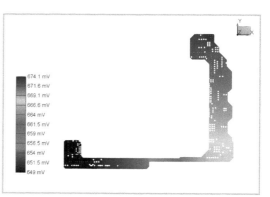

图 11-86　0.68V 电源优化后的铜皮

11.6　PCB 电源完整性设计关键点

PCB 电源完整性设计要素为以下几个方面：PCB 叠层方案；滤波电容的选择和放置；电源地分割需要考虑信号的回流路径。

1．PCB 叠层方案

中低频时，电源、地平面对被当作一个理想电容来看待，其 ESR 和 ESL 都很小。在频率很高的情况下，电源、地平面对变成一个谐振腔，在谐振频率点附近，平面对的阻抗变得很大，此时，能量不是被传递，而是被介质储存或消耗掉了。

根据板间等效电容的公式（11.1 节中），想要增加板间的等效电容、降低电源平面阻抗有三种途径，对应到叠层设计中，则可以有效降低电源平面阻抗的方式如下：

（1）增大电源平面的面积，使其与地平面的耦合面积增大，可以得到较小的平面阻抗。

（2）在选择电源地介质的时候，选用介电常数比较大的介质，可以增加平面间的等效电容，从而降低电源平面的平面阻抗。

（3）电源、地平面在做叠层设计时选用比较薄的介质，使电源平面和地平面间的间距必须尽可能地减小，这样可以得到最小的分布阻抗。

实际情况中电源地的设计比较复杂，需要进行综合考虑。Layout 设计人员在设计 PCB 电路时一开始考虑的是需要多少个布线层及平面层可以满足布线需要，所需层数取决于结构厚度、工艺能力、成本、电源地平面噪声、信号种类、网络数量、阻抗控制需求、PCB 布局、布线密度等。在 PCB 上正确地使用微带线和带状线可以减少射频辐射，设计初期使用合理的信号层数和平面层结构（电源平面和地平面）是预防 EMI 的重要手段。

2. 滤波电容的选择和放置

频率较高时，由于寄生参数的存在，电容不能被当成一个理想的电容，而应该充分考虑到它的寄生参数效应，通常电容的寄生参数主要为 ESR 和 ESL，图 11-87 所示曲线为理想电容和实际电容的阻抗曲线。

图 11-87 中 f 为串联谐振频率（SRF），在 f 之前为容性，而在 f 之后则为感性，相当于一个电感，所以在选择滤波电容时，尽量使电容器工作在谐振频率之前。当然电容去耦作用的适用频率不是以第一自谐振点为简单评判标准，而是以输入阻抗是否足够小为评判标准，也就是说，即使电容在某些频段上已经呈现感性，只要输入阻抗足够小也可实现去耦作

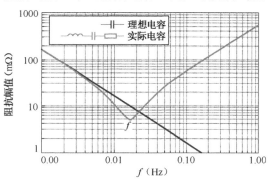

图 11-87　电容阻抗曲线

用。基于电容的阻抗原理，在使用电容时有下面几点设计建议：

（1）容值越小，第一自谐振点频率越高，电容能够去耦的频率也就越高，所以有"大电容滤低频，小电容滤高频"的说法。除了电容自身的容值外，等效串联电感也影响了去耦电容的适用频段。一般数百微法的钽电容、铌电容和各种电解电容容值大、体积大，封装的寄生电感也很大，因此广泛应用于低频去耦。

（2）电容安装在 PCB 上时就会产生额外的贴装寄生电感，会使电容器的实际电感值超过等效串联电感。选择相对较小的电容器封装及在 PCB 上对电容器进行合理的布局可以有效减小贴装电感值。

（3）采用多过孔连接可以减小回路电感等。

（4）使用很多电容并联能有效地减小阻抗。如两个 1μF 的小电容（每个电容 ESL 为 4nH）并联的效果相当于一个具有 2nH ESL 的 2μF 电容。

3. 回流路径

地或电源平面为信号线提供回流通路，即每一个信号线在地或电源平面上都对应形成一个相反方向的电流。回流路径是信号完整性的一个关键因素，信号回流路径的选择原则为低频选择阻抗最小路径，高频选择感抗最小路径。因此 PCB 设计中对地电分割和叠层必须予以充分考虑。

1）**保证关键信号不跨分割**　要使信号与回流通路形成闭合回路，在进行电源、地平面的分割、布局和布线时，要尽量使地平面连续，避免出现图 11-88 所示的由于参考面的开槽所致的地平面出现裂口，避免因地分割和这样的裂口导致信号回流通路变大。跨越分割线的信号线回流通路路径更长，产生串扰的可能性也更大，因此要避免信号线跨越地电平面分割线。而对于具有部分共同回流通路的情况，除信号相互之间产生串扰外，还加大了回流环路的面积，破坏了信号的完整性，增加了电磁辐射。

2）**模拟地和数字地分割设计**　一般来说，模拟地和数字地要分开处理，然后通过零欧姆电阻、电感或磁珠连在一起，或者单点接在一起。总的思路是尽量阻隔数字地上的噪声窜到模拟地上。当然也并不是要求模拟地和数字地必须分开，如果模拟部分附近的数字地很干净，也可以合在一起。

在实际工作中一般趋向于统一地，所要分割的不是地，而是 PCB 上数字区和模拟区的划分。模拟信号在电路板所有层的模拟区内布线，而数字信号在数字电路区内布线。在这种情况下，数字信号返回电流不会流入到模拟信号的地，如图 11-89 所示，数模混合器件跨接在地间隙上，数字信号参考数字地，其回流电流在数字地上分布。

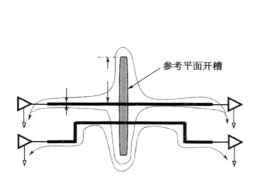

图 11-88　参考平面开槽对信号的影响

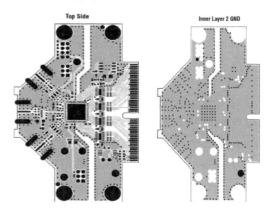

图 11-89　AD 模拟芯片地平面分割示意图

3）**参考面的切换**　在有多个地和电源平面的电路中，信号线存在一个主参考平面，该信号的回流通路一般以主参考平面为主。当信号线通过过孔切换到另一个信号层时，回流主参考平面也会做相应的切换，信号的回流通路也从原来的参考平面切换到了新的参考平面。因此，当信号的主参考平面切换后，必须注意信号的回流通路是否正常，即新旧两个参考平面之间是否有足够的过孔或电容连接，为两个参考平面间提供电流通路。如果这个电流通路不畅，则信号的回流通路无法按最小环路或最小阻抗的原则回流，破坏了信号的完整性。因此，建议在信号换层比较频繁的地方，要增加地平面间地过孔和电容。如图 11-90 所示，信号主参考平面从参考平面 1 切换到参考平面 4 时，为保证回流路径的完整性，用参考平面过孔将参考平面连接在一起。

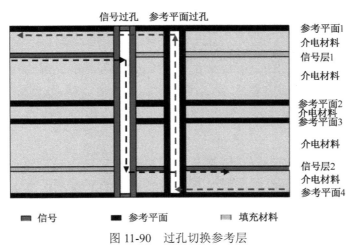

图 11-90　过孔切换参考层

第12章 电容概要

PI 仿真过程中电容的选用是 PI 仿真流程非常重要的一部分，对电容的全面认识有助于产品设计时的器件选型及电源完整性。本章将从电容的功能、材料分类及 PCB 设计时电容的具体应用方面分别进行说明。

12.1 电容主要功能

电容的主要功能是什么？在不同的应用环境，电容所起的作用不一样，由于这些常用功能有重合的地方，平时描述时也极易造成混淆。总体上说，电容主要作用为去耦、旁路、滤波、储能、隔直流、耦合、温度补偿、定时、调谐等，简述如下：

1）**去耦**　去耦也称解耦，其功能就是去除电源系统中由于高速开关转换而产生的噪声。输出的上升及下降沿产生的瞬时电流会引起电源线或电源平面的电压起伏，电压源平面电压不稳往往会引起信号误触发甚至功能的失效。例如，负载容性很大时，驱动电路要完成对电容的充电、放电，才能完成信号的跳变。当信号上升沿很陡峭时，需要提供较大的瞬时电流，驱动的电流需要吸收很大的电源电流，但由于电路中存在各种各样的寄生电感（如封装引脚上的电感或封装到芯片焊盘间的 Wirebond 电感等），因而会造成信号的反弹。这种电流从正常情况来看实际上就是一种噪声，会影响前级的正常工作，这就是所谓的"耦合"。

对于耦合的处理就是加耦合电容，耦合电容起到一个"电池"的作用，可以及时满足驱动电路电流快速变化的需求，避免相互间的耦合干扰。

2）**旁路**　旁路电容是为本地器件提供能量的储能器件，它能使电压的输出均匀化，降低负载需求。其作用如小型可充电电池一样，旁路电容能够被充电，并向器件供电。为尽量减小回路阻抗，旁路电容应用时要尽量靠近负载器件的供电电源引脚，这能够很好地防止回路上阻抗值过大而导致的地电位抬高和噪声。

将旁路电容和去耦电容结合起来理解。旁路电容实际也是去耦合，只是旁路电容一般是指高频旁路，为高频噪声提供一个低阻抗的通路，使噪声远离数字元件。

高频旁路电容一般比较小，如取 0.1μF、0.01μF 等，而去耦合电容的容量一般较大，可能是 10μF 或者更大，设计时应依据电路中分布参数及驱动电流的大小来确定。

旁路是把输入信号中的干扰作为滤除对象，而去耦是把输出信号的干扰作为滤除对象，防止干扰信号返回电源。这是它们的本质区别。

在高速数字芯片的应用过程中，由于信号转换，通常采用旁路电容来解决稳压器无法适应系统中高速器件引起的负载变化问题，以确保电源输出的稳定性及良好的瞬态响应。

实际应用中，大容量和小容量的旁路电容都可能是必需的，有的甚至是多个陶瓷电容和钽电容。这样的组合能够解决上述负载电流或许为阶梯变化所带来的问题，还能提供足够的去耦以抑制电压和电流毛刺。在负载变化非常剧烈的情况下，则需要三个或更多不同容量的电容，以保证在稳压器稳压前提供足够的电流。快速的瞬态过程由高频小容量电容来抑制，中速的瞬态过程由低频大容量电容来抑制，剩下的则交给稳压器完成了。

　　3）**滤波**　电容最根本的作用之一是：通高频阻低频。从电容的阻抗简化公式看，电容越大，阻抗越小，能通过的频率也越高。现实的情况往往是电容值变大后体积也会变大，因而电感成分也会大，由于 LC 串联起来的谐振，会出现阻抗低点移向频率较低的地方，如图 12-1 所示。

　　因而大电容会与各类小电容并联使用，这样就可以在较宽的频率范围滤波，这时大电容通低频，小电容通高频。具体用在滤波中，则大电容滤低频，小电容滤高频。

　　4）**储能**　电容除了起到旁路等作用外还有储能作用，有时从功能上看有相互重叠的关系，如数字芯片周围的钽电容，就是为了满足芯片信号翻转时快速提供电荷的需求而起到了储能作用。图 12-2 中圈起来的电容为本产品中用于储能的钽电容。

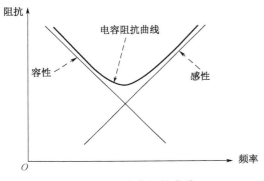

图 12-1　电容阻抗曲线

图 12-2　储能钽电容示图

　　另一种容值大且专用于储能功能的电容则较好理解，如储能型电容器通过整流器收集电荷，并将存储的能量通过变换器引线传送至电源的输出端，如电压额定值可为 40～450V DC、电容值在 220～150000μF 之间的铝电解电容器等。根据不同的电源要求，器件会采用串联、并联或其组合的形式，对于功率超过 10kW 的电源，通常采用体积较大的罐形螺旋端子电容器。

　　5）**隔直流**　隔直流的作用是阻止直流通过而让交流通过。

　　6）**耦合**　耦合是作为两个电路之间的连接，允许交流信号通过并传输到下一级电路。

　　如图 12-3 中所示的 ECL 至 LVDS 电平转换时使用的耦合电容，完成电平转换及去除共模干扰。

　　7）**温度补偿**　温度补偿针对其他元件对温度的适应性不够带来的影响而进行补偿，以改善电路的稳定性。

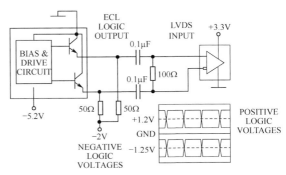

图 12-3　ECL 至 LVDS 电平转换配置

8）**定时** 定时电容器与电阻器配合使用，确定电路的时间常数。

9）**调谐** 对与频率相关的电路进行系统调谐，如手机、收音机、电视机。

12.2 电容分类

电容由于材料、应用环境要求不同而种类繁多，首先按照介质种类来分，可以分为无机介质电容、有机介质电容和电解电容三大类。

1）**无机介质电容** 包括大家熟悉的陶瓷电容及云母电容。陶瓷电容的综合性能很好，可以应用于 GHz 级别的超高频器件上。

2）**有机介质电容** 如薄膜电容，这类电容经常用在音箱上，其特性是比较精密、耐高温、高压。其中双电层电容（Electrical Double-Layer Capacitor）又叫超级电容，是一种新型储能装置，它具有充电时间短、使用寿命长、温度特性好、节约能源和绿色环保等特点，这种电容的电容量特别大，可以达到几百法，因此这种电容可以做 UPS 的电池，作用是储存电能。

3）**电解电容** 电解电容是最常用的一种电容，有如下特点：

● 单位体积的电容量非常大，比其他种类的电容大几十到数百倍。

● 额定的容量可以做到非常大，可以轻易做到几万微法甚至几法（但不能和双电层电容相比）。

● 价格相对其他种类具有压倒性优势，因为电解电容的组成材料都是普通的工业材料，制造电解电容的设备也都是普通的工业设备，可以大规模生产，成本相对较低。

1. 电解电容

按传统的方法，电容都是按阳极材质进行分类的，如铝或钽。电解电容按阳极材质分为以下几种：

1）**铝电解电容** 不管电容的形状如何变化，只要它的阳极材质是铝，则它们就都叫作铝电解电容。电容的封装方式和电容的品质本身并无直接联系，电容的性能取决于具体型号。图 12-4 为铝电解电容外形。

2）**钽电解电容** 其阳极由钽构成，钽电容的阴极也是电解质，目前很多钽电解电容都用贴片式安装，其外壳一般由树脂封装。图 12-5 为常用钽电解电容外形。

图 12-4 铝电解电容　　　　　图 12-5 钽电解电容

但这种单凭阳极判断电容性能的方法已无法适应新出现的情况，目前决定电解电容性能的关键并不在于阳极，而在于电解质，也就是阴极。因为不同的阴极和不同的阳极可以组合成不同种类的电解电容，其性能也大不相同。采用同一种阳极的电容由于电解质不同，性能上的差别可能非常大，总之阳极对电容性能的影响远远小于阴极。

阴极是电容的另一个极板，阴极材料也就是电容的电解质。电容的阴极目前有如下几种：

1）**电解液** 电解液是最为传统的电解质，由 GAMMA 丁内酯有机溶剂加弱酸盐电容质经过加热得到。我们所见到的普通意义上的铝电解电容的阴极都是这种电解液。使用电解液做阴极有不少好处，首先在于液体与介质的接触面积较大，这样对提升电容量有帮助；其次是使用电解液制造的电解电容最高能耐 260℃ 的高温，这样就可以通过波峰焊工艺，同时耐压性也比较强。此外，使用电解液做阴极的电解电容，当介质被击穿以后，只要击穿电流不持续，则电容能够自愈。

但电解液也有其不足之处，首先是在高温环境下容易挥发、渗漏，对寿命和稳定性影响很大，在高温高压下电解液还有可能瞬间汽化，体积增大引起爆炸；其次是电解液所采用的离子导电法使其电导率很低，只有 0.01S/cm，这造成电容的 ESR 值（等效串联电阻）特别高。

2）**二氧化锰** 二氧化锰是钽电容所使用的阴极材料。二氧化锰是固体，传导方式为电子导电，电导率是电解液离子的 10 倍（0.1S/cm），所以 ESR 比电解液低。因此，传统上大家觉得钽电容比铝电容好得多，同时固体电解质也没有泄漏的危险。此外，二氧化锰的耐高温特性也比较好，可耐瞬间温度在 500℃ 左右的高温。二氧化锰的缺点在于在极性接反的情况下容易产生高温，在高温环境下释放出氧气，同时五氧化二钽介质层发生晶质变化，变脆产生裂缝，氧气沿着裂缝和钽粉混合发生爆炸。另外，这种阴极材料的价格也比较高。

3）**TCNQ** TCNQ 是一种有机半导体，也是一种络合盐。TCNQ 在电容方面的应用始于 20 世纪 90 年代中后期，它的出现代表着电解电容技术革命的开始。由于 TCNQ 是一种有机半导体，使用 TCNQ 的电容也叫作有机半导体电容，如早期的三洋 OSCON 产品。TCNQ 的出现，使电解电容可以直接挑战传统陶瓷电容霸占的很多领域，使电解电容的工作频率由以前的 20kHz 直接上升到了 1MHz。TCNQ 的出现使过去按照阳极材料划分电解电容性能的方法也过时了。因为即使是阳极为铝的铝电解电容，如果使用了 TCNQ 作为阴极材质，其性能也比传统钽电容（钽+二氧化锰）好得多。TCNQ 的导电方式也是电子导电，其电导率为 1S/cm，是电解液的 100 倍，是二氧化锰的 10 倍。

使用 TCNQ 作为阴极的有机半导体电容，其性能非常稳定，也比较廉价。不过它的热阻性能不好，其熔解温度只有 230～240℃，所以有机半导体电容一般很少用 SMT 贴片工艺制造，因为无法通过波峰焊工艺，因而我们看到的有机半导体电容基本都是插件式安装的。TCNQ 还有一个不足之处就是对环境的污染。由于 TCNQ 是一种氰化物，在高温时容易挥发出剧毒的氰气，因此在生产和使用中会受到限制。

4）**PPY（聚吡咯）及 PEDT** PPY（聚吡咯）及 PEDT 是固体聚合物导体，如著名的 SANYO OSCON SVP 系列铝固体聚合物导体电容。

20 世纪 70 年代末，人们发现使用掺杂法可以获得优良的导电聚合物材料，如可以使其电导率达到铜和银的水平，但它又不是金属而相当于工程塑料，附着性比金属好，同时价格也比铜和银低很多。此外，在受力情况下，其电导率还会产生变化（其特性很像人的神经系统），这无疑是电容研发者梦寐以求的阴极材质。

使用 PPY 聚吡咯和 PEDT 作为阴极材料的电容叫作固体聚合物导体电容。其电导率可以达到 100S/cm，是 TCNQ 盐的 100 倍，是电解液的 10000 倍，同时也没有污染。固体聚合物导体电容的温度特性也比较好，可以忍耐 300℃ 以上的高温，因此可以使用 SMT 贴片工艺安装，也适合大规模生产。固体聚合物导体电容的安全性较好，当遇到高温时，电解质只是熔化而不会产生爆炸，因此它不像普通铝电解液电容那样开有防爆槽。

固体聚合物导体电容的缺陷在于其价格相对偏高，同时耐电压性能不强。

2. MLCC（多层陶瓷电容）

由于手持电子产品的发展，"轻、薄、节能"等需求越来越多，对于电容而言，小型化和高容量则是电容的发展趋势。小型化、高速度和高性能、耐高温条件、高可靠性是陶瓷电容的重要特性，因而多层陶瓷电容（MLCC）在便携产品中应用极为广泛，得到了快速的发展与普及。

陶瓷电容的容量随直流偏置电压的变化而变化。直流偏置电压降低了介电常数，因此需要从材料方面降低介电常数对电压的依赖，优化直流偏置电压特性。应用中较为常见的是 X7R（X5R）类多层陶瓷电容，它的容量主要集中在 1000pF 以上，该类电容器主要性能指标是等效串联电阻（ESR），在高纹波电流的电源去耦、滤波及低频信号耦合电路的低功耗表现方面比较突出。

另一类多层陶瓷电容是 C0G 类，它的容量多在 1000pF 以下，该类电容主要性能指标是损耗角正切值 $\tan\delta$（Df）。传统的贵金属电极（NME）的 C0G 产品 Df 值范围是（2.0～8.0）× 10^{-4}，而技术创新型贱金属电极（BME）的 C0G 产品 Df 值范围为（1.0～2.5）× 10^{-4}，是前者的 31%～50%。该类产品在载有 T/R 模块电路的 GSM、CDMA、无绳电话、蓝牙、GPS 系统中低功耗特性较为显著，较多地用于各种高频电路，如振荡、同步器、定时器电路等。

MLCC 电容的内部结构如图 12-6 所示，而内部不同层间所用的材料则如图 12-7 所示。

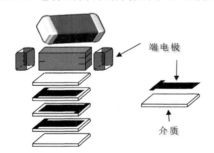

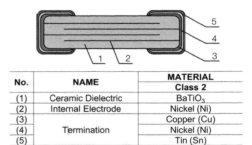

No.	NAME	MATERIAL
		Class 2
(1)	Ceramic Dielectric	BaTiO$_3$
(2)	Internal Electrode	Nickel (Ni)
(3)		Copper (Cu)
(4)	Termination	Nickel (Ni)
(5)		Tin (Sn)

图 12-6　MLCC 电容的内部结构　　　　图 12-7　电容内层材料说明

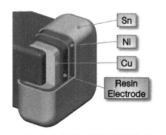

图 12-8　电容电极处的材料层构造

这类电容在使用过程中由于受应力作用有可能会在焊接处造成断裂，因而在焊接处的铜基与镍镀层间加入一个树脂电极，此树脂电极层会吸收由于 PCB 等形变产生的应力，从而避免焊接处发生断裂，如图 12-8 所示。

3. Ⅰ、Ⅱ类陶瓷电容

电容介质材料按容量及温度稳定性可以分为两类，即Ⅰ类陶瓷电容和Ⅱ类陶瓷电容，NPO 属于Ⅰ类陶瓷，而其他的 X7R、X5R、Y5V、Z5U 等都属于Ⅱ类陶瓷。

1）**Ⅰ类陶瓷电容** Ⅰ类陶瓷电容（Class Ⅰ ceramic capacitor）过去称高频陶瓷电容（High-frequency ceramic capacitor），介质采用非铁电（顺电）配方，以 TiO_2 为主要成分（介电常数小于 150），因此具有最稳定的性能；或者通过添加少量其他（铁电体）氧化物，如 $CaTiO_3$ 或 $SrTiO_3$，构成"扩展型"温度补偿陶瓷，则可表现出近似线性的温度系数，介电常数增加至 500。这两种介质损耗小、绝缘电阻高、温度特性好，特别适用于振荡器、谐振回路、高频电路中的耦合电容，以及其他要求损耗小和电容量稳定的电路或用于温度补偿。

2）**Ⅰ类陶瓷的温度特性表示** Ⅰ类陶瓷的温度容量特性（TCC）非常小，单位往往是 ppm/℃，容量较基准值的变化往往远小于 1pF。美国电子工业协会（EIA）标准采用"字母+数字+字母"这种代码形式来表示Ⅰ类陶瓷温度系数，如常见的 C0G。

C0G 代表的温度系数究竟是多少？C 表示电容温度系数的有效数字为 0 ppm/℃；G 表示随温度变化的容差为±30ppm。

不同的参数可以参考表 12-1。

表 12-1　Ⅰ类陶瓷的温度特性表

电容温度系数的有效数（ppm/℃）	符号	有效数的乘数	符号	随温度变化的容差（ppm）	符号
0	C	−1	0	±30	G
0.3	B	−10	1	±60	H
0.8	H	−100	2	±120	J
0.9	A	−1000	3	±250	K
1	M	−10000	4	±500	L
1.5	P	1	5	±1000	M
2.2	R	10	6	±2500	N
3.3	S	100	7		
4.7	T	1000	8		
7.5	U	10000	9		

计算下来，C0G 电容最终的 TCC 为：$0\times(-1)$ ppm/℃±30ppm/℃。而相应的其他Ⅰ类陶瓷，如 U2J 电容，计算下来的温度系数则为：-7500 ppm/℃±120 ppm/℃。

不同材料温度特性曲线如图 12-9 所示。

3）**NPO 电容** NPO 是美国军用标准（MIL）中的说法，其实应该是 NP0，但一般大家习惯写成 NPO。这是 Negative-Positive-Zero 的简写，用来表示温度特性。说明 NPO 的电容温度特性很好，不随正负温度变化而出现容值漂移。

从上述我们已经知道，C0G 是Ⅰ类陶瓷中温度稳定性最好的一种，温度特性近似为 0，满足"负−正−零"的含义。所以 C0G 其

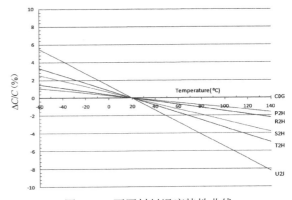

图 12-9　不同材料温度特性曲线

实和 NPO 是一样的，只不过是两个标准的两种表示方法（当然，容值更小、精度略差一点的 C0K、C0J 等也是 NPO 电容）。类似地，U2J 对应于 MIL 标准中的组别代码 N750。

NPO 电容随封装形式不同其电容量和介质损耗随频率变化的特性也不同，大封装尺寸的要比小封装尺寸的频率特性好。

4）**Ⅱ类陶瓷电容**　Ⅱ类陶瓷电容（Class Ⅱ ceramic capacitor）过去称为低频陶瓷电容（Low frequency ceramic capacitor），指用铁电陶瓷作为介质的电容，因此也称铁电陶瓷电容。这类电容的比电容大，电容量随温度呈非线性变化，损耗较大，常在电子设备中用于旁路、耦合或用于其他对损耗和电容量稳定性要求不高的电路中。其中Ⅱ类陶瓷电容又分为稳定级和可用级。X5R、X7R 属于Ⅱ类陶瓷电容的稳定级，而 Y5V 和 Z5U 属于可用级。

X5R、X7R、Y5V、Z5U 之间的区别是什么？

区别主要还在于温度范围和容值随温度的变化特性上。表 12-2 提示了这些代号的含义。

表 12-2　Ⅱ类陶瓷电容代号含义表

最低可工作温度	符号	最高可工作温度	符号	最高、最低温范围内电容容量的最大变化（%）	符号
+10	Z	+45	2	±1.0	A
−30	Y	+65	4	±1.5	B
−55	X	+85	5	±2.2	C
		+105	6	±3.3	D
		+125	7	±4.7	E
		+150	8	±7.5	F
		+200	9	±10	P
				±15	R
				±22	S
				+22～−33	T
				+22～−56	U
				+22～−82	V

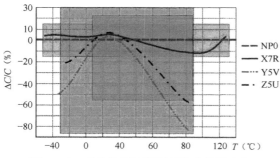

图 12-10　Ⅱ类陶瓷不同材料温度特性曲线

以 X7R 为例。

X　代表电容最低可工作在−55℃；

7　代表电容最高可工作在+125℃；

R　代表容值随温度的变化为±15%。

同样，Y5V 正常工作温度范围在−30～+85℃，对应的电容容量变化为+22%～−82%；而 Z5U 正常工作温度范围在+10～+85℃，对应的电容容量变化为+22%～−56%。Ⅱ类陶瓷不同材料温度特性曲线如图 12-10 所示。

12.3 电容多维度比较

下面按不同的维度及特性从各个侧面对电容进行比较。

表 12-3 按阴极材质性能特性对电容进行比较。

表 12-3 按阴极材质性能特性比较

电解电容阴极材料性能特性比较					
阴极材料	电解液	二氧化锰	TCNQ	固体聚合物导体（PPY/PEDT）	固体聚合物导体+电解液（CVEX 混合型）
电导率（S/cm）	0.01	0.1	1	100	100+0.01
导电方式	离子导电	电子导电	电子导电	电子导电	电子+离子导电
热阻性能	260℃	500℃	230℃（不适合 SMT）	300℃	260℃
优点	价格最便宜，耐压性优良，有自愈特性	性能稳定	价格相对便宜，电导率高，综合性能较好	无污染，不会爆炸，良好的温度特性，ESR 低	具备固体聚合物导体电容和电解液电容的一切优点与缺点
缺点	受温度影响巨大，ESR 高，安全性不高	容量污染，安全性不高，价格也比较贵	不耐高温，有污染，耐电压值低	价格昂贵，没有自愈特性，耐电压力值低	

表 12-4 则对不同电容间的优缺点进行全面的比较。

表 12-4 各种电容优缺点比较

类 型	典型介质吸收	优 点	缺 点
NPO 陶瓷电容	吸收<0.1%	外形尺寸小，价格便宜，稳定性好，电容值范围宽，销售商多，电感低	通常很低，但又无法限制到很小的数值（10nF）
聚苯乙烯陶器电容	0.001% ～ 0.02%	价格便宜，DA 很低，电容值范围宽，稳定性好	温度高于85℃，电容受到损坏，外形尺寸大，电感高
聚丙烯电容	0.001% ～ 0.02%	价格便宜，DA 很低，电容值范围宽	温度高于+105℃，电容受到损坏，外形尺寸大，电感高
聚四氟乙烯电容	0.003% ～ 0.02%	DA 很低，稳定性好，可在+125℃以上温度工作，电容值范围宽	价格相当贵，外形尺寸大，电感高
MOS 电容	0.01%	DA 性能好，尺寸小，可在+25℃以上温度工作，电感低	限制供应，只提供小电容值
聚碳酸酯电容	0.1%	稳定性好，价格低，温度范围宽	外形尺寸大，DA 限制到 8 位应用，电感高
聚酯电容	0.3%～0.5%	稳定性中等，价格低，温度范围宽，电感低	外形尺寸大，DA 限制到 8 位应用，电感高
单片陶瓷电容	>0.2%	电感低，电容值范围宽	稳定性差，DA 性能差，电压系数高

续表

类 型	典型介质吸收	优 点	缺 点
云母电容	＞0.003%	高频损耗低，电感低，稳定性好，效率优于1%	外形尺寸很大，电容值低（＜10nF），价格贵
铝电解电容	很高	电容值高，电流大，电压高，尺寸小，寿命长，为应用中大容量的首选	泄漏大，通常有极性，稳定性差，精度低，电感高
钽电解电容	很高	尺寸小，电容值大，电感适中，低等效串联电阻（ESR）脉冲吸收、瞬态响应及噪声抑制都优于铝电解电容	泄漏很大，通常有极性，价格贵，稳定性差，精度差
超级电容（又称作金电容/法拉电容）	—	超高容值，良好的充/放电特性，适合于电能存储和电源备份	耐压较低，工作温度范围较窄

表 12-5 从不同电容的电容量范围、额定电压、主要特点及应用要求进行比较。

表 12-5　各电容特点比较表

序 号	电容种类	电容量	额定电压	主要特点	应 用
1	聚酯（涤纶）电容（CL）	40pF～4μF	63～630V	小体积，大容量，耐热耐湿，稳定性差	对稳定性和损耗要求不高的低频电路
2	聚苯乙烯电容（CB）	10pF～1μF	100V～30kV	稳定，低损耗，体积较大	对稳定性和损耗要求较高的电路
3	聚丙烯电容（CBB）	1000pF～10μF	63～2000V	性能与聚苯相似但体积小，稳定性略差	代替大部分聚苯或云母电容，用于要求较高的电路
4	云母电容（CY）	10pF～01μF	100V～7kV	高稳定性，高可靠性，温度系数小	高频振荡、脉冲等要求较高的电路
5	高频瓷介电容（CC）	1～6800pF	63～500V	高频损耗小，稳定性好	高频电路
6	低频瓷介电容（CT）	10pF～4.7μF	50～100V	体积小，价廉，损耗大，稳定性差	要求不高的低频电路
7	玻璃釉电容（CI）	10pF～0.1μF	63～400V	稳定性较好，损耗小，耐高温（200℃）	脉冲、耦合、旁路等电路
8	空气介质可变电容	100～1500pF	—	损耗小，效率高；可根据要求制成直线式、直线波长式、直线频率式及对数式等	电子仪器、广播电视设备等
9	薄膜介质可变电容	15～550pF	—	体积小，重量轻；损耗比空气介质的大	通信、广播接收机等
10	薄膜介质微调电容	1～29pF	—	损耗较大，体积小	收录机、电子仪器等电路作为电路补偿
11	陶瓷介质微调电容	0.3～22pF	—	损耗较小，体积较小	精密调谐的高频振荡回路

序　号	电容种类	电容量	额定电压	主要特点	应　用
12	独石电容	0.5pF～1μF	二倍额定电压	电容量大，体积小，可靠性高，电容量稳定，耐高温，耐湿性好，温度系数很高	广泛应用于电子精密仪器、各种小型电子设备作谐振、耦合、滤波、旁路。独石又叫多层瓷介电容，分两种类型：Ⅰ型性能较好，但容量小，一般小于 0.2μF；Ⅱ型容量大，但性能一般
13	铝电解电容	0.47～10000μF	6.3～450V	体积小，容量大，损耗大，漏电大	电源滤波、低频耦合、去耦、旁路等
14	钽电解电容（CA）、铌电解电容（CN）	0.1～1000μF	6.3～125V	损耗、漏电小于铝电解电容	在要求高的电路中代替铝电解电容

12.4　电容参数

衡量电容性能的指标很多，通常数字电路中使用电容时最关心下面的几个参数。

1）**电容值**　电解电容的容值取决于在交流电压下工作时所呈现的阻抗。因此容值，也就是交流电容值，随着工作频率、电压及测量方法的变化而变化。标准 JISC 5102 规定：铝电解电容电容量的测量条件是在频率为 120Hz，交流电压为 $0.5V_{rms}$，DC bias 电压为 1.5 ～ 2.0V 的条件下进行。铝电解电容的容量随频率的增加而减小。

2）**损耗角正切值 tan δ**　在电容器的等效电路中，串联等效电阻 ESR 同容抗 $\dfrac{1}{\omega C}$ 之比称为 tan δ，这里的 ESR 是在 120Hz 下计算获得的值。显然 tan δ 随着测量频率的增加而变大，随测量温度的下降而增大。

3）**阻抗 Z**　在特定的频率下，阻碍交流电流通过的电阻即为的阻抗（Z）。它与电容等效电路中的电容值、电感值密切相关，且与 ESR 也有关系。

$$Z = \sqrt[2]{ESR^2 + (X_L - X_C)^2}$$

式中，$X_C = \dfrac{1}{\omega C} = \dfrac{1}{2\pi fC}$，$X_L = \omega L = 2\pi fL$。

电容的容抗（X_C）在低频率范围内随着频率的增加逐步减小，频率继续增加达到谐振频率时电抗（X_L）降至 ESR 的值。当频率再增加时感抗（X_L）变为主导，往后电容的阻抗随着频率的增加而增加。

4）**漏电流**　电容器的介质对直流电流具有很大的阻碍作用。然而，由于铝氧化膜介质上浸有电解液，在施加电压时，重新形成的以及修复氧化膜时会产生一种很小的称之为漏电流的电流。通常，漏电流会随着温度和电压的升高而增大。

5）**纹波电流和纹波电压**　在一些资料中将此二者称作"涟波电流"和"涟波电压"，其实就是 Ripple current、Ripple voltage。含义即为电容所能耐受纹波电流/电压值。它们和 ESR 之间的关系密切，可以用下面的式子表示：

$$U_{rms} = I_{rms} \times R$$

式中，V_{rms} 表示纹波电压；I_{rms} 表示纹波电流；R 表示电容的 ESR。

由上可见，当纹波电流增大时，即使在 ESR 保持不变的情况下，涟波电压也会成倍提高。换言之，当纹波电压增大时，纹波电流也随之增大，这也是要求电容具备更低 ESR 值的原因。叠加纹波电流后，由于电容内部的等效串联电阻（ESR）引起发热，从而影响到电容的使用寿命。一般的纹波电流与频率成正比，因此低频时纹波电流也比较低。

12.5 电容等效模型

1. 电容模型与分布参数

要正确合理地使用电容，需要了解电容的等效模型及模型中各个分布参数的具体意义和作用。和其他的元器件一样，实际电容与"理想"电容不同，实际电容由于其封装、结构、材料等方面的影响，还具有电感、电阻的附加特性，必须用附加的"寄生效应"元件进行表征，其表现形式为电阻元件和电感元件，电容器模型可以等效成如图 12-11 所示形成。由于这些寄生元件决定电容的特性，通常在电容生产厂商的产品说明中都有详细描述。了解这些寄生元件的影响，将有助于在实际应用中选择到合适的电容。

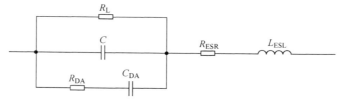

图 12-11 电容的等效电路

从图 12-11 可以看出，电容等效电路由六个部分组成。除了自身的电容 C 外，还有以下的组成部分：

1）**等效串联电阻 ESR（R_{ESR}）**   电容的等效串联电阻由电容的引脚电阻与电容器两个极板的等效电阻相串联构成。当有大的交流电流通过电容时，R_{ESR} 的存在使电容消耗一定的能量（从而产生损耗）。这对射频电路和载有高纹波电流的电源去耦电容会造成严重后果。但对精密高阻抗、小信号模拟电路不会有很大的影响。R_{ESR} 最低的电容是云母电容和薄膜电容。

2）**等效串联电感 ESL（L_{ESL}）**   电容的等效串联电感是由电容器的引脚电感与电容器两个极板的等效电感串联构成的。像 R_{ESR} 一样，L_{ESL} 在射频或高频工作环境下也会出现严重问题，虽然精密电路本身在直流或低频条件下正常工作。其原因是用于精密模拟电路中的晶体管在过渡频率（transition frequencies）扩展到几百兆赫或几吉赫的情况下仍具有增益，可以放大电感值很低的谐振信号。这就是在高频情况下对这种电路的电源端要进行适当去耦的主要原因。

3）**等效并联电阻 EPR（R_L）**   就是我们通常所说的电容泄漏电阻，在交流耦合应用、存储应用（如模拟积分器和采样保持器）及当电容用于高阻抗电路时，R_L 是一项重要参数，理想电容中的电荷应该只随外部电流变化。然而实际电容中的 R_L 使电荷以 RC 时间常数决定的速率缓慢泄漏。

R_{DA}、C_{DA} 也是电容的分布参数，但在实际应该中影响比较小。

所以电容重要的分布参数有三个：ESR、ESL、EPR。其中最重要的是 ESR、ESL，实际在分析电容模型的时候一般只用 RLC 简化模型，即分析电容的 C、ESR、ESL。

2. 电容简化等效模型

为了分析方便，实际的分析应用中经常使用由串联等效电阻 ESR、串联等效电感 ESL、电容值组成的 RLC 模型。因为对电容的高频特性影响最大的是 ESR 和 ESL，通常采用图 12-12 所示的简化模型进行分析。

图 12-12　简化电容 RLC 模型

RLC 模型的阻抗用数学公式表示如下：

$$Z=R_s+j\omega L_s-\frac{j}{\omega C}=R_s+j\left(\omega L_s-\frac{1}{\omega C}\right)$$

式中，$\omega=2\pi f$。

其模的表达式如下：

$$|Z|=\sqrt[2]{R_s^2+\left(2\pi fL_s-\frac{2}{2\pi fC}\right)^2}$$

上式就是电容的容抗随频率变化的表达式，如果 $2\pi fL_s=\frac{1}{2\pi fC}$，则 $|Z|_{min}=R_s$，此时：

$$f_R=\frac{1}{2\pi\sqrt{LC}}$$

所得电容的阻抗曲线如图 12-13 所示。

从图 12-13 可以清楚地看出：电容在整个频段并非都表现为电容的特性，而是在低频的情况（谐振频率以下）表现为电容性的器件，而当频率增加（超过谐振频率）时，它渐渐地表现为电感性的器件。也就是说，它的阻抗随着频率的增加先减小后增大，等效阻抗的最小值发生在串联谐振频率时，这时电容的容抗和感抗正好抵消，表现为阻抗大小恰好等于寄生串联电阻 ESR。

电容在 PCB 设计时有许多需要注意的地方，下面将对电容在产品中使用的情况进行简要举例说明。

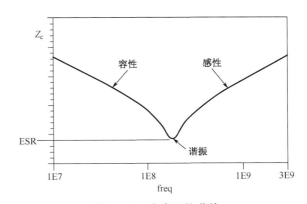

图 12-13　电容阻抗曲线

12.6 FANOUT

FANOUT 指在 PCB 设计时电容对应的引脚与 PCB 连接的方式，不一样的连接方式效果截然不同。

1. 常见电容 FANOUT 形式

图 12-14 列出电容所用的各种 FANOUT 形式，大家对此可能已习以为常，但这些推荐的方式是否正确呢？

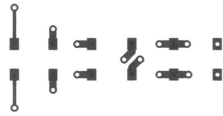

图 12-14　常见的电容 FANOUT 形式

2. FANOUT 效果排序

通过三维电磁场仿真，发现不同的 FANOUT 方式效果不一样，图 12-14 所示的电容 FANOUT 形式，从左到右的效果是越来越好。

作为 SI 仿真工程师，在给出电容的 FANOUT 仿真意见前还需要考虑：电容的可加工性、低端 PCB 加工及装配厂能力兼容、产品检修的便利性等应用方面的问题。

图 12-15 所示方式从工艺及修检的角度看并不是最好的 FANOUT 形式，其中最后一个盘中孔则需要从可加工兼容性及成本方面考虑，而不能只从电性能方面一点考虑。

钽电容连接方式（COPPER）：这类电容体积较大，为了使回路电感及电阻做到最小常用先铺铜再打过孔的方式，如图 12-16 所示，不使用全连接是为了减小加工时焊盘的导热效率。

图 12-15　实际应用中不建议的 FANOUT 方式

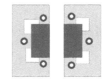

图 12-16　钽电容常用 FANOUT 形式

12.7　产品电容的摆放与 FANOUT

产品中 TOP 层电容的摆放位置总体效果如图 12-17 所示，电容放在离作用芯片最近的地方，当然 PCB LAYOUT 是一个细致的工作，"优化无止境，只有更好，没有最好"。

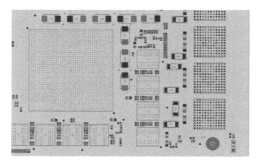

图 12-17　FPGA 与电源芯片周围的电容摆放图

实际项目中，由于电容 FANOUT 方式受空间限制、个人习惯及审美的影响会有差别，但 PCB 设计流程较好的公司会有明确的电容 FNAOUT 规范，以确保每个 PCB 设计师 FANOUT 的电容都相似并符合规范要求。图 12-18 与图 12-19 是产品中出现的各种电容的局部 FANOUT 形态。

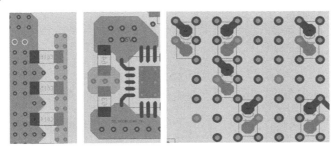

图 12-18　产品中电容的 ANOUT 形态

图 12-19　产品双面对贴 DDR 颗粒电容 FANOUT 及布局形式

12.8　SIP 封装电容

PCB 设计中，电容会放在 FPGA 器件的同层尽量靠近电源引脚的位置或 FPGA 的 PCB 背面的 BGA 区域，但由于芯片由封装引出，如能在芯片封装前就加入电容则效果会更好，在 IC 封装中放置电容时尽量靠近芯片的电源引脚。如图 12-20 为某 IC 封装内部及在 BGA 封装背面放置电容的效果图。这种在 IC 封装内部加电容的想法固然好，然而在 IC 封装方案及设计阶段就必须确认，由于封装的空间限制多加电容也不太现实。

图 12-21 为 CPU 封装背面使用电容的实例。

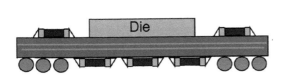

图 12-20　封装电容使用示意图

图 12-21　CPU 封装上电容放置形式

12.9　电容在设计中的选择与注意事项

产品设计中电容的选择及使用可参考下面的建议：

（1）选体积小、容量大的电容。

（2）保证容值符合降额的需求。

（3）电容离作用器件尽量近。

（4）引脚电感最小化。

（5）PCB 设计上的电容放置与布线的考虑。

（6）铝电解电容分正负极，不得加反向电压和交流电压，对可能出现反向电压的地方应使用无极性电容。

（7）对需要快速充放电的地方，不应使用铝电解电容，应选择特别设计的具有较长寿命的电容。

（8）不应使用过载电压。

● 直流电压与纹波电压叠加后的峰值电压低于额定值。

● 两个以上电解电容串联时要考虑使用平衡电阻器，使得各个电容上的电压在其额定的范围内。

（9）设计电路板时，应注意电容防爆阀上端不得有任何线路，并应留出 2mm 以上的空隙。

（10）电解液主要化学溶剂及电解纸为易燃物，且电解液导电。当电解液与 PCB 接触时，可能腐蚀 PCB 上的线路，以致生烟或着火。因此在电解电容下面不应有任何线路。

（11）设计线路板时应确认发热元器件不靠近铝电解电容或者在电解电容下面。

（12）在布局时电容应离对应的电源引脚最近。

● 对于 TTL 及 ECM 逻辑器件，其参考电压是地，因而电容应靠近这些逻辑器件的接地 PIN。

● 对于 CMOS 器件，其参考电压为典型的高低电平的一半，因而电容在这些电路中应放在电源与地的等距处。

（13）除以上这些因素外，还需考虑价格、采购周期、稳定的供货量、付款合同等方面。

第13章 电容建模与测试

电容仿真模型是 PI 仿真过程非常核心的部分，模型的准确性决定了仿真结果的准确性。在应用层面，只要模型正确，即使不同的工程师运用不同的 PI 仿真工具，只要按软件流程操作得当，所得的 PI 仿真的结果也应不会有很大的问题。因此电容的模型及电流源模型是 PI 仿真的两个关键要素，学会如何测试电容的 S 模型及模型转换是每一个信号完整性仿真工程师必备的技能。本章将主要讲述电容的 S 参数模型测试方法，同时还涉及所用测试夹具的设计等内容。

13.1 电容 S 参数模型测试夹具设计

通常使用 VNA（矢量网络分析仪）测试电容 S 参数，而被测试的对象与环境不同，VNA 的校准方法也不尽相同。最常用的有 SOLT 标准、TRL 标准、TRM 标准等。

1. SOLT 校准

SOLT 校准即短路-开路-负载-直通校准，这类校准配上仪器的电子校准件时操作方便，测量准确度跟标准件的精度有很大关系，一般适合于同轴环境测量，其校准是经过测量一个传输标准件和三个反射标准件来决定 12 项误差模型，测试示意图如图 13-1 所示。

12 项误差模型如图 13-2 所示，由于网络分析仪是两个端口分别激励，所以划分成两个系统误差模型，上面的为正向误差模型，下面的为反向误差模型，中间 S 开头的部分代表的是被测网络的 S 参数。

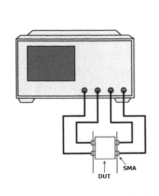

图 13-1 SOLT 测试示意图

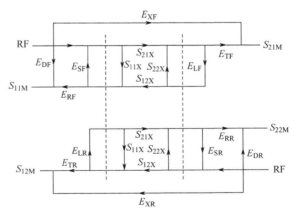

图 13-2 12 项误差模型

12 项误差模型定义如下：

- E_{DF}、E_{DR}：方向性误差；

- E_{XF}、E_{XR}：隔离度误差；
- E_{SF}、E_{SR}：等效源匹配误差；
- E_{LF}、E_{LR}：等效负载匹配误差；
- E_{TF}、E_{TR}：传输跟踪误差；
- E_{RF}、E_{RR}：反射各种误差。

第二个下标中的"F"代表正向激励（Forward），"R"代表反向激励（Reverse）。

对于 12 项误差参数和被测网络（S_{11X}，S_{21X}，S_{12X}，S_{22X}）及实际测试值（S_{11M}，S_{21M}，S_{12M}，S_{22M}），根据 Mason 法则得到如下关系：

$$S_{11M} = f(E_{DF}, E_{RF}, E_{LF}, E_{SF}, S_{11X}, S_{21X}, S_{12X}, S_{22X})$$
$$S_{21M} = f(E_{XF}, E_{TF}, E_{SF}, E_{LF}, S_{11X}, S_{21X}, S_{12X}, S_{22X})$$
$$S_{22M} = f(E_{DR}, E_{RR}, E_{LR}, E_{SR}, S_{11X}, S_{21X}, S_{12X}, S_{22X})$$
$$S_{12M} = f(E_{XR}, E_{TR}, E_{SR}, E_{LR}, S_{11X}, S_{21X}, S_{12X}, S_{22X})$$

在 SOLT 校准过程中 LOAD、SHORT、OPEN、THROUGH 标准件参数已知，且被测时有以下关系：

- 两个端口接 OPEN 校准件，则 $S_{11X}=S_{22X}=1$，$S_{21X}=S_{12X}=0$；
- 两个端口接 SHORT 校准件，则 $S_{11X}=S_{22X}=-1$，$S_{21X}=S_{12X}=0$；
- 两个端口接 LOAD 校准件，则 $S_{11X}=S_{22X}=0$，$S_{21X}=S_{12X}=0$；
- 两个端口接 THROUGH 标准件，则 $S_{11X}=S_{22X}=0$，$S_{21X}=S_{12X}=1$。

测试时将已知条件代入关系式中一共可以得到 12 个方程，这样就可以求解出未知的 12 项误差参数。

有了 12 项误差参数后，在测试时就可以反推计算出被测网络（S_{11X}，S_{21X}，S_{12X}，S_{22X}）的值，即校准后显示在仪器屏幕上的 S 参数。

2. TRL 校准

TRL 是 Through-Reflect-Line 的缩写，TRL 校准件有三种类型：

- THR：直通校准件；
- REFLECT：反射校准件；
- LINE：延时线校准件。

它通过测量两个传输标准件和一个反射标准件来决定 10 项误差模型或 8 项误差模型（取决于所用网络分析仪的接收机结构）。TRL 校准是一种较精确的校准方式，在大多数的场合中比 SOLT 校准准确且适用于网络分析仪的非同轴测试，如 PCB 表贴器件、晶圆上芯片的测量等，因而本章以 TRL 校准方式的电容测试夹具设计为基础，详细介绍电容 S 参数模型夹具的设计过程。

TRL 校准的误差网络 A/B 同 SOLT 一样可以用 12 项误差参数模型来表示。由于 E_{XF}、E_{XR}（隔离度误差）通常很小，在−70dB 以下，为了简化模型可以不修正这两项，即误差模型变成了 10 项。另外，E_{SF}（前向源匹配误差）和 E_{LR}（后向负载匹配误差）、E_{SR}（后向源匹配误差）和 E_{LF}（前向负载匹配误差）由于切换开关不理想导致的不相等可以通过合适的方法消除，使 $E_{SF}=E_{LR}$，$E_{SR}=E_{LF}$，这样误差参数就简化成了 8 项，如图 13-3 所示。

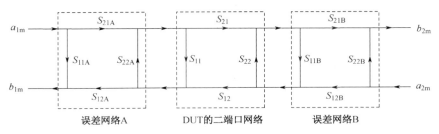

图 13-3 简化后的 8 项误差模型

假设误差网络 A/B 的参数为（S_{11A}，S_{21A}，S_{12A}，S_{22A}）及（S_{11B}，S_{21B}，S_{12B}，S_{22B}），则它们和 8 项误差参数有如下关系：

$$S_{21A}=S_{12A}=E_{RF} \qquad S_{12B}=S_{21B}=E_{RR}$$

$$S_{11A}=E_{DF} \qquad S_{22B}=E_{DR}$$

$$S_{22A}=E_{SF}=E_{LR} \qquad S_{11B}=E_{SR}=E_{LF}$$

$$S_{21A}=S_{21B}=E_{TF} \qquad S_{12A}=S_{12B}=E_{TR}$$

DUT 参数（S_{11}，S_{21}，S_{12}，S_{22}）及实际测试参数（S_{11M}，S_{21M}，S_{12M}，S_{22M}），再加上误差网络参数（S_{11A}，S_{21A}，S_{12A}，S_{22A}）及（S_{11B}，S_{21B}，S_{12B}，S_{22B}），可以得到如下关系式：

$$S_{11M}=f（S_{11A}，S_{21A}，S_{12A}，S_{11B}，S_{11}，S_{21}，S_{12}，S_{22}）$$

$$S_{22M}=f（S_{22A}，S_{21B}，S_{12B}，S_{22B}，S_{11}，S_{21}，S_{12}，S_{22}）$$

$$S_{21M}=f（S_{21A}，S_{21B}，S_{21}）$$

$$S_{12M}=f（S_{12A}，S_{12B}，S_{12}）$$

只要建立已知的校准件并进行测试就可以得到一系列独立的方程，进而求解出误差网络参数完成校准。与 SOLT 校准件由仪器厂家提供不同，TRL 的校准件需要用户自己设计，下面会详细介绍 TRL 校准件的设计过程。

3．TRL 校准件设计要求与注意事项

TRL 校准件的设计有许多技巧，为了设计好 TRL 校准件，在设计过程中应遵循下面的要点。

1）Thru 直通标准件：[S_{11}，S_{12}，S_{21}，S_{22}]

- 电气长度为 0 时，S_{21}=0dB，匹配尽量做得好。
- 电气长度不为 0 时，具体值需要知道，阻抗＝Line 的阻抗；因为它用作参考测量面，测量面应位于直通标准件的中间，Reflect 反射标准件：$S_{11}=S_{22}=\cdots=S_{nn}$。

即电气长度为 0 时，无损耗，无反射，传输系数为 1；电气长度不为 0 时，直通标准件的特性阻抗必须和延迟线标准件相同，无须知道损耗，如果用作参考测量面，电气长度具体值必须知道，同时，如果此时群时延设为 0，则参考测量面位于直通标准件的中间。

2）Reflect 反射标准件：$S_{11}=S_{22}=\cdots=S_{nn}$

- 反射系数的相位最好在±90°以内，幅值接近于 1。
- 所有端口上的反射系数必须相同，用作参考测量面时，相位响应必须知道。

3）Line 延迟线标准件：S_{11}、S_{22}

- 延迟线的特性阻抗作为测量时的参考阻抗，系统阻抗定义与延迟线系统阻抗一致。

- 延迟线和直通之间的相位差在 20°～160° 之间（或者-20°～-160°），最优值一般取 $\frac{\lambda}{4}$，需要根据被测件设计 TRL 校准件。

- 当 $F_{stop}/F_{start}>8$ 时，需使用一条以上的延长线，以便覆盖整个频率范围。

- 当频率太高时，$\frac{\lambda}{4}$ 的延迟线物理尺寸较短，不易制作；此时最好选择非 0 长度的直通，利用延迟线和非 0 直通的差值，来增大延迟线的物理尺寸。

4）TRL 标准件设计注意事项

- 如果是基于 PCB 设计 TRL 校准件，则 PCB 上连接头的一致性要好，同时插损要低。
- 反射标准件最好采用开路标准件，尽管存在边缘电容效应，但实现起来比短路件容易。
- 延迟线的相位跟相速、频率、有效介电常数有关。
- 设计时，最好多条延迟线频率范围有重叠，以保证能够覆盖整个频率范围。

5）TRL 延迟线长度、延迟时间及插入相位的确定　根据 DUT 所需测量的频带范围及频率扫宽/起始频率小于 8∶1 的设计规则，将频段划分为多个子频段：【f_1～f_2】，【f_2～f_3】，…，【f_n～f_{n+1}】，共中 $n\leqslant8$ 且 $n\geqslant1$。

4. TRL 校准件设计过程

以 TU-872 SLK 为材料设计一个测试表贴电容 S 参数的 TRL 校准件，测试频率范围为 300kHz～6GHz（使用 E5071C 网络分析仪），TU-872 SLK 板材的介电常数取 3.72，电容两端每边 PCB 走线长度为 0.5in。TU-872 SLK PCB 板材的主要参数表如表 13-1 所示。

表 13-1　TU-872 SLK PCB 板材的主要参数表

Thin core Standard Construction List

Nominal Thickness		Standard Construction	Remarks	Dk@					Df@				
(mils)	(mm)			1MHz	1GHz	2GHz	5GHz	10GHz	1MHz	1GHz	2GHz	5GHz	10GHz
2.0	0.05	1067x1	premium, better DS	3.83	3.61	3.44	3.44	3.42	0.0077	0.0083	0.0085	0.0086	0.0090
2.0	0.05	106x1	1st choice	3.75	3.51	3.33	3.34	3.32	0.0079	0.0085	0.0086	0.0087	0.0091
2.5	0.06	1067x1	premium, better DS	3.73	3.48	3.30	3.31	3.29	0.0079	0.0086	0.0087	0.0088	0.0091
2.5	0.06	1080x1	1st choice	4.01	3.80	3.66	3.65	3.62	0.0074	0.0080	0.0081	0.0083	0.0088
3.0	0.08	1078x1	premium, better DS	3.90	3.68	3.52	3.52	3.50	0.0076	0.0082	0.0083	0.0085	0.0089
3.0	0.08	1080x1	1st choice	3.90	3.68	3.52	3.52	3.50	0.0076	0.0082	0.0083	0.0085	0.0089
3.5	0.09	3313x1	1st choice	4.18	4.00	3.88	3.87	3.82	0.0071	0.0076	0.0077	0.0081	0.0087
4.0	0.10	3313x1	1st choice	4.07	3.88	3.74	3.73	3.70	0.0073	0.0078	0.0080	0.0082	0.0088
4.0	0.10	1067x2	premium, better DS	3.83	3.61	3.44	3.44	3.42	0.0077	0.0083	0.0085	0.0086	0.0090
4.0	0.10	106x2	2nd choice	3.75	3.51	3.33	3.34	3.32	0.0079	0.0085	0.0086	0.0087	0.0091
4.5	0.11	2116x1	1st choice	4.17	3.99	3.86	3.85	3.81	0.0071	0.0076	0.0078	0.0081	0.0089
4.5	0.11	3313x1	2nd choice	3.98	3.78	3.63	3.63	3.60	0.0074	0.0080	0.0081	0.0084	0.0089
5.0	0.13	2116x1	1st choice	4.09	3.90	3.77	3.76	3.72	0.0072	0.0078	0.0079	0.0082	0.0088
5.0	0.13	1078x2	1st choice	4.01	3.80	3.66	3.65	3.62	0.0074	0.0080	0.0081	0.0083	0.0088
5.0	0.13	1080x2	2nd choice	4.01	3.80	3.66	3.65	3.62	0.0074	0.0080	0.0081	0.0083	0.0088
6.0	0.15	1078x2	1st choice	3.90	3.68	3.52	3.52	3.50	0.0076	0.0082	0.0083	0.0085	0.0089
6.0	0.15	1080x2	2nd choice	3.90	3.68	3.52	3.52	3.50	0.0076	0.0082	0.0083	0.0085	0.0089
7.0	0.18	3313x2	1st choice	4.18	4.00	3.88	3.87	3.82	0.0071	0.0076	0.0077	0.0081	0.0087
8.0	0.20	3313x2	1st choice	4.07	3.88	3.74	3.73	3.70	0.0073	0.0078	0.0080	0.0082	0.0088
10.0	0.25	2116x2	1st choice	4.09	3.90	3.77	3.76	3.72	0.0072	0.0078	0.0079	0.0082	0.0088
15.0	0.38	2116X3	1st choice	4.09	3.90	3.77	3.76	3.72	0.0072	0.0078	0.0079	0.0082	0.0088

本夹具设计为微带线，由于校准件的设计需要用到有效介电常数，因而需要进行有效介电常数的转换。计算有效介电常数常用的工具很多，这里使用 ADS 软件自带的一款小插件。

计算有效介电常数步骤如下：

（1）在 ADS 软件组件中找到 Linecalc ![Linecalc] 组件，单击工具启动。

（2）在出现的界面中填入数据。

这里取 DATSHEET 中 10GHz 时的 Dk=3.72，Df=0.0088 的数据，代入下面"Substrate Parameters"栏中的对应项，其他设置参考图 13-4。设计校准件时，走线的阻抗值设为 50Ω。

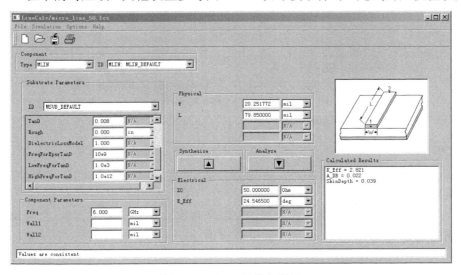

图 13-4　Linecalc 数据设置

（3）单击 Analyze 对应的按钮 ![▼] 。

运行结果如图 13-4 中右下角所示，得到的有效介电常数的值 K_Eff=2.821。

5. TRL 计算

在 PCB 设计前，需要根据实际的测试环境先确定 TLR 校准件校准线的长度，这个过程可以通过一个小软件工具（ADS 提供的一个基于 Excel 的计算工具 TRLCal）完成。

电容测试夹具设计时测试两端的 PCB 走线长都分别为 0.5in。电容测试时的频率范围设计为 0～6GHz，三根线 LINE 使用 5 倍的频率比例，相位在 30°～150°的范围内，通过下面的计算，可以得到 LOAD 的频率为 48MHz。

（1）启动 TRL 计算小软件后，出现如图 13-5 所示的界面。

（2）在界面中单击 ![Calculate Line Lengths from Frequencies] 按

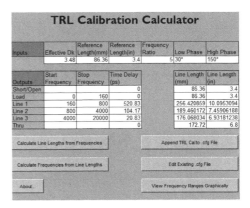

图 13-5　TRL 校准件计算界面

钮，出现图 13-6 所示界面。按照图 13-6 所示输入相应的数据。

（3）单点击【OK】按钮，软件自动计算得到 TRL 夹具各线段的长度，如图 13-7 所示。

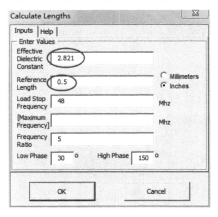

图 13-6　Load Stop Frequency 计算

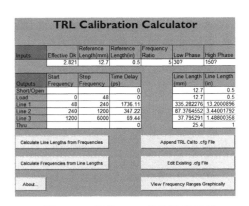

图 13-7　最终 TRL 各校准线长度

6. 校准件原理图

根据以上的计算结果，参考下列原理图线段所标的参数，即可在 PCB 上实现布局布线并生产出所需的测试夹具。

图 13-8 所示为 SMA 头加上上面计算的校准件布线长度，根据实际情况及测试范围不同选取不同带宽的 SMA 头。

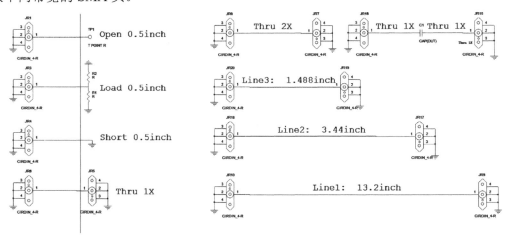

图 13-8　校准件原理图

13.2　电容 S 参数 RLC 拟合

工程上很多时候需要知道某电容的等效 $R/L/C$，使用 S 参数模型拟合是一个不错的方法。对于普通的陶瓷电容，当电容 S 参数曲线谐振点两边曲线比较平滑时，只使用一级 RLC 即可完美拟合出结果；对电容模型 S 参数谐振点两边曲线不平滑的情况，可能需要使用多级

RLC（可以参考作者《华为研发 14 载：那些一起奋斗过的互连岁月》一书中相应的原理图）或其他复杂的 SPICE 子电路才能拟合出比较一致的结果。

13.3　电容 S 参数模型测试方式

电容的 S 参数模型分串、并联两种，在 PI 软件中调用它们时需要注意，一般 PI 软件可以让客户选择连接方式，如软件不提供相应方式的模型，则需要对模型进行串并转换。

电容并联测试连接方式如图 13-9 所示。

Sigrity PI 仿真软件在发装时都带有厂商提供的电容各类 S 参数模型，具体的位置为：…\share\library\decap

图 13-9　电容并联测试连接方式

library\TAIYO_YUDEN\TAIYO_YUDEN_Capacitors\UMK063BJ101 _P.s2p。前面 "…" 代表软件安装的不同路径。

13.4　电容 S 参数模型

图 13-10 所示是 Sigrity 软件包含的电容供应商所提供的 S 参数模型 UMK063BJ101_P.s2p 的部分详细内容。

```
UMK063BJ101_P.s2p - Notepad
File  Edit  Format  View  Help
! UMK063BJ101_P    S-PARAMETER MODEL  ( General Type )
!----------------------------------------------------------------
! Model Generated by TAIYO YUDEN Corporation (http://www.ty-top.com)
! Version 1.0
! TAIYO YUDEN Control No. 120809
!----------------------------------------------------------------
!
! Products Name : High Value Multilayer Ceramic Capacitors(High Dielectric Type)
!
! Characteristics :
!     Capacitance : 100 pF , Rated Voltage : 50V , TCC : B / X5R
!     Case Size : 0.6 x 0.3 / 0.024 x 0.012 [mm/inch] , Thickness : 0.3 / 0.012 [mm/inch]
!     (Conditions: Temperature = 25 degC , DC Bias Current/Voltage = 0A / 0V)
!
! External Node Assignments :
!
!  1  o---| |---o 2
!
! GND o---------o GND
!
!----------------------------------------------------------------
! Frequency Range : 0.00004MHz  -  3000MHz   [ 401 STEP ]
# MHz S RI R 50
! Freq[MHz].   S11 Real    S11 Imag    S21 Real    S21 Imag    S12 Real    S12 Imag    S22 Real    S22 Imag
   0.000040  0.999999990 -0.000002362 0.000000010  0.000002362 0.000000010  0.000002362 0.999999990 -0.000002362
   0.000042  0.999999989 -0.000002472 0.000000011  0.000002472 0.000000011  0.000002472 0.999999989 -0.000002472
   0.000044  0.999999989 -0.000002586 0.000000011  0.000002586 0.000000011  0.000002586 0.999999989 -0.000002586
   0.000046  0.999999989 -0.000002706 0.000000011  0.000002706 0.000000011  0.000002706 0.999999989 -0.000002706
   0.000048  0.999999988 -0.000002832 0.000000012  0.000002832 0.000000012  0.000002832 0.999999988 -0.000002832
   0.000050  0.999999988 -0.000002964 0.000000012  0.000002964 0.000000012  0.000002964 0.999999988 -0.000002964
   0.000053  0.999999988 -0.000003100 0.000000012  0.000003100 0.000000012  0.000003100 0.999999988 -0.000003100
   0.000055  0.999999987 -0.000003245 0.000000013  0.000003245 0.000000013  0.00003245  0.999999987 -0.000003245
   0.000057  0.999999987 -0.000003395 0.000000013  0.000003395 0.000000013  0.000003395 0.999999987 -0.000003395
```

图 13-10　电容 S 参数模型内容

把上面的 S 参数通过谐振图形的方式显示，效果更直观，可直接读出谐振的频率值，从图 13-11 中可得到电容的谐振频率为 938MHz。

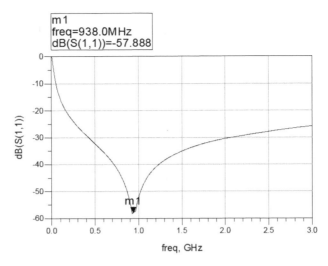

图 13-11　电容 S 参数图示效果

13.5　电容 RLC 拟合提取过程

电容的一级 RLC 可以简化成图 13-12 所示的 RLC 等效电路。对于普通的陶瓷电容，很多情况下使用图中的一级 RLC 就能与其 S 参数进行很好的拟合，从而实现从 S 参数提取等效 RLC 等效数值。

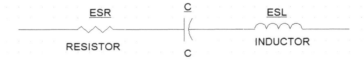

图 13-12　电容等效 RLC 电路

由电容的 S 参数提取等效一级 RLC 的方法很多，下面的方法基于软件 ADS 实现，所选取的电容 S 参数文件为 UMK063BJ101_P.s2p。

在 ADS 软件环境中构建电路图，具体构建电路图的步骤如下：

1）搭建原理图

（1）在图 13-13 所示的菜单中分别选取 R、L、C。包括下面提到的原理图中的其他元件，分别在图 13-13 的输入框中直接用键盘输入元件名即可，不用逐个查找。

（2）加入 S 参数电路项。如图 13-14 所示加入 SP 控件，Term。

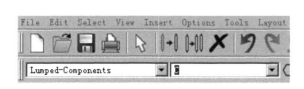

图 13-13　放置 R、L、C 元件

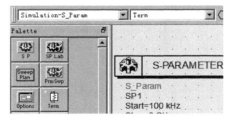

图 13-14　加入 SP 等控件

（3）加入 S2P 元件，如图 13-15 所示。

（4）加入变量控件。单击对应的图标 ，即可加入相应的变量元件。

（5）加入优化、目标控件。如图 13-16 所示分别加入 Optim 及 Goal。

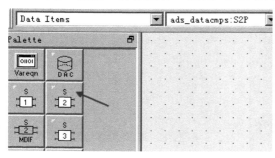

图 13-15　加入 S2P 元件

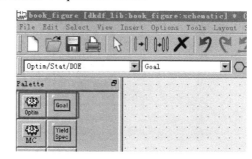

图 13-16　加入优化、目标控件

所用的部件完全加进来后，最终的原理图如图 13-17 所示。

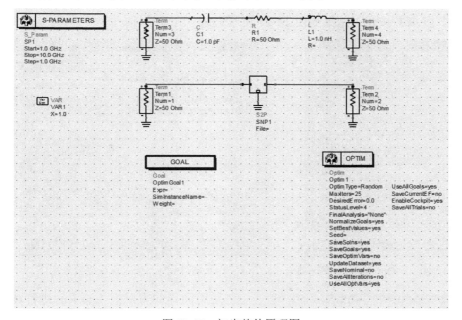

图 13-17　初步整体原理图

2）参数与变量设置

（1）设置三个变量 Cm、Rm、Lm。

①在原理图中单击 控件，在出现的界面中分别增加三个变量 Cm、Rm、Lm。先在 "Name" 输入框中写入 Cm，变量值中填入 0.05。然后单击【Add】按钮，如图 13-18 所示。

②单击 Tune/Opt/Stat/DOE Setup... 按钮，弹出如图 13-19 所示界面，在 "Tuning Status" 下拉菜单中选择 "Clear"。

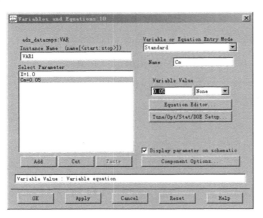 

图 13-18　加入变量　　　　　　　图 13-19　"Tuning Status"设置

"Optimization"选项卡如图 13-20 所示，按图中所示输入数据及勾选选项。
在"Optimization Status"中选择 Enabled，最小、最大值分别为 0.05 及 0.2。
③单击【OK】按钮，结果如图 13-21 所示。

 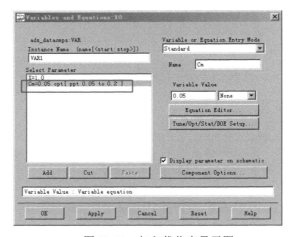

图 13-20　"Optimization"选项卡　　　图 13-21　加入优化变量示图

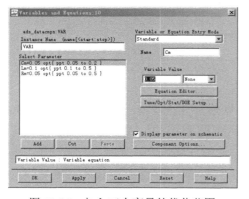

图 13-22　加入三个变量的优化范围

采用同样的方法对 Lm、Rm 进行相应设置，并删除多余的变量，变量设置完成后如图 13-22 所示。

Lm 最小、最大值分别为 0.1 及 0.5；Rm 最小、最大值分别为 0.05 及 0.5。

设置过程中，三个变量的范围越大，步长越短，则扫描的时间越长，当然后面也可以使用 TUNING 尝试寻找初始值的范围。

（2）将原理图上 R、L、C 值分别设置为对应的变量。如图 13-23 所示，双击电容元件后，在出现的如图 13-24 所示的界面中将 C 值改为 Cm 并选择相应的单位即可。注意，因为拟合的电容是 0.1nF，因而此处单位选为同一范围内的。

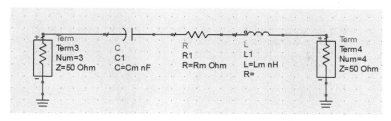

图 13-23　R、L、C 值设为变量

Lm、Rm 也同样设置。

（3）双击 S2P 控件，在出现的界面中选取 S 参数文件 UMK063BJ101_P.s2p，如图 13-25 所示。

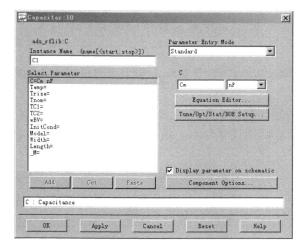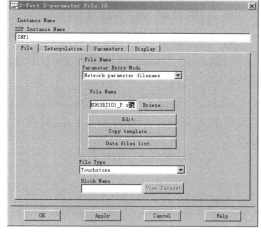

图 13-24　电容值设为变量　　　　　　图 13-25　选取 S 参数文件

3）加入优化项及优化目标值　本例的优化思路是：先把电容 S 参数的谐振曲线表示出来，根据电容的 S 参数曲线特点，在电容的 S 参数曲线上取三个点（容性点、谐振点、感性点），如图 13-26 所示，然后扫描 Rm、Lm、Cm 三个变量进行拟合，拟合的目标值是这三个点上两个曲线相减使它们的差值小于给定的值（±1）即可。

对原理图中的 GOAL 控件 GOAL 进行目标参数设置，范围误差值设置越大则越容易实现。一般是先用大的设置，再进一步设置小范围。

（1）设置 GOAL 控件。单击 GOAL 控件，在弹出的对话框"Expression"中输入 dB（S11）–dB（S33），回车后出现如图 13-27 所示的"Independent Variables"界面，单击【Add Variable】按钮，把自动输入的值改为"freq"，并单击【OK】按钮。对于输入的"freq"，后面可以单击 Indep. Vars.: freq　Edit... 按钮进行编辑及修改。

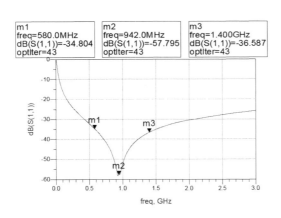

图 13-26　电容的 S 参数取三个拟合点

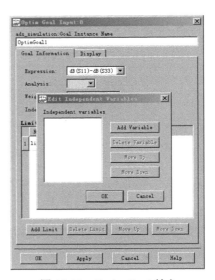

图 13-27　Optim Goal 输入

第一个目标范围设置值如图 13-28 所示。

说明：min、max 分别设置为–1 及 1，开始时设大些较易实现，实现后再设较小的值以实现精确设计。

Weight 的大小表示拟合的优先级，值设得越大优先级越高。

设置好第一个目标点后，后面的两个目标点同样设置即可。最后的设置结果如图 13-29 所示。

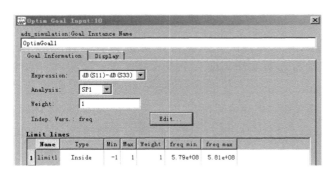

图 13-28　第一个目标范围设置值

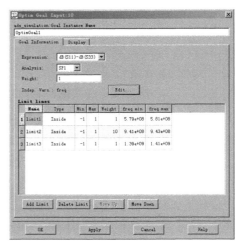

图 13-29　三个点设置完成参数图

（2）设置 OPTIM 控件。双击 OPTIM ，出现如图 13-30 所示界面，进行如下参数设置：Optimization Type ：Random；"OpGoal"选项卡：选上所有的目标；"OptVar"选项卡：选取所有变量；迭代次数：6400。

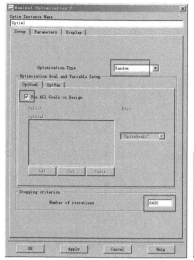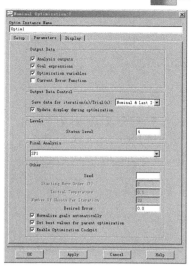

图 13-30　参数设置

完整的原理图如图 13-31 所示。

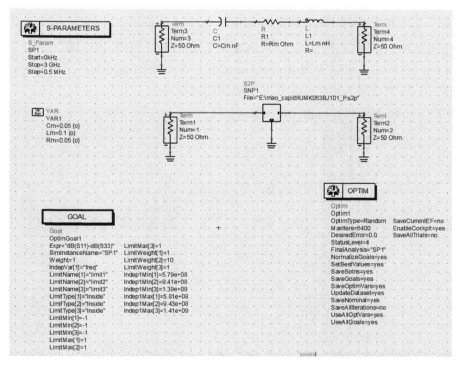

图 13-31　完整的原理图

（3）执行优化。以上参数设置完成后，单击图标 运行，看变量初始值下仿真得到的曲线图与目标曲线的差距。仿真结果如图 13-32 所示，右侧曲线为变量初始值下得到的曲线，左侧曲线为目标曲线，从图中可见 Rm、Lm、Cm 三个初始值没有优化前仿真得到的结果与目标位置差别较大。

有些电容的谐振频率较低，为了优化显示效果，X 轴使用 log 方式，设置的方法如   图 13-33 所示。

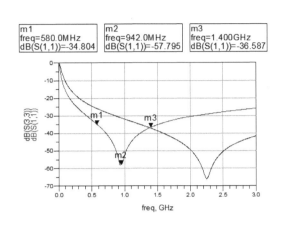

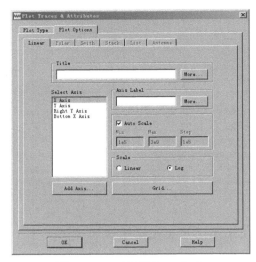

图 13-32　初始值与目标值的比较　　　　　　　　图 13-33　X 轴采用 log 方式

（4）优化过程。完成以上设置后，单击菜单上的【Optimize】按钮，执行优化处理。

在优化运行过程中，可以看到 Rm、Lm、Cm 三个参数的优化状态，从图 13-34 所示优化过程窗口可见每个点离优化目标差距的动态变化过程。

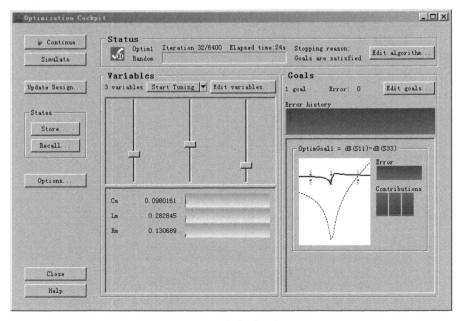

图 13-34　优化过程监测

对于图 13-34 右下角的效果图，可以通过下面的设置改变其显示的方式：单击　Options...

按钮，在弹出的如图 13-35 所示的界面中选取箭头所指的选项，找到自己喜欢的显示方式。

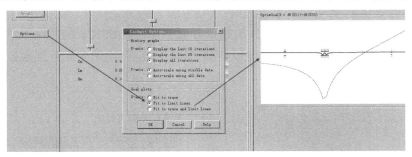

图 13-35　OPTIM 显示方式设置

（5）优化结果输出。最后的优化结果如图 13-36 所示。从图中可以看到优化的结果与参考曲线重合得非常完美，可见这个电容的 S 参数完全可以通过一级 RLC 拟合出来。

优化完成后，从图 13-37 所示软件运行监视窗口得到三个变量的值分别为：

Optimization variables：

Rm = 130.689e−03

Lm = 282.845e−03

Cm = 98.0161e−03

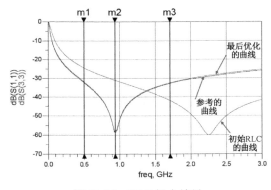

图 13-36　RLC 拟合结果

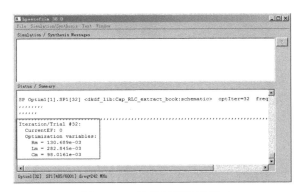

图 13-37　软件运行监视窗口

（6）数据更新到原理图。单击 Update Design... 按钮，可把拟合的三个参数更新到原理图对应的变量中，如图 13-38 所示。

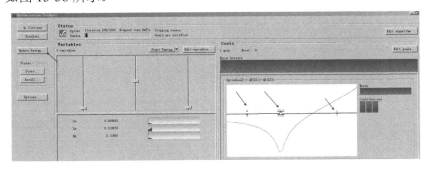

图 13-38　参数"Update Design"

原理图的变量更新后的结果如图 13-39 所示。

有些电容的 S 参数需要使用多级 RLC 才能拟合出较好的结果，如曲线更复杂，则可能多级 RLC 也拟合不出较满意的结果，此时需要专业软件输出 SPICE 的复杂子电路，如 Sigrity 的一个模块：Broadband SPICE（见图 13-40），这个工具可以将各类 S 参数完美转换为 HSPICE 网表的形式。

图 13-39　原理图的变量更新结果

图 13-40　Broadband SPICE

13.6　电容库调用时的连接方式设定

商用 PI 仿真软件一般会提供各种电容的各类模型，这些电容模型可能是串联、并联或 R、L、C 构成的网表类型，如图 13-41 所示，可以进行指定。

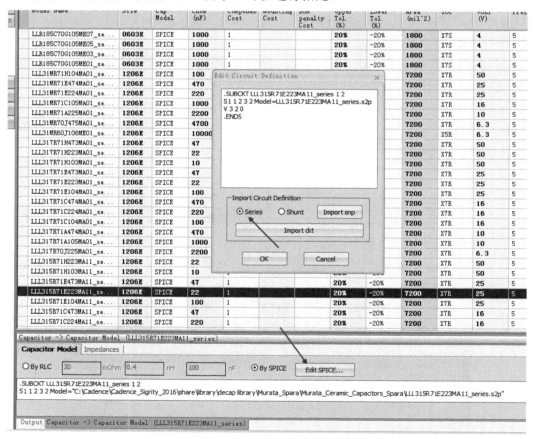

图 13-41　Sigrity 中指定电容模型连接方式

因而在使用电容模型时需要特别注意，如接错，仿真的结果也会出错。

13.7　常用电容等效 *R*、*L*、*C* 值及谐振表

使用以上 *R*、*L*、*C* 的拟合方法，对常用电容进行仿真后得到的自谐振频率及 *R*、*L*、*C* 值如表 13-2 所示，供工程设计时参考。

表 13-2　常用电容自谐振频率及等效 *R*、*L*、*C* 表

序号	电容 S 参数名称	封装	容值（μF）	拟合电阻（mΩ）	拟合电感（mH）	拟合电容（μF）	谐振频率（MHz）
1	LMK063BJ104_P.s2p	0201	0.1	21.1	323.0	7.74E−02	32
2	EMK105BJ104_V.s2p	0402	0.1	27.9	505.3	8.48E−02	24.5
3	UMR107B7104_A.s2p	0603	0.1	19.6	653.4	8.88E−02	20.5
4	UMR212B7104_G.s2p	0805	0.1	16.3	827.6	9.61E−02	18
5	TMK063BJ103_P.s2p	0201	0.01	50.1	306.0	9.21E−03	95.5
6	UMK105BJ103_V.s2p	0402	0.01	69.1	352.4	9.51E−03	86
7	HMK107BJ103_A.s2p	0603	0.01	71.7	712.8	9.96E−03	58.5
8	QMK212BJ103_G.s2p	0805	0.01	61.7	814.8	9.87E−03	55.5
9	UMK063BJ102_P.s2p	0201	0.001	185.2	293.5	9.38E−04	310.5
10	UMK105B7102_V.s2p	0402	0.001	194.8	477.7	9.71E−04	237
11	HMK107BJ102_A.s2p	0603	0.001	319.7	865.3	9.35E−04	180.5
12	QMK212BJ102_D.s2p	0805	0.001	260.4	889.1	9.44E−04	180.5

选取 Sigrity 软件自带的电容 S 参数模型进行 RLC 拟合，由于模型的一致性及拟合所设精度的原因，拟合时电容的值有些会有少许变化，但是不影响总的趋势及规律，读者在使用时也可以根据上面提供的方法自行拟合其他电容。

所用电容在 cadence 安装路径下：...\share\library\decap library\TAIYO_YUDEN\ TAIYO_YUDEN_Capacitors\。

拟合时的读取数据效果如图 13-42 所示。

选取 0201/0402/0603/0805 共四类电容，每类电容分别取 0.1μF/0.01μF/0.001μF 共 12 个电容进行 *R*、*L*、*C* 参数的拟合。

由表 13-2 的结果可见，对于普通的表贴陶瓷电容，同容值的电容在封装变大时谐振频率会变小。

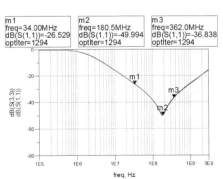

图 13-42　RLC 拟合效果与数据提取

第14章 PI仿真平台电容模型高效处理

*免责声明

本书免费附送的工具软件均为作者自行开发，仅供大家做研究、学习使用，请不要用于商业用途。软件的相关信息是最初发布的信息，如有更改，可以关注 www.eda365.com 或"amao_eda365"微信公众号上的通知，程序可以在论坛网址：http://www.eda365.com/forum-293-1.html 下载。使用该软件的风险需由使用者自行承担。程序没经大范围测试，在使用中如有问题请在网站上提出，作者会及时处理。

14.1 背景

目前市面上的 PCB 设计软件琳琅满目，不同 EDA 软件商之间的 PCB 设计文件由于数据结构及保密等原因，很难做到不同的 PCB 设计文件相互间无缝转换，即使通过一些方法转换了也总存在着不确定的瑕疵或遗漏一些信息，这些需要手工进一步处理。

使用 Sigrity PI 仿真平台时，若 PCB Layout 设计原文件所用的软件为 Cadence 的 Allegro PCB，由于它们是同一家公司的产品，在后台上的数据传递可以做到无缝连接，只要 PCB 设计上按要求规范操作及设置，PCB 上的电容等器件属性就可以正确地传到 Sigrity PI 仿真平台中，这种同一个平台的 PCB 设计文件在 PI 仿真时的效率很高。

但当 Sigrity PI 仿真平台调入其他 EDA 厂商设计的 PCB 原文件时，Sigrity 会提供适用于不同厂家的多种接口，如图 14-1 所示。

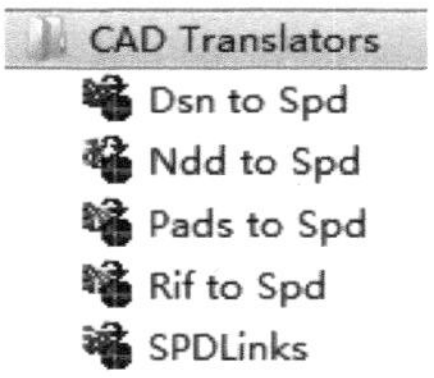

虽然提供了这些接口，但很多情况下，由于 PCB 设计文件不规范及格式设置的变化，转换过的文件还有很多地方需要进行小的修改，更头痛的是 PCB 调过来后电容封装相同而容值不同的情况在 Sigrity 中会出现模型值不正确的问题，这时需要在 Sigrity 中手工逐个处理电容的仿真模型，此过程需要花费较多的时间

图 14-1 Sigrity 与其他 EDA 软件的接口

且特别容易出错。

因而寻找一种不受限的 PCB 设计平台及版本，可以完美并方便地调入不同的 EDA 厂商 PCB 设计文件到 Sigrity PI 仿真平台的方法成了大家共同寻找的目标。作者经过探索找到了一个较为快捷、有效的方法，经过多个项目的验证后，最后发现使用这个方法可以用 Sigrity PI 仿真平台完美导入其他 EDA 软件商的 PCB 设计文件并且正确地给电容模型。当然以上方法还适用于电容以外的其他元件，如电阻、电感、IC 等，赋上便于区分的标识即可。

下面对电容模型高效处理思路及操作进行简单介绍。

（1）所有主流的 PCB 设计软件均有 ODB++输出接口。

（2）对输出的 ODB++文件根据 BOM 编码运用自开发小软件工具处理，转换成 Sigrity PI 平台识别的文件格式。

（3）在 Sigrity PI 平台上使用 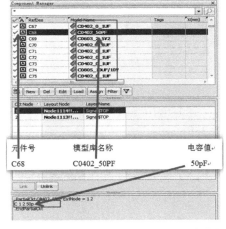SPDLinks 调入处理过的 ODB++文件进行转换即可。

14.2　处理 ODB++文件小软件工具使用

本软件为作者开发并随书附送的一个免费小程序。在使用软件时需要注意一些事项。

1. 小软件运行前的准备

1）待仿真 PCB 的 BOM 文件　此文件每行为 3 列（最后一列电容值也可以为空，此时就为两列，字段间使用空格或 Tab 作为分隔）。格式如下：

元件号	模型库名称	电容值
C68	**C0402_50PF**	**50pF**

注意：容值的单位及大小写等需要遵守 PowerSI 软件的约定。

这 3 列所对应的 Sigrity PI 仿真平台上的部分如图 14-2 所示。

2）PCB 软件输出的 ODB++文件　输出的 ODB++文件一般是压缩文件，需要先行解压（如是.tgz 后缀文件可以使用 rar 进行解压）。所有的 ODB++文件中都存在两个 components 文件，所在目录为…\layers\comp_+_bot 及…\layers\comp_+_top（前面的目录可能路径不同，但这两级目录的路径都是一样的）。

有些软件输出的 components 文件被压缩了，如图 14-3 所示。如果 components 文件被压缩了，需要在其对应的目录下先将其解压出来（解压后经小软件工具处理后不用再把 components 进行压缩了）。

经小软件工具处理完后，把整个 ODB++的目录压缩为 ZiP 文件供 Sigrity 调用转换即可。

图 14-2　BOM 文件与调入平台后对应的值

图 14-3　components 解压

2. 小软件使用步骤

（1）双击运行 pi_lib_assign_V1.exe。

（2）在紧接着出现的如图 14-4 所示的界面中单击 选取元件列表文件 按钮选上 BOM 文件，单击 选取 ODB++ 文件 按钮选取 ODB++相应目录中的 components 文件。

只需选定\comp_+_top 或 comp_+_bot 两者任一个目录中的 components 文件即可（软件会自动处理两个目录下的文件）。

单击 Apply 按钮，程序处理完后，把 ODB++整个目录压缩为 zip 文件即可。

14.3 Sigrity 调入处理过的 ODB++文件

以上程序处理完后的 ODB++文件，可以在 Sigrity 中调入。

（1）启动程序 SPDLinks SPDLinks。

（2）出现如图 14-5 所示界面，并选上 ODB++文件（小软件处理后并压缩的 zip 文件）。

图 14-4　小软件工具界面　　　　　　图 14-5　Sigrity ODB++转换界面

（3）单击 Settings 按钮，选取如图 14-6 中的选项"Use'component code'as Component Model Names"。

（4）单击 Translate 按钮完成 SPD 文件的转换。

（5）转换完成后打开的 SPD 文件如图 14-7 所示。

由图 14-7 可见，"Model Name"及"值"都已被处理过了。

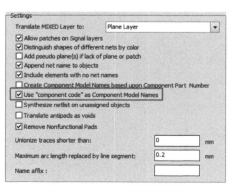

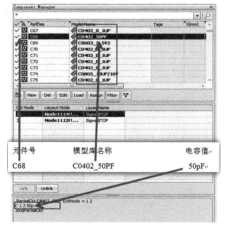

图 14-6　ODB++转换界面 2　　　　　　图 14-7　处理后的效果

14.4　BOM 处理技巧

输入文件规范化是流程重要的一个环节，但由于不同公司的设计习惯、水平、理解、规范要求等不同，一般较小的公司很难做到输入文件的规范化，即使提供 BOM 文件，也是形式多样有很大的随意性，需要花较多的时间进行确认及修改，以便进行下一步的处理。

针对这种情况，本书提供了另一个辅助程序"BOM_translate_V1.exe"，用于对各类不规范的 BOM 进行处理，并转化成程序"pi_lib_assign_V1.exe"的输入文件，使文件格式化并提高效率。

1. 小辅助工具的使用说明

如图 14-8 所示是客户提供的原始 BOM 材料，从图中可见第二列相同封装的电容第三列的值不一样，这样在 Sigrity 转成 SPD 文件时，对应的电容值会不对。如果把第二列与第三列合并成新的一列来替换第二列，这样处理后在 Sigrity 转成 SPD 文件时在模型列就很容易区分同一个封装而容值不同的电容。

C	D	E
C2,C311,C312,C313,C314,C315,C330,C331,C332,C333,C334,C346,C348,C349,C350,C351,C358,C359,C360,C387,C388,C389,C390,C391	C0402	47nF
C6,C79,C82,C98,C101,C127,C130,C139,C142,C226,C230,C233,C236	C1206	47uF/6.3V
C7,C80,C83,C99,C102,C107,C128,C131,C140,C143,C149,C227,C231,C234,C237,C257,C258,C259,C260,C261,C262,C263,C264,C265,C266,C267,C268,C269,C270,C271,C272,C273,C274,C275,C276,C277,C278,C279,C280,C281,C282,C283,C284,C285,C286,C287,C288,C322,C323,C324,C325,C336,C337,C338,C339,C340,C352,C353,C354,C365,C366,C367,C368,C369,C370,C417,C434,C452,C460,C462	电容值 C0402	47uF/10V
C8,C81,C84,C100,C103,C129,C133,C141,C144,C228,C232,C235,C238,C289,C290,C297,C298,C299,C300,C326,C327,C328,C329,C341,C342,C343,C344,C345,C355,C356,C357,C371,C372,C373,C374,C375,C376	C0402	0.47uF
C13,C88,C123,C157,C158,C535	C0402	0.01uF
C15,C17,C468,C487,C488,C489,C490,C491,C492,C493,C503,C504,C505,C506	C0402	1uF/6.3V
C16,C18	C0402	470pF
BT1	BK-879	BK-879

图 14-8　客户提供的示图

在 Excel 表格中插入一列，把图 14-8 中的 D 列及 E 列合并在一起。具体的 Excel 操作过程很简单，只要在新列中使用公式"=D1&"_"&E1"即可，并以值的方式复制覆盖，结果如图 14-9 所示。

B		C	D	E	F
	24	C2,C311,C312,C313,C314,C315,C330,C331,C332,C333,C334,C346,C348,C349,C350,C351,C358,C359,C360,C387,C388,C389,C390,C391	C0402_47nF	47nF	C0402
	13	C6,C79,C82,C98,C101,C127,C130,C139,C142,C226,C230,C233,C236	C1206_47uF/6.3V	47uF/6.3V	C1206
	70	C7,C80,C83,C99,C102,C107,C128,C131,C140,C143,C149,C227,C231,C234,C237,C257,C258,C259,C260,C261,C262,C263,C264,C265,C266,C267,C268,C269,C270,C271,C272,C273,C274,C275,C276,C277,C278,C279,C280,C281,C282,C283,C284,C285,C286,C287,C288,C322,C323,C324,C325,C336,C337,C338,C339,C340,C352,C353,C354,C365,C366,C367,C368,C369,C370,C417,C434,C452,C460,C462	C0402_4.7uF/10V	4.7uF/10V	C0402

图 14-9　快速增加容易标识列

上面的操作完成后，在 Excel 中只保留如下的三列并保持如图 14-10 所示的列顺序，要求这页必须放在第一页的位置（即放在最左边），供小辅助工具程序使用。

图中的电容可以写成连续的方式，如 C1-C100、C1～C100 等，程序会自动处理，逐个分开。

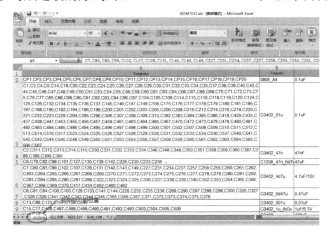

图 14-10　对原 BOM 简单修改处理

2.　小辅助工具程序运行

小辅助工具程序运行需要如下的条件：

- 必须是 Microsoft Office，不支持 WPS；
- 待处理的 BOM 必须放在 Excel 中的第一页。

（1）双击运行 BOM_translate_V1.exe

（2）在出现的界面中选上前面处理过的 Excel 格式 BOM 文件，如图 14-11 所示。

（3）单击【Apply】按钮，即在当前目录生成一个 reflist.txt 文件。文件内容如图 14-12 所示，这个文件可以供给上一个小软件工具"pi_lib_assign_V1.exe"使用。

图 14-11　程序 BOM_translate_V1.exe 界面

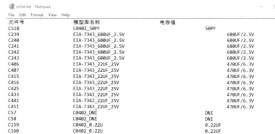

图 14-12　处理完成的 txt 文件

程序有自动检查 reference 重复项的功能。

14.5　License 免费授权

图 14-13　授权提示图

本书所提供的小软件均为免费软件，但需要作者授权。

（1）第一次运行程序 pi_lib_assign_V1.exe，会出现如图 14-13 所示界面，同时在程序所在的目录下会出现一个 lic_info.txt 文件。

（2）把 lic_info.txt 发往对话框提示的邮件地址：76235148@qq.com，作者将会根据信息生成一个名为 fplicense.dat 的免费使用授权文件。

（3）使用者把 fplicense.dat 文件放在 c：盘根目录下或程序同一目录下即可。

注意：如 fplicense.dat 文件同时放在 c：盘根目录下及程序同一目录下，则 c：盘根目录下的文件会优先被读取。

一台机器对应一个 license，如读者以前申请过作者的其他免费授权文件，只需把这些文件的内容全部合并（每种 license 单独放一行）在其中的一个 fplicense.dat 文件中即可。

反侵权盗版声明

  电子工业出版社依法对本作品享有专有出版权。任何未经权利人书面许可，复制、销售或通过信息网络传播本作品的行为；歪曲、篡改、剽窃本作品的行为，均违反《中华人民共和国著作权法》，其行为人应承担相应的民事责任和行政责任，构成犯罪的，将被依法追究刑事责任。

  为了维护市场秩序，保护权利人的合法权益，我社将依法查处和打击侵权盗版的单位和个人。欢迎社会各界人士积极举报侵权盗版行为，本社将奖励举报有功人员，并保证举报人的信息不被泄露。

举报电话：（010）88254396；（010）88258888

传　　真：（010）88254397

E-mail：　dbqq@phei.com.cn

通信地址：北京市海淀区万寿路 173 信箱

　　　　　电子工业出版社总编办公室

邮　　编：100036